Évolution économique de bouaké de 1858-1939

GBODJÉ SÉKRÉ Alphonse

Évolution économique de bouaké de 1858-1939

L'Harmattan

5-7, rue de l'École-Polytechnique ; 75005 Paris

http://www.librairieharmattan.com
diffusion.harmattan@wanadoo.fr
harmattan1@wanadoo.fr

ISBN : **978-2-343-08501-2**
EAN : **9782343085012**

DÉDICACE

À *nos géniteurs, feux Félix ZAMATI GBODJE et Eugenie Amoin DAGO DJOUKOU*

À *nos parents adoptifs de Brescia (Italie),*
À *ldo PANELLI et Carla PANELLI*
À *notre frère Maurizio PANELLI*

REMERCIEMENTS

Au moment où nous nous publions sous la forme de livre, notre thèse unique de Doctorat, nous voudrions adresser nos sincères remerciements à toutes les personnes qui ont apporté leur soutien tant moral, intellectuel, matériel que financier.

Notre gratitude va notamment à l'endroit de M. **Simon-Pierre EKANZA**, professeur émérite (d'Histoire moderne) à l'Université d'Abidjan, directeur de notre Thèse. Nous lui disons merci pour avoir su susciter en nous le goût de la science historique. Nous voudrions aussi témoigner notre reconnaissance à M. **Jean-Louis TRIAUD**, professeur titulaire d'Histoire de l'Afrique à l'Université d'Aix-en Provence (France) et ex-directeur de *l'Institut d'Études Africaines* qui nous a apporté son soutien pédagogique sans faille lors de la rédaction de notre thèse. Nos remerciements vont tous aussi en direction de M. **Jean-Michel EGUE LATTE**, professeur titulaire d'histoire des civilisations africaines et à M. **Emmanuel TOHBI TIE**, professeur de lettres modernes, option stylistique et poésie africaine à l'Université de Bouaké, pour leur appui pédagogique.

Nous ne saurions oublier nos informateurs lors des différentes investigations sur le terrain : Feu **DJIBO Sounkalo**, ex-Maire de Bouaké (1956-1980), **Félix Koffi Aka** *(village de Kouassiblèkro)*, **N'da Koffi Kouadio** *(village de Kotia Koffikro)*, Mme **Koffi Aya alias Blé**, paysanne de Kotia Koffikro et **Marie Christine Texier** *(notre amie de Poitiers en France qui était avec nous sur le terrain d'enquêtes)*. À travers eux nous saluons toutes les personnes qui nous ont permis de recueillir des informations utiles à notre recherche.

Enfin, notre profonde gratitude revient à nos parents, connaissances et amis : À notre épouse **Agnès Diallo Naminata** épouse **Gbodjé** et à nos enfants **Gbodjé Lida Moïse Emmanuel Yvann et Gbodjé Grogbalé Bathey Yves Aldo**. À **Gbodjé Zamati Fulgence** et à **Gbodjé Élise**, notre grande sœur. À travers eux, tous nos frères.

PRÉFACE

Alphonse SEKRE GBODJE, auteur connu et apprécié, offre ici au lecteur un nouvel ouvrage sur Bouaké, seconde ville de Côte d'Ivoire, située en plein cœur du pays baoulé, sous le titre évocateur : *Évolution économique de Bouaké, de l'économie précoloniale à l'institution d'une économie coloniale de marché, 1858-1939.*

La ville en soi est un étrange objet d'étude, pour la raison qu'elle est aussi un sujet, un acteur de cette dynamique sociale à laquelle elle participe et dont elle procède. En un mot, la ville porte en elle diverses virtualités. M. Alphonse SEKRE GBODJE a opté ici de n'en dévoiler qu'un aspect, en portant son regard sur sa nature économique. Bouaké, métropole du pays baoulé, baignant dans la lumière de la savane ivoirienne, a été retenue – hasard des circonstances de la vie - comme objet d'étude, sous cette approche économique *singulière* de la ville, qui se veut également *historique* : « *L'histoire de Bouaké* – note l'auteur- *commence avec l'essor du marché de Gbêkêkro vers 1858. Elle se poursuit avec la création, à peu de distance, d'un marché d'esclaves, celui de Kotia Kofikro par Samory Touré, en 1893. Les étapes suivantes sont marquées par la fondation d'un poste militaire français en 1898, l'arrivée du chemin de fer en 1912 suivie de l'attribution d'une personnalité juridique à la ville en 1913, et par l'installation de l'usine (cotonnière) Gonfreville en 1921* ».

Bien qu'il se propose de porter son regard sur un aspect bien déterminé de Bouaké, sa fonction économique, M. GBODJE éprouve néanmoins le besoin de noter la condition paradoxale de cette ville baoulé dont les originaires n'avaient pas vocation au commerce, implantée dans une zone dont les atouts commerciaux n'étaient pas, au premier abord, évidents, et qui cependant va développer une activité économique, surtout commerciale, particulièrement débordante. Ainsi, sur une certaine conception de l'espace et du temps, propre à l'Afrique et autonome, affirmée et matérialisée par l'émergence d'un modeste village, Gbêkêkro, doté d'un marché, au rayonnement des plus réduits, se greffe, à l'avènement colonial, la pensée occidentale de la ville. Certes, Gbêkêkro continue toujours de jouer un rôle économique, universellement reconnu, mais désormais cette localité revêt, devenue Bouaké, d'autres intentionnalités : militaire, administrative, éducative et juridique... Bouaké, ville issue de la petite localité de Gbêkêkro, sera la concentration de toutes ces intentionnalités, le rassemblement de ces volontés en un point précis, volontés qui prennent pour s'effectuer la modalité technicienne de la colonisation. La ville d'une manière générale, et Bouaké singulièrement, devient ainsi, incontestablement, la meilleure alliée de la colonisation. Le pays baoulé, dont Bouaké, se trouve être le centre, n'est plus tout à fait le même après qu'avant cette première phase coloniale, durant laquelle s'opèrent, en son sein et dans le pays environnant, les mutations les plus diverses.

D'abord, l'auteur note la croissance démographique fulgurante de la ville. En 40 ans, Bouaké croît de 1 050 %, passant de 600 habitants en 1898 à 6 300 habitants en 1939. Perçue comme le symbole de la modernité et le lieu de toutes les opportunités, Bouaké fascine les ruraux, mais aussi les populations sahéliennes, descendues du Soudan et de la Haute-Volta. Tous y viennent s'établir, soit pour échapper au poids des traditions du village, à l'autorité des anciens, à l'obligation de solidarité communautaire décourageant l'investissement individuel, soit pour multiplier les possibilités de trouver un emploi rémunéré. D'autre part, la création de fonctions publiques par l'État colonial ainsi que sa volonté de tourner le dos à la paysannerie baoulé jugée archaïque, en mettant en place le complexe textile de Gonfreville ainsi que quelques autres unités de production artisanale vont susciter un appel d'air dans les campagnes environnantes : les ruraux s'y précipitent en masse, venant du plateau de savane baoulé ou encore de la zone forestière environnante pour y tenter leur chance.

Bouaké et son environnement immédiat subissent alors de multiples bouleversements ; l'urbanisme y fait son apparition avec son cortège de lois et de principes ; l'utilisation du sol, l'habitat, la circulation et surtout l'hygiène deviennent des impératifs. Le temps a désormais basculé dans une autre époque. L'esprit qui animait la métropole du Centre ivoirien, son ambiance, son rythme, ses odeurs, les échanges qu'elle accueillait, les relations sociales qu'elle favorisait, tout cela change bel et bien et n'est plus le même qu'au temps de Gbêkêkro. L'urbanisme réglemente déjà la ville, se préoccupe de l'eau, des rues, des ponts, des jardins, de la propriété privée, et que sais-je encore ? Toutes ces mutations, même si elles ne sont pas fortement soulignées, sont implicitement contenues dans l'ouvrage. Cet ensemble de techniques, désigné du nom d'urbanisme moderne, tentait déjà dès cette époque de répondre à cette question cruciale, mais inopérante : comment vivre mieux en ville ? Le progrès, comme le laisseraient entendre certaines pages de l'ouvrage de l'auteur, est le moteur de cette idéologie techniciste de la gestion de la ville. L'urbanisme vient ainsi justifier et couronner toute une démarche volontariste de l'aménagement de la ville pour le bien d'abord du colonisateur qui y habite, et secondairement pour quelques fonctionnaires de l'administration : interprètes, gardes de cercle et employés des maisons de commerce, gagnés précocement au mode de vie urbain.

À la veille de la Seconde Guerre mondiale, l'essor de Bouaké, en tant que place commerciale, est fort remarquable, malgré les effets persistants de la crise économique de 1929 encore visibles dans le paysage. Cependant, le colonisateur s'appuyant sur le dynamisme d'une population flottante, de plus en plus nombreuse, composée de Dioula et de Syro-Libanais, poursuit le développement de l'activité commerciale de la cité. Mieux, le rôle déterminant joué par le gouverneur reste, pendant la période des années 1930, contribue au moyen de la relance agricole et du développement des cultures d'exportation, à faire de Bouaké un grenier agricole au centre de la Côte d'Ivoire.

Cette étude est précieuse, parce qu'elle dépasse le niveau d'une simple monographie et ouvre de nouvelles perspectives de recherche sur la ville. Elle est aussi précieuse parce qu'elle est sûre : l'analyse des sources écrites et orales a été bien menée ; la bibliographie, très large, témoigne du sérieux des recherches qui ont abouti à des résultats de qualité. Puisse ce travail important servir de modèle pour la recherche sur l'histoire des villes africaines !

Simon-Pierre EKANZA
Professeur émérite,
Université Félix Houphouët-Boigny
de Cocody (Abidjan)

AVANT-PROPOS

Ce livre est le condensé de notre Thèse unique de Doctorat obtenue en août 2005 à l'université de Cocody (Abidjan). En visitant pour la première fois la région du centre de la Côte d'Ivoire et, notamment, la ville de Bouaké avant la crise politico-militaire qui a défiguré le pays, nous nous sommes sentis interpellé par le devoir d'historien. Nous appelons devoir d'historien, la nécessité pour un chercheur d'exhumer un fait du passé – selon les critères de l'objectivité et de la vérification– pour le porter à la connaissance de la postérité, soit pour expliquer des comportements, soit pour enrichir un peuple. Nous avons donc senti le besoin d'apporter, notre modeste contribution à la connaissance de l'histoire de Bouaké, en mettant en lumière ce qui a pu rythmer la vie des populations à un moment donné de leur histoire, sur le plan strictement économique. Il convient de souligner que certaines réalités du terrain ont considérablement attiré notre attention et constituaient, à notre avis, par leurs richesses, leur constance et leur articulation, un grand intérêt pour la recherche.

L'avènement des colonisateurs français dans la région de Bouaké a favorisé le bouleversement total de la société baoulé. Ici, nous pouvons faire ressortir deux vérités historiques. La première porte sur la nouvelle situation des Faafouê à Bouaké et la seconde, sur la position des allogènes dans la gestion de la cité. Le premier fait historique (première vérité) marquant est inhérent à la délocalisation systématique de Gbêkêkro (aujourd'hui Kouassiblèkro) à 12 km du tissu urbain suite aux incidents survenus entre les Faafouê et les colonisateurs français. La conséquence immédiate, le Faafouê perd ses privilèges (pouvoir coutumier et droit de propriété foncière) dans la nouvelle cité. Le deuxième fait remarquable, c'est que, désormais, les seuls maîtres de la ville restent les Français et les allochtones. Les autochtones baoulé subiront toutes sortes de politiques de développement au plan social et économique. Car, le pouvoir coutumier et commercial étaient et demeurent encore aujourd'hui aux mains des étrangers.

Mais, la présence française à Bouaké, il faut l'avouer, a eu aussi, une connotation et un impact positif sur son rayonnement en tant que ville naissante. Le développement du négoce par les Français y était perçu comme catalyseur de mouvements de populations immigrantes. Bouaké devient un centre d'affaires avec l'installation de plusieurs maisons de commerce et de factoreries. Toutes les maisons de commerce européen permettront aux Baoulé d'entrer directement en contact avec les nouveaux produits en provenance de l'Europe ou favoriseront leur intégration au circuit du commerce international.

Dans cette perspective, la ville de Bouaké était une chance pour les Baoulé-Faafouê et les Africains qui y vivaient. C'était, en effet, la seule agglomération qui, après Abidjan, recevait un flux très important d'Ivoiriens de toutes les régions, en quête de fortune et de bien-être social. Bouaké n'était, donc, pas une ville égoïste et renfermée sur elle-même. Elle constituait aussi une oasis pour les pays limitrophes et pour certains pays non africains ; la ville étant l'un des lieux de prédilection par excellence des immigrants. Bouaké peut donc servir de repère dans l'histoire des pays de l'Afrique de l'Ouest en raison de sa position stratégique et, surtout, du fait d'un brassage humain qui fait d'elle le creuset des civilisations ouest-africaines. En d'autres termes, la précocité du métissage humain qui explique le cosmopolitisme de Bouaké a inscrit la ville dans les profondeurs de l'histoire africaine. La ville de Bouaké a connu ''son siècle de lumière'' ou son apogée entre 1898 et 1929 sur le plan économique et culturel. Les raisons de l'apogée et les conditions du déclin de Bouaké peuvent intéresser les spécialistes de développement et les intellectuels sur les crises qui alimentent les consciences, les sociétés et les civilisations.

L'auteur

INTRODUCTION GÉNÉRALE

La ville de Bouaké, chef-lieu de l'ancien Département du Centre, est située à 7°4' de latitude nord et à 5°0' de longitude ouest[1]. Capitale politique et économique de l'actuelle région de la ‘‘vallée de Bandama'', la ville se localise au cœur du territoire ivoirien. Elle est à 360 km d'Abidjan (au sud) et à 240 km de Ferkessédougou (au nord), à 383 km de Bondoukou (à l'est) et à 515 km de Danané (à l'ouest). De cette situation, se dégage nettement la position centrale qu'occupe Bouaké par rapport au reste du pays. En réalité, il s'agit d'un véritable carrefour situé sur les grands axes de circulation intérieure et extérieure en direction de la Guinée, du Libéria, de la Gold Coast (l'actuel Ghana), du Niger, du Soudan (le Mali actuel), et de la Haute-Volta (aujourd'hui le Burkina-Faso). Ainsi, à la croisée de plusieurs voies de communication, la région de Bouaké a-t-elle été pendant l'époque précoloniale et coloniale, un lieu de prédilection pour les immigrants d'origines diverses. De tous les peuples immigrés dans la localité, les Mandé venus pour la plupart de l'empire du Mali s'y trouvent en nombre significatif – *estimés à plus de deux millions avec une forte proportion à Abidjan et à Bouaké* –. Ils sont désignés sous l'appellation de Dioula – *Commerçants itinérants* –. C'est la raison pour laquelle, Bouaké se présentera dès sa création comme une ville cosmopolite où allogènes et autochtones cohabitent en bonne intelligence. La ville est aussi – nous le verrons – un véritable pôle économique et une plaque commerciale tournante de dimension internationale. Les Dioula y sont passés maîtres dans l'art commercial et détiennent le pouvoir économique. Ce fait est révélateur et plein d'intérêt pour qui cherche à mieux cerner les fondements économiques et l'évolution commerciale même de Bouaké.

Par ailleurs, il convient de souligner que certaines réalités du terrain ont considérablement attiré notre attention et constituaient à notre avis, par leurs richesses, leur constance et leur articulation, un grand intérêt pour la recherche. Le développement et l'importance de

---

[1] CCT (Centre de Cartographie et de télédétection), « ex. IGCI », ***Répertoire de coordonnées géographiques des villes de Côte d'Ivoire***, p.2.

"l'économie de tubercules"[2] et l'existence du ***marché d'esclaves de Kotia Koffikro***, ont été à l'époque précoloniale, les facteurs de la vitalité économique de la région de Bouaké. Aussi la ville coloniale qui naîtra en 1898 se présente-t-elle comme un véritable carrefour géographique et une zone de forte concentration humaine[3]. En outre, la ville de Bouaké s'impose dans l'ensemble du territoire ivoirien après Abidjan. Car, elle dispose d'une gamme impressionnante de maisons de commerce européen et d'un tissu urbain très dense. En effet, avant 1914, l'A.C.C. –Association Cotonnière Coloniale– avait installé une unité d'égreneuse[4] de coton. En 1921, les Établissements Robert Gonfreville s'y établissent et se développent. Bref, les questions relatives à la vie précoloniale à Bouaké ; les motivations et les conditions de la création de la ville ; ainsi que le rapport immigration-émergence socio-économique, sont autant de questions objectives, qui intéressent, au premier chef, la critique historique, l'anthropologie, la sociologie et l'économie.

Tout cela explique l'attrait qu'exerce sur nous, l'étude de ***l'économie précoloniale et coloniale de marché à Bouaké.***

*L'**économie précoloniale*** dont il est question, ici, renvoie à l'économie traditionnelle. C'est l'économie qui a marqué la vie des Africains avant la sujétion totale et généralisée du continent à la fin du XIXe siècle. Cette économie était fondée, selon les lieux, sur une agriculture d'autoconsommation et sur un commerce de troc à l'échelle intercommunautaire. Cette dernière caractéristique n'est, cependant, pas à généraliser. Car, au-delà du système de troc, ont existé des sociétés marchandes dont l'économie obéissait déjà aux lois et aux normes capitalistes de marché. II s'agit des Dioula du Soudan dont l'économie reposait le plus naturellement sur la recherche de profit. En revanche, les Baoulé de Bouaké, à l'instar des autres peuples de Côte d'Ivoire et d'Afrique, avaient leurs modes anciens de production économique et, surtout, leurs systèmes de marchés traditionnels, souvent méconnus des colonisateurs qui ont considéré ces peuples comme étant dépourvus de toute initiative commerciale.

---

[2]La région de Bouaké est une zone de production de l'igname et de manioc. Ces deux denrées ont longtemps constitué les produits de base de l'économie d'autosubsistance des Baoulé, de l'ensemble des Ivoiriens. L'***attiéké*** produit fini à base du manioc est aujourd'hui commercialisé à l'échelle mondiale.

[3] ANCI.5DD5.VI-4-127, Carton 3003 / Atta Koffi, ***Dynaminue de l'occupation de l'espace urbain et périurbain de Bouaké***, Thèse de Doctorat de 3è cycle, Paris, Université de Paris I, Sorbonne, 1978, 296p.

[4]Kipré (P), ***Ville de Côte d'Ivoire : 1832-1940, t2 : Économie et société urbaine***, Abidjan, NEA, 1985, 290p.

Quant à ***l'économie coloniale de marché***, elle peut être définie comme une économie de type moderne à caractère occidental, introduite dans les sociétés traditionnelles africaines par les colonisateurs européens, à partir des villes qu'ils ont eux-mêmes créées. Cette économie se déroulait dans des centres urbains, à partir des maisons de commerce et aussi, dans des marchés construits à cet effet. Elle s'organisait spécialement autour des articles européens dont les Africains étaient très friands. Ici, on pourrait parler d'une économie capitaliste coloniale, en installation à Bouaké. Dans celle-ci, la régulation de la production et des prix est assurée par la loi de l'offre et de la demande. Aussi évoque-t-elle le système de moyens de transport moderne et les billets de banque qui remplaceront la monnaie traditionnelle africaine[5].

« De l'économie précoloniale à l'institution d'une économie coloniale de marché de 1858 à 1939 » ce titre suggère la notion du temps qui indique l'idée d'une évolution historique. Et, comme le dit Joseph Ki Zerbo, *« C'est à travers le temps que l'homme fait l'histoire. Et l'historien qui veut remonter le passé sans repère chronologique ressemble au voyageur qui parcourt dans une voiture sans compteur une piste sans bornes kilométriques. »*[6] Ainsi, l'année 1858[7] est une date fondamentale dans l'histoire précoloniale de la région de Bouaké. Deux faits majeurs la circonscrivent : le bouleversement de l'ordre politique ancien de la région, et la profonde mutation économique marquée par la création de plusieurs marchés ruraux, dont ceux de Gbêkêkro et de Kotia Koffikro. En effet, le premier fait remarquable d'ordre politique est relatif à l'établissement des Faafouê – *sous groupe baoulé* – dans la localité. À ce sujet, il faut dire que les Gouro – *Mandé du sud* – de la tribu Yassoua, autochtones du Gossan[8], ayant essuyé au début du XVIIIe siècle une défaite cuisante.

---

[5] La manille utilisée par les peuples du Sud et du Sud-ouest, le sombé utilisé par les Gouro et les Malinké et la poudre d'or des Baoulé étaient des monnaies traditionnelles africaines en cours dans le Baoulé-Nord vers la fin du XIXe siècle.

[6] Ki Zerbo (J.), ***Histoire de l'Afrique noire; d'hier à demain***, Paris, éd. Hatier, 1978, 731p, p.16.

[7] *Mairie de Bouaké, C.993m. le Maire-B-b/ ***Bouaké, sa création et son développement***, 35 p., p11

*Djibo Sounkalo, 1968, « vitalité de Bouaké, deuxième ville de la Côte d'Ivoire », in ***Revue perspective outre-mer***, Paris, décembre, p.p. 36-37., p.36.

[8] «Gossan » signifie de façon littérale et triviale, « l'Homme de maïs ». C'est-à-dire, l'homme reconnu pour ses prouesses dans le domaine spécifique de la production du maïs. Mais ici, «le Gossan » désigne une entité politique et économique. C'est-à-dire, le village des Gouro de la tribu Yassoua. Ils comptent parmi les tout premiers peuples primitifs de la région de Bouaké. Certaines traditions racontent qu'ils seraient les véritables autochtones de la région.

Face aux envahisseurs guerriers faafouê, décident de faire mouvement vers la région de Zuénoula où ils s'établissent. Le ***Gossan*** désormais baptisé ***Gbêkêkro***, passe sous le contrôle et sous l'autorité du chef Kwa Gbêkê qui décide d'en faire le chef-lieu de la chefferie faafouê. Celui-ci aurait vocation à devenir également un centre commercial susceptible de stocker et de redistribuer les produits commerciaux en provenance du nord comme du Sud. Cette décision du chef suprême des Faafouê de créer un centre commercial aurait été motivée par l'apparition de certains produits prestigieux dans le circuit du commerce précolonial à longue distance. Il s'agit, notamment, du bétail : en disposer était signe de grandeur, de prestige et symbole de noblesse chez les Faafouê. Ce sont aussi les cotonnades du Nord et des fusils, du sel marin et des boissons alcoolisées (Whisky, Gin) qui, depuis la côte, remontaient dans le Baoulé-Nord à partir du centre commercial de Tiassalé et de Toumodi. À partir de cet instant, les Faafouê deviennent les maîtres des lieux et y étendent leur hégémonie, non seulement, politique, mais, surtout, économique. Gbêkêkro émergea comme un véritable centre commercial de 1858 à 1893[9] et à la même époque, Kotia Koffikro connut une animation particulière avec la fondation de son marché d'esclaves[10]. À côté de Kotia Koffikro et Gbêkêkro, les marchés de Diabo-Satama et de Marabadiassa connaissaient également un rayonnement particulier. Bref, les échos des potentialités économiques et, surtout, de l'importance du commerce qui se tenaient à Bouaké vont dépasser le cadre restreint du pays baoulé pour atteindre les régions lointaines du territoire ivoirien.

L'administration coloniale, s'appuyant sur ces atouts, décide d'y fonder un poste militaire en 1898 ; il lui faut monopoliser le flux commercial de la région et, surtout, contrôler toutes les zones de production économique de la localité. À ce sujet, Kipré Pierre écrira: *« Le poste est donc un carrefour par la variété des produits qu'on y trouve et à cause des possibilités de revenus commerciaux qu'il permet d'espérer. »*[11] En 1910, soit un peu plus d'une décennie après la fondation du poste, nait le premier quartier du commerce européen qui marque ainsi l'amorce d'une civilisation marchande à Bouaké. L'élan économique de la ville se précise à partir de 1921, avec l'avènement des unités industrielles Robert-Gonfreville. Mais, cet élan bute sur la crise des années 1930 et s'y installera jusqu'en 1939, date à laquelle se déclenche la Seconde Guerre mondiale. La France va, dès cet instant, mobiliser tout son empire

---

[9] Djibo Sounkalo, 1968, « vitalité de Bouaké, deuxième ville de la Côte d'Ivoire », ***Op.cit.***, p.36

[10] ANCI / IEE 28 (1), Colonie de Côte d'Ivoire, politique générale, Cercle du Baoulé-mission du Baoulé, 1896

[11] Kipré (P.), 1985, ***Villes de Côte d'Ivoire 1893-1940, t_1***, Abidjan, NEA, 159 P.

colonial auquel elle fait supporter l'effort de guerre, en dépit du poids des alliés américains et britanniques.

La ville de Bouaké, désormais perçue comme une cité attractive majeure, c'est-à-dire, comme un véritable centre d'impulsion et de diffusion de la croissance, des richesses naturelles et des biens de consommation sur l'ensemble du territoire ivoirien et, partant, dans quelques pays voisins de l'espace ouest-africain, sera particulièrement sollicité par la métropole, à l'instar des grands centres urbains de l'époque comme Abidjan, Dabou, Grand-Bassam et Grand-Lahou. Et, pourtant, la région de Bouaké, point focal de notre intérêt, est une zone de savane arborée aux sols non propices, aux cultures d'exportation traditionnelles (le café et le cacao), socles de l'économie ivoirienne. De plus, Bouaké et sa région sont éloignées de la zone côtière où, grâce à l'océan Atlantique, Abidjan et certaines villes prospèrent, du fait du commerce maritime. Enfin, les peuples baoulé autochtones de ladite région ne sont pas des commerçants. Ils sont originellement attachés aux activités de la terre. ***Comment alors expliquer le poids économique de Bouaké depuis la fondation de Gbêkêkro en 1858 jusqu'à la veille de la Seconde Guerre mondiale ?*** De cette curiosité générée par la contradiction ci-haut exprimée découle toute une série d'interrogations qui ouvre des pistes pour la compréhension du sujet : *comment expliquer la transition de l'économie de Bouaké du mode de production précoloniale à l'institution d'une économie coloniale de marché urbain ? Les rôles économiques ont-ils été depuis toujours les traits dominants de l'ensemble des caractéristiques de Bouaké ? Si oui, quels sont les différents atouts qui, sur le plan naturel et sur le plan des politiques économiques et des stratégies commerciales ayant régenté la ville, donnent à Bouaké sa légitimité de deuxième ville économique de la colonie après Abidjan ?* En définitive, nous osons poser à partir de cette étude, un problème intégré à l'histoire des grandes cités marchandes d'Afrique, en général, et de celles de la Côte d'Ivoire, en particulier.

Carte N° 1

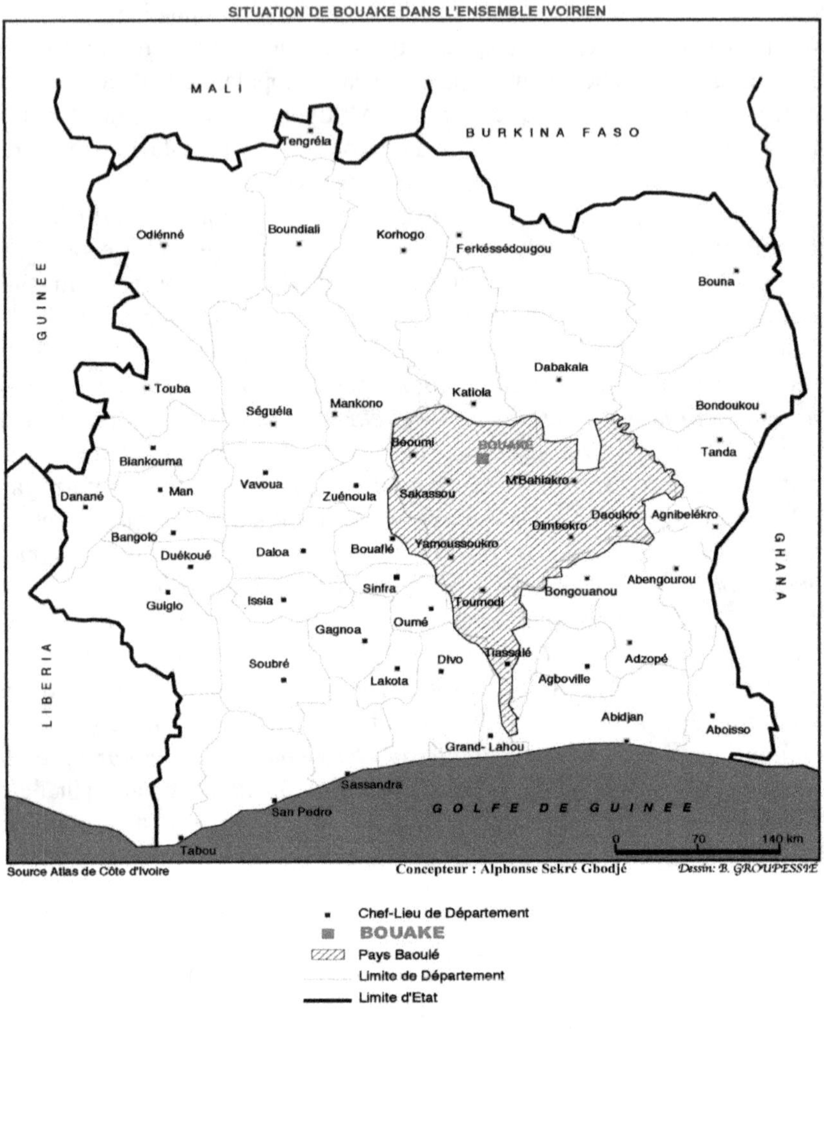
SITUATION DE BOUAKE DANS L'ENSEMBLE IVOIRIEN
MALI
BURKINA FASO
GUINEE
LIBERIA
GHANA
GOLFE DE GUINEE
Tengréla
Odiénné
Boundiali
Korhogo
Ferkéssédougou
Bouna
Dabakala
Touba
Katiola
Séguéla
Mankono
Bondoukou
Béoumi
BOUAKE
Tanda
Biankouma
M'Bahiakro
Vavoua
Sakassou
Zuénoula
Man
Danané
Daoukro
Agnibelékro
Dimbokro
Bangolo
Yamoussoukro
Bouaflé
Daloa
Duékoué
Abengourou
Sinfra
Bongouanou
Issia
Toumodi
Guiglo
Oumé
Gagnoa
Adzopé
Tiassalé
Soubré
Divo
Lakota
Agboville
Abidjan
Aboisso
Grand- Lahou
Sassandra
San Pedro
Tabou
0
70
140 km
Source Atlas de Côte d'Ivoire
Concepteur : Alphonse Sekré Gbodjé
Dessin: B. GROUPESSIE
Chef-Lieu de Département
BOUAKE
Pays Baoulé
Limite de Département
Limite d'Etat

Carte N° 2

LE PAYS BAOULÉ

Source: Atlas de Côte d'Ivoire, planche B 2 A

Dessin: B. GROUPESSIÉ

Première partie

Le poids économique de bouaké avant L'arrivée des colonisateurs français (1858-1898)

Les fondements de la création du pôle économique de Bouaké sont antérieurs à l'année 1898 – *date de la création de la ville coloniale de Bouaké par le capitaine Benoît* – pour mieux les cerner, il faut remonter au milieu du XIXe siècle, plus précisément, en 1858 où se développa un système de marchés traditionnels, du fait de la vitalité agricole et artisanale du pays baoulé.

Les raisons et les signes qui expliquent et accompagnent ce dynamisme agricole, commercial et artisanal, sont, ici, élucidés. Les Faafouê ont été les principaux animateurs de l'économie agricole à cette époque. En effet, ils réussiront, non seulement, à adopter très rapidement les cultures de maïs et ses techniques de production en usage dans la société gouro, mais aussi, ils redynamiseront la culture de l'igname et du manioc introduite dans la région par leurs prédécesseurs, les Allanguira[12]. Ainsi, les techniques culturales de ces deux produits alimentaires seront-elles vulgarisées, expérimentées par d'autres peuples tels que les Sénoufo qui n'hésitaient pas à intégrer ces cultures à leur civilisation agricole. C'est à partir de ce moment que la production agricole devint importante et avec elle, la région de Bouaké qui est désormais perçue comme l'un des principaux foyers de vivriers de l'époque précoloniale.

Le commerce des produits agricoles (igname, manioc, cola...), des produits artisanaux et des esclaves avait cours dans les marchés de Gbêkêkro et de Kotia Koffikro qui étaient en relation avec le pays malinké au Nord et les peuples du Bas-Bandama au Sud. Bref, toutes ces données économiques vont, en grande partie, expliquer la création du centre économique urbain de Bouaké qui naîtra véritablement à la suite de la fondation du poste militaire en 1898.

---

[12] En 1701 le royaume de Dankyra est pulvérisé par les soldats Ashanti d'Oseï Tutu. Cette défaite va favoriser le déplacement massif des peuples Allanguira en fuite. Ils traversent les fleuves Comoé et N'Zi pour s'établir à une vingtaine de kilomètres de l'actuelle gare ferroviaire de Raviart. Ils y fondent un premier village du nom d'Agbakpli (grand champ de manioc). Mais celui-ci est vite abandonné. C'est le site ancien le plus grand et le plus important des Allanguira de nos jours. En effet, à partir d'Agbakpli, ces Allanguira occuperont les régions comprises entre Bouaké et le Bandama. Ceux qui s'établissentdans l'actuelle localité de Bouaké. Les Allanguira fondèrent eux-mêmes six villages: Attiankro, Konan-Tiemalikro, Lokossou, kohokro, Nimbo et N'Dakro. L'originalité et l'authenticité de cette invasion allanguira se vérifient à Bouaké, par le simple fait que la plupart de ces villages qu'ils ont créés par leur présence constituent aujourd'hui les principaux quartiers de la ville ou ses villages environnants.

CHAPITRE PREMIER:

L'ÉCONOMIE AGRICOLE ET ARTISANALE, FACTEURS DE L'ÉMERGENCE DU PÔLE ÉCONOMIQUE DE BOUAKÉ DES 1858

Au milieu du XIXe siècle, la pacification et la soumission des Gouro et les Sénoufo, peuples anciens de la région de Bouaké, avaient été une œuvre réussie par les Faafouê. Ces derniers vont favoriser l'éclosion de *''l'économie des tubercules''* et adopter, en retour, l'art sénoufo de la fabrication des outils en fer. Ils introduiront également dans la région certaines techniques de l'artisanat akan telles que le tissage du pagne baoulé, la sculpture du bois et la fabrication de la potasse. En 1858, le commerce intercommunautaire gagne en intensité avec l'érection de Gbêkêkro en un centre commercial. Dès cet instant, les Faafouê tenteront de s'initier aux techniques commerciales des Dioula et, surtout, de s'intégrer au commerce à longue distance qui s'opérait entre le Nord et la côte via Tiassalé.

I - LA VITALITÉ DE L'ÉCONOMIE AGRICOLEDE LA RÉGION DE BOUAKÉ AU MILIEU DU XIXe SIÈCLE

Plusieurs facteurs naturels et humains expliquent la vitalité de l'*« économie de tubercules ».* L'importance de cette économie est consubstantielle à des méthodes et à des techniques anciennes.

1. Les fondements naturels de l'économie paysanne

Le relief, les sols, la végétation, le climat et les cours d'eau ont constitué, au-delà de toute autre force de progrès, de véritables leviers de développement de l'économie d'autosubsistance dans le Baoulé.

a) Le relief et les sols favorables à une ''économie de tubercules''

Le relief de la région de Bouaké constitue une réalité géographique très complexe. Il s'agit d'un socle solide sur lequel s'enchevêtrent bas-plateaux et plusieurs vallées[13]. Les bas plateaux s'orientent, en effet, du nord au sud vers l'océan Atlantique en ligne régulière, avec, par endroits, des soulèvements qu'on a du mal à distinguer. Le horst granitique du Baoulé qui domine le paysage environnant de 50 m présente de longues pentes surtout dans l'est où le relief rejoint la chaîne qui s'étire de Kokumbo à Fettêkro. C'est sur ce site que s'étend la ville de Bouaké au nord du monde baoulé.

Le sol granitique de Bouaké est riche en pegmatites et n'affleure qu'au sud de la ville. En effet, l'attitude moyenne dudit relief est de 310 m. Elle est légèrement inclinée vers l'est et de 390 m à l'ouest[14]. Aussi, cette attitude s'abaisse-t-elle progressivement pour atteindre 240 m à l'est, près du monastère bénédictin. Au nord de la ville, on a le bassin de Loka, au sud, celui de Kan et, à l'est, le bassin de Soungourou[15]. Ces trois bassins versants divisent le plateau en de vastes

Compartiments habitables et en sols propices à l'agriculture des tubercules et des céréales.

L'apport économique du relief dans la vie du Faafouê a été d'une importance capitale ; ces terres planes facilitaient les mouvements et les actions agricoles des paysans. Il était, généralement, aussi aisé de cultiver en bas-plateaux qu'en zone de montagnes. En réalité, plusieurs des sols ferrugineux et latéritiques offraient, de façon générale, une facilité des travaux de défrichement. Les paysans s'adonnent à la culture de l'igname, du manioc, du maïs et du riz. Le rendement de ces cultures, en particulier, des tubercules, était plus important dans le Baoulé que dans les savanes du Nord. La couverture végétale du site, à côté de ces sols, était aussi une donnée riche en ressources économiques naturelles pour la survie des anciens peuples, car le Faafouê, à l'instar des autres peules, développera une ''économie de cueillette et de ramassage'' qui constituera la base de son économie d'autoconsommation.

---

[13]***Schéma directeur d'urbanisation de Baoulé : rapport d'analyse et de synthèse***, BCEOM, Ivoir- Urbaconsult, août, 1983, 92 p., p.37,

[14]Vers le camp pénal et le campus universitaire d'aujourd'hui.

[15] IRAT-CI, ***Pluviosité de la région du centre de Côte d'Ivoire***, Bouaké, IRAT, 1973, 5 p., p.3.

Carte N° 3

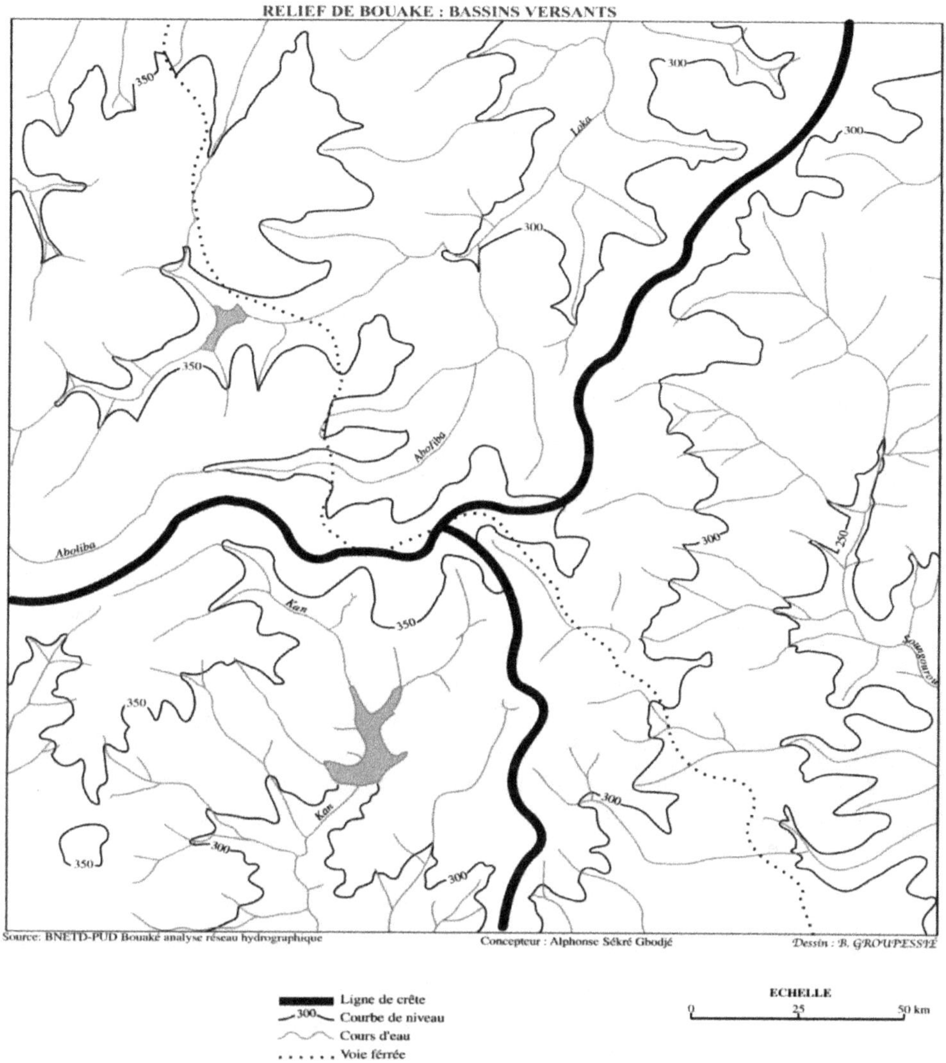
RELIEF DE BOUAKE : BASSINS VERSANTS
350
300
Loka
Aboliba
Aboliba
Kan
Kan
250
Source: BNETD-PUD Bouaké analyse réseau hydrographique
Concepteur : Alphonse Sékré Gbodjé
Dessin : B. GROUPESSIÉ
Ligne de crête
300 Courbe de niveau
Cours d'eau
Voie férrée
ECHELLE
0
25
50 km

b) La végétation, un atout de l'économie d'autosubsistance

La végétation de la région de Bouaké est très compartimentée et complexe à décrire. La couverture végétale du Baoulé-Nord est une panachée de savanes herbeuses, arborées et d'îlots de forêts-galeries. Des bandes discontinues de forêts se trouvent essentiellement, le long des cours d'eau et des marigots. Comment cette végétation a-t-elle été un atout considérable pour le développement de l'économie d'autoconsommation dans la localité ? La réponse à cette interrogation se trouve dans les multiples ressources économiques végétales disponibles dans la région et qui permettaient aux populations de vivre décemment. En effet, la plupart des fruits de cueillette et de ramassage provenaient des plantes ou arbres non cultivés qui poussaient spontanément seuls dans la nature. Dans la cosmogonie faafouê, il s'agit d'un ''don de la nature'' ou des ''génies protecteurs''. Dans cette optique, la nature était perçue comme une mère généreuse et nourricière. Elle offrait toutes sortes d'aliments pour la survie des Peules. Pour certains anciens, tous les aliments de la nature étaient offerts par ''***Assié-houssou***'', le bienfaiteur dieu de la terre.

La cueillette et le ramassage étaient deux méthodes de production économique indissociables. Mais, au niveau de la technique utilisée, la distinction s'observait. Le ramassage proprement dit consistait à obtenir, sans effort physique, des produits déjà prêts à la consommation. On pouvait citer, entre autres, la noix de cola, les fruits du rônier, les goyaves, les papayes, le karité...Tous ces fruits pouvaient être ramassés ou cueillis par les Faafouê. Chaque produit de ramassage ou de cueillette avait une propriété propre et, donc, c'était en connaissance de cause que ces derniers se rendaient spontanément en brousse à sa recherche. C'était le cas du karité et du palmier. Le karité était recherché par les femmes, notamment, pour ses fruits qui donnaient une pâte grasse, une fois transformés. Cette pâte qui permettait de confectionner des mets (sauce, fritures...) servait aussi de médicaments contre la fatigue et de crème de beauté utilisée, surtout, par les femmes après leur toilette.

Quelle lecture faire de ce qui précède ? Le Baoulé-Faafouê, avant de s'établir dans les savanes du centre au milieu du XIXe siècle, connaissait-il déjà le karité ? Les techniques de sa production et de sa transformation étaient-elles propres à eux ? Le karité n'est pas un arbre des zones forestières ; il pousse, généralement, en zone de savanes. Or, les Faafouê ne sont pas originellement des peuples de la savane; ils s'y établissent et s'adaptent aux nouvelles conditions d'existence qui s'offrent à eux. Sinon, leur histoire d'immigration indique qu'ils proviennent de la Gold-Coast qui est un pays forestier. Jean-Noël Loucou[16] et Anan Yao[17] présentent cette histoire des Assabou et des Allanguira dans les détails et donne force à notre argumentation. À partir de cet instant, nous sommes tentés d'affirmer que les Faafouê ne connaissaient pas le karité. Ils le découvriront dans les savanes du centre du territoire ivoirien et, à cause de ses vertus culinaires et thérapeutiques, héritent les techniques de sa production des peuples malinkés (Tagouana, Djimini et Sénoufo...) qui étaient déjà sur place avec les Gouro. Une autre raison explique davantage notre position ; ces peuples des savanes du Nord sont les seuls à avoir pérennisé la production traditionnelle du beurre de karité vendu sur les marchés.

Quant aux graines mûres du palmier, elles servaient à la fabrication d'huile rouge. Le noyau de la graine contient une amande. Cette amande, écrasée puis pressée, donne un jus noir appelé en Baoulé ***l'adjué-ngo*** qui était un excellent produit de beauté pour les femmes.[18]Ceci montre l'importance et le poids économique du palmier à huile dans la vie des Baoulé-Faafouê. Mais, pour beaucoup de gens, seules les populations du sud-forestier ont connu et développé la culture du palmier. Or, le palmier se trouvait en abondance dans les brousses du centre du territoire ivoirien. Cet arbre a presque disparu dans le Baoulé-Nord ; il a été abattu de manière abusive par les paysans, à cause de la qualité de son vin.[19]

Par ailleurs, de la couverture végétale provenait *''l'énergie domestique''*. C'est-à-dire, le fagot qui permettait aux femmes de faire cuire les aliments. Ici, on constate que le rôle économique du bois est capital dans la vie du Faafouê et tout peuple; cette source d'énergie régularisait et harmonisait le quotidien des peuples anciens. Le gaz butane qui est utilisé aujourd'hui dans les ménages n'était pas connu à cette époque-là. En dépit de son avènement, c'est le bois qui sert toujours de source d'énergie au village comme en ville. Aussi dans le domaine de

---

[16] Loucou (J-N) et Ligier (F.), 1978, ***La reine Pokou, fondatrice du Royaume Baoulé***, Paris, ABC, Dakar-Abidjan, NEA, 120p.

[17] Yao Anan (E.), ***Les mouvements migratoires des populations akan du Ghana en Côte d'Ivoire, des origines à nos jours***, thèse pour le doctorat de 3e cycle, Abidjan, Université d'Abidjan, 1984, 326p.

[18] ANCI / 1RR10, Colonie de la CI. Cabinet du Gouverneur. Correspondance échangée entre le service de l'agriculture, les sociétés de colonisation, le Gouverneur et les Administrateurs des cercles de Bouaké, Tabou, Aboisso, Bassam et les lagunes, à propos de la culture du palmier, de la commercialisation de ses produits et leur carbonisation (1910-1913 ; 1923-1933).

[19] Blanc-Pamard (Ch.), 1980, « de l'utilisation des trois espèces de palmiers dans le sud du ''v'' baoulé », in ***Cahier d'ORSTOM***, série Sciences humaines, Vol. 17, n°3 et 4, p.p. 247-255.

l'industrie de type artisanal, des statuettes, des masques et des sièges à base de bois étaient-ils fabriqués. Les feuilles et les écorces de certains arbres servent aussi de matières à *''l'industrie chimique traditionnelle''*, car la région de Bouaké a été à cette époque une zone de production intense de pagnes artisanaux, de potasse et de savons. Au regard de ce qui précède, on peut dire que la végétation était d'une grande portée économique dans l'existence des Faafouê, pour autant qu'elle était l'épine dorsale de l'économie paysanne. À cette donnée géographique, il faut ajouter le climat et les cours d'eau pour davantage expliquer l'économie d'autosubsistance en pays faafouê,

c) Le climat et l'hydrographie, données d'une économie agricole

La région de Bouaké jouit d'un climat de type équatorial de transition à affinité tropicale. Il est caractérisé par deux ou trois saisons selon les années. En effet, d'avril à juin, on a la première saison de pluie irrégulière. Elle est suivie d'un ralentissement de précipitations de juillet à août. De septembre à octobre, interviens la seconde saison de pluie plus irrégulière que la première.[20]

La saison sèche commence véritablement au mois de novembre et dure cinq mois. C'est durant cette saison que souffle l'harmattan. Hormis ce vent saisonnier, les vents les plus fréquents à Bouaké sont ceux du sud-ouest et sont souvent accompagnés de tornades. La pluviométrie est de 1300 mm/an, mais les écarts à cette moyenne sont extrêmement importants. Quant à la température moyenne, elle oscille autour de 26 ° et varie peu au cours de l'année. La température mensuelle la plus élevée est celle de février avec 27.5 °, et la plus basse, celle d'août avec 23.8 °. En janvier et en février, l'insolation est très forte.

Par ailleurs, au-delà de petites rivières et de certains marigots, il existe deux cours d'eau dans le Baoulé. Il s'agit du *N'zi* et du *Kan*. En effet, le *N'zi* est plus puissant que le *Kan* car, son débit est considérable en période de haute saison. II prend sa source dans le nord de la Côte d'Ivoire et se jette dans le Bandama au niveau de Tiassalé. De passage, il arrose le nord et l'est de Kpêkplessou. Le *Kan*, quant à lui, prend sa source dans la même région de Bouaké et se jette dans le *N'zi* à partir de Dimbokro. Le débit de ce cours d'eau traverse le Gossan et le N'dranoua. À ces cours d'eau « significatifs », s'ajoutent certains de « petits poids ». Ce sont le Soungourou, le Loka, le Aboliba, le Koloua, le Akpassa.

---

[20]***Schéma directeur d'urbanisation de Bouaké : Rapport d'analyse et de synthèse, Op., cit.*** p.37.

Certains cours d'eau comme les rivières *Goh* et *Aboliba* étaient très poissonneux et les bas-fonds de la localité, propices à la culture du riz et de gombos. Les Faafouê étaient des pêcheurs occasionnels. « *Nos parents n'avaient pas pour métier la pêche, ils pêchaient les ''**kptra oufouê**'' c'est-à-dire, les silures, les '' **gbodro** ou **akpo**'' (les tilapias) et les crabes connus en baoulé sous le nom de ''**kanga** ou **koto**'' servant très souvent au repas familial. Le poisson, une fois pêché, était soit consommé frais, soit consommé fumé. Il servait à la préparation de la sauce qui accompagnait le foutou d'igname ou de manioc.* »[21] Dans le Gossan comme dans le Falli, le Kpékplèssou et dans le N'dranoua, l'eau offrait des ressources protéinées aux Faafouê. Tous les produits de pêche n'étaient pas commercialisés ; ils étaient consommés par les membres de la famille.

En définitive, il est à retenir que les données géographiques ont joué un rôle important dans le développement de l'économie paysanne dans le pays faafouê. Mais, elles seules ne pouvaient justifier la vitalité de l'économie agricole de la région. Il faut les associer à certains modes de production économiques relevant de la technicité, du génie et du savoir-faire des Faafouê, en la matière.

2. Modes et techniques de production de l'économie agricole

Le dû savoir-faire et l'ingéniosité des Baoulé-Faafouê sont l'une des raisons explicatives du dynamisme de leur économie traditionnelle. Pour développer leur économie alimentaire ou domestique, ils avaient recours à certains moyens pour mettre en valeur la nature afin de lui arracher les ressources nécessaires à leur survie.

a) La terre, base de la production agricole

Hier comme aujourd'hui, dans l'Afrique ancienne, tout comme partout ailleurs, la terre reste le symbole ou le socle de la vie communautaire et de l'économie villageoise. C'est la propriété du clan ou de la famille. Les chefs de cour ou de lignage sont traditionnellement considérés comme les chefs de terre. Dans cette optique, la terre est perçue comme une grande richesse, un bien précieux d'une valeur inestimable et, donc, ne doit faire l'objet d'une quelconque transaction. En Afrique, les propriétaires terriens sont très attachés à leur terre. Ce qui explique quelquefois qu'ils s'engagent dans un combat de

[21] Aka Koffi Félix, entretien du 10 mars 1998.

survie et, surtout, d'honneur lorsque la terre, leur patrimoine, le legs de leurs ancêtres sont menacés. Dans cette perspective, l'*Awlo Kpènngbèn* au ***Klokpènngbèn***, le chef de famille ou de la communauté baoulé est le seul gestionnaire de la terre, au nom des membres de la cellule lignagère. Il revient donc au chef d'assurer la distribution de la terre aux membres de la famille en fonction de leurs besoins[22]. Dans la distribution et l'utilisation des lopins de terre à des fins économiques, certaines données liées au réseau de parenté interviennent et font d'une certaine catégorie d'individus des ayants droit ou des bénéficiaires. Les relations de parenté, les alliances matrimoniales ou les règles de succession déterminent, en effet, cette catégorie de personnes devant utiliser le patrimoine foncier dans le Faafouê. Par exemple, le chef du lignage peut laisser ou accorder le droit de cultiver des lopins de terre à un étranger, à un allié par le mariage ou, surtout, au ***Blâ-bâ***, c'est-à-dire au neveu[23]. Aussi, convient-il de souligner que, quel que soit le détenteur ou l'utilisateur de la terre, il n'a pas le droit de la vendre ou de l'aliéner : *« Lorsqu'un homme décède, ses propres enfants peuvent continuer de cultiver les terres qu'il leur a données de son vivant ainsi que celles de leur mère défunte. Mais les biens et les terres du défunt reviennent au "**Blâ-bâ**" (le neveu). Dans le même temps, si les enfants du défunt s'orientent vers le clan de leur mère, ils perdent tous les droits sur les terres paternelles et le "**BIâ-bâ**" en reste le seul héritier. »*[24]

Avant l'utilisation effective des terres, le ***Klokpènngbèn*** procède à des rites habituels. Il fait des sacrifices de poulets, de moutons et des libations d'eau ou de vin de palme pour un bon rendement de la terre ou pour éloigner d'éventuels dangers. Les ayants droit se doivent en retour de respecter les interdits de la nature et du peuple faafouê liés au travail de la terre. Sur ce point, l'on est tenté de dire que le Baoulé reste attaché à une foi fondée sur la croyance aux forces surnaturelles parce que dans la cosmogonie religieuse du Baoulé, en général, et du Faafouê en particulier, il y a des jours où nul n'a le droit de se rendre au champ. Jean-Louis Miege, en 1951, à la conférence des Africanistes de l'Ouest qui s'est tenue

---

[22] Étienne (P.), « Structure de parenté en pays baoulé. Un point de problématique sur l'organisation de la structure des sociétés segmentaires », in ***Bulletin de liaison des Sciences humaines,*** article déjà cité, p.4.

[23] Le « Bla-ba » désigne le neveu, le fils de la sœur en Baoulé. C'est lui le ''véritable héritier'' des biens et des terres de l'oncle utérin ; la tradition étant le matriarcat. Chez l'Akan, ce dont on est sûr et certain, c'est que l'enfant qui est dans le sein de la sœur est aux yeux de tous, son propre enfant et par conséquent du sang du lignage. C'est donc lui l'héritier de l'oncle utérin.

[24] N'Da Koffi Kouadio (76ans ?), neveu du chef Kotia Koffi , fondateur du village de Kotia Koffikro,-Entretien semi-directif du 26 mai 1997 à Kotia Koffikro, déjà cité.

à Dakar sur l'agriculture baoulé, avait évoqué cet aspect de la vie des Baoulé. La pratique agricole est faite, selon lui, de rites traditionnels.[25] Dans le même ordre d'idées, monsieur Félix Koffi Aka précisera que : *« les jours interdits varient selon les villages ou les quartiers; généralement un ou deux jours dans la semaine, en plus du jour de la nouvelle lune sont concernés. À Kouassiblèkro, par exemple, les jours interdits étaient le mercredi et le vendredi ; le lundi, le mardi, le jeudi, le samedi et le dimanche étant des jours ouvrables, c'est-à-dire des jours pendant lesquels l'on pouvait effectuer des travaux champêtres sans dangers, sous la protection des ancêtres et des génies. Mais, aujourd'hui, avec l'avènement du christianisme, les choses ne sont plus trop respectées. Certains de nos parents sont devenus des chrétiens. Ils réservent seulement le dimanche à l'adoration de leur Dieu. Ils vont même au champ le mercredi et le vendredi. »* Le non-respect de la coutume et, par extension, du dieu de la terre, a souvent pour inconvénients, les mauvaises récoltes ; les dieux étant mécontents.

En définitive, la terre est fondamentalement le socle de l'économie villageoise. C'est sur elle que l'on a longtemps développé l'élevage et une agriculture fondée sur les tubercules, les céréales, les plantes textiles, les arbres fruitiers. La terre est donc le symbole de l'union sacrée entre les membres de la société communautaire faafouê de l'époque précapitaliste. Ils ont su, par habitude, percer l'univers des lois de la nature pour découvrir et connaître la structure et la composition des choses. Ils ont aussi réussi à se confectionner un outillage agricole et à se doter de techniques culturales et d'un calendrier agricole pour l'exploitation économique de leur environnement.

b) Le calendrier agricole dans le système traditionnel de production économique en pays faafouê

Le phénomène astronomique est ancien chez la plupart des peuples de Côte d'Ivoire, dont les Gouro, qui ont habité la région de Bouaké avant les Baoulé. Il n'est donc pas propre aux seuls Faafouê. Ainsi, avant d'aborder la question du calendrier agricole chez ces derniers, serait-il plus intéressant de savoir comment les us et coutumes des premiers Gouro installés à Bouaké s'inspiraient d'un ensemble de croyances fondées sur les mythes et le cosmos et comment, tout en imitant cette philosophie des Gouro, les Baoulé apportaient leur part de richesse et d'originalité à cette vision.

---

[25]Miege (J-L), «L'agriculture baoulé», in ***Première conférence des Africanistes de l'Ouest***, Dakar, IFAN, 1951, pp.47-49, p.48.

Les Gouro de la localité de Bouaké étaient de grands cultivateurs de céréales (le riz et le maïs) à la différence des Baoulé dont l'économie d'autosubsistance reposait sur les tubercules (l'igname et le manioc). L'observation des phénomènes naturels permettra aux Gouro de comprendre les lois de la nature. Ils connaissaient parfaitement la notion du temps à partir de l'observation du soleil et celle des saisons à partir de la lune[26]. Cette science se distingue profondément par son caractère empirique. Les travaux agricoles étaient effectués en fonction d'un calendrier empiriquement établi, et ceci, par rapport au régime alimentaire des Gouro.

Cependant, il faut avouer qu'il est aujourd'hui difficile de prouver l'existence d'un calendrier cultural des Gouro qui vivaient dans le Baoulé-Nord. Les archives et les sources orales sont muettes là-dessus. Pour combler cette insuffisance et permettre d'exhumer l'histoire du calendrier agricole gouro, nous nous sommes appuyés sur le témoignage des Gouro de Zuénoula parce que l'âme d'un peuple ne meurt jamais et que les survivances des pratiques culturelles anciennes restent, pour tout peuple, le plus grand héritage inaliénable à l'échelle du temps. C'est dans cette optique que notre informateur Tra Bi Justin affirmera : *« les Gouro, d'une manière générale, ont toujours conservé leurs méthodes et techniques de production de l'économie ancienne pendant leurs différents mouvements migratoires et les conservent encore aujourd'hui dans leurs aires actuelles d'habitation. Le calendrier agricole des Gouro tient compte de deux moments dans l'année : la saison sèche et la saison de pluie. La période du défrichement et du brûlis correspondait à la saison sèche qui commence tout juste après les fêtes du Nouvel An, plus précisément, à la mi-janvier pour s'achever en mi-avril. Aussitôt, commençaient les semences du riz et du maïs qui bénéficieront pour leur bonne croissance, de la pluie des mois de mai, juin et de juillet. Les deux denrées étaient le plus souvent cultivées sur la même parcelle. Si la récolte du maïs se faisait plus tôt, celle du riz était prévue pour les mois d'août et de septembre. »*[27]

En quoi les Baoulé installés dans la région vers le XVIIIe siècle feront-ils preuve d'imitation servile de ce calendrier agricole gouro ?

---

[26]Meillasou (CL.), ***Anthropologie économique des Gouro de la Côte d'Ivoire. De l'économie de Subsistance l'agriculture commerciale***, Paris, ed. mouton et Co. La Haya, 1964, 384 p., p228.

[27]Tra Bi Justin (40 ans), Gouro, originaire de Zuénoula tient un magasin de riz au marché de Yopougon Nouveau quartier (Abidjan).-Entretien directif du 24 juin 2003 dans son magasin. Il soutient que ses grands-parents seraient effectivement venus des savanes de Bouaké avant d'habiter leur actuelle aire socioculturelle. Toutefois, il reconnaît que nombreux sont les Gouro qui ne le savent pas encore.

L'histoire du calendrier cultural des peuples akan de la Basse-Côte d'Ivoire est connue ; les saisons étaient étudiées en comptant les lunaisons, en interprétant les positions quotidiennes de la lune, les mouvements de la mer et des lagunes, etc. Dès cet instant, on comprend que ledit calendrier tient compte du régime alimentaire et, surtout, des cultures pratiquées par chaque groupe humain. Ainsi, chaque position de la lune et du soleil dans la semaine ou dans le mois trouvait-elle une explication dans la cosmogonie des Baoulé. Telle position de la lune ou telle autre du soleil pouvait indiquer les jours des travaux champêtres ou des jours interdisant aux paysans de se rendre dans leurs champs. Cette vision ancienne du monde baoulé relance le débat des génies protecteurs, des dieux de la terre, des pluies, de la lune et du soleil, bref le débat de l'Afrique des mystères. Le respect scrupuleux de ces interdits et la bonne maîtrise des périodes de précipitations permettaient de faire de bonnes récoltes. Cela met en évidence la dialectique entre croyance religieuse et productivité, tout court. Quelle est la place, ici, des méthodes agricoles, scientifiquement appréhendées ? Leur application rend-elle la productivité meilleure ou pire ? Certainement, par le prétexte de leurs croyances, ces peuples pratiquaient empiriquement les méthodes culturales tel que recommandé en agronomie.

Bouaké et sa région tout entière, nous l'avons déjà dit, jouissaient d'un climat très complexe, caractérisé par deux grandes saisons pluvieuses d'avril à octobre qui favorisaient le développement d'une *« économie de tubercules »*. Les Baoulé, en général, et les Faafouê, en particulier, tenaient compte des dispositions climatiques pour élaborer leur calendrier agricole. Interrogé sur la question, Félix Koffi Aka essaie d'expliquer, dans un long exposé, la complexité du calendrier agricole faafouê : *« chez nous les Faafouê, le* ***"wawa"*** *est une longue saison sèche. Elle va de novembre à mars. Durant cette période, hier comme aujourd'hui, se font le dernier sarclage en novembre et la récolte des ignames tardives en décembre. Mais, en même temps, les mois de décembre et de janvier sont des mois de prospection et de délimitation de nouvelles parcelles de forêts ou de savanes à cultiver. De mi-janvier à fin mars, on a une période du défrichement, d'abattage des arbres et du brûlis. C'est le temps des durs labeurs pour les hommes. La fin du défrichement total et de la mise au point de la terre coïncide avec le début du* ***"N'zué blé"****, la saison pluvieuse qui dure d'avril à fin octobre. Cette saison est la mieux indiquée pour la semence. D'avril à juin, les pluies sont plus régulières. On en profite pour le buttage à l'aide de la daba ; le sol étant devenu très humide. Les ignames précoces (****Kponan****) et semi-précoces (****Klinglè****) sont immédiatement enfouies dans les buttes tandis que les tardives (****Bêté-Bêté****,* ***Assawa****) ont une semaine pour entamer leur germination. Des plantules rampantes sortent des buttes. Le premier* *sarclage intervient aux mois de juin et juillet, suivi de la phase du tuteurage. »*[28]

Abondant dans le même sens, monsieur N'da Koffi Kouadio précisera : *« le sarclage est une activité féminine et le tuteurage pour les hommes. À la fin du deuxième sarclage qui a lieu en août et en septembre, commence la récolte des ignames précoces et les tardives d'octobre à novembre après le troisième sarclage. La période des récoltes n'est pas choisie au hasard. D'août à septembre et d'octobre à novembre, on a de fines pluies alternées de soleil qui favorisent une meilleure récolte des tubercules (le manioc et l'igname). »*[29]

En définitive, il faut avouer que la connaissance du cycle de la lune et du soleil a permis aux Faafouê de dégager un calendrier agricole comme les Gouro qui les ont précédés dans la région. À la différence du calendrier agricole faafouê qui reposait sur plusieurs variantes à cause de la culture des tubercules, celui des Gouro, nous l'avons déjà évoqué, tenait compte de deux saisons. Cette connaissance des saisons a rendu prospères le système de production agraire des Faafouê et l'ensemble des Baoulé de Bouaké qui disposaient, entre autres, d'une bonne gamme de technologies et d'outils rudimentaires de production économique.

c) Matériels et outillages archaïques

Les Faafouê-Gossan de la région de Bouaké, disposaient de plusieurs objets pour le développement d'une agriculture d'autoconsommation, en dehors de la terre et du capital humain. Cette agriculture d'autosubsistance était rendue possible grâce à une gamme très variée d'instruments issus de l'artisanat faafouê. En effet, l'artisanat, dans le Faafouê précolonial, reposait essentiellement sur le travail du bois. Mais, il a été innové avec l'apport d'éléments extérieurs sénoufo par l'introduction du travail du fer. La machette, la houe et la daba sont sorties de « l'industrie du fer ». Le panier en rotin ou en liane est, quant à lui, issu des fabriques artisanales. La machette permet de nettoyer et d'abattre les arbres du champ à cultiver. La houe et la daba permettent de labourer la terre pour en faire des buttes. La récolte et le transport des produits se faisaient dans des paniers sur la tête.

---

[28]Aka Koffi Félix (70 ans environ), -Entretien directif à caractère public du 12 mars 1998, déjà cité.

[29] N'Da Koffi Kouadio (76 ans environ), neveu du chef Kotia Koffi, fondateur du village de Kotia Koffikro, Entretien semi-directif du 26 mai 1997 à Kotia Koffikro, déjà cité.

Cette brève étude nous aura permis de comprendre le caractère rudimentaire et archaïque des outils de travail des Baoulé, voire, des anciens Africains. Avec ces instruments, le travail était lent et pénible, mais, surtout, le rendement était très faible. Les paysans faafouê étaient parfois obligés de s'organiser au niveau du corps social villageois ou des familles pour défricher et labourer ensemble une superficie assez vaste.

d) Le défrichement et la culture sur brûlis

Le défrichement est une pratique utilisée par les paysans pour rendre cultivable une terre en friche non cultivée. II s'agit d'une technique agricole primitive qui consiste à brûler une végétation pour la dompter et, surtout, pour la rendre fertile.

Le Faafouê, pendant la saison sèche, choisissait le terrain en fonction de la culture à réaliser et le délimitait. La brousse, les lianes, les arbustes et les mauvaises herbes du sous-bois étaient coupés. On laissait sécher toute cette brousse morte pendant au moins une semaine avant d'abattre, à l'aide d'une hache ou de la machette, les gros arbres. On épargnait certaines espèces reconnues sur le plan médicinal. Après cette phase, le paysan laissait sécher, par le soleil, tout l'espace défriché pendant un certain temps avant de brûler les feuilles et les lianes mortes. Les branchettes non consumées complètement sont, par la suite, mises en tas pour être brûlées, de nouveau; cela met le sol complètement à nu, le débarrasse de tout ce qui peut être gênant pendant le labourage. On note, ici, l'esprit d'imagination et de savoir-faire des Faafouê. Cependant, lorsque nous prenons du recul, nous nous rendons compte que les Faafouê n'innovent en rien. II s'agit des techniques communes à tous les Baoulé, voire, aux autres peuples de Côte d'Ivoire attachés aux activités de la terre.

Le champ, ainsi nettoyé, était divisé par le paysan en plusieurs parcelles à distribuer entre ses femmes, sa mère (si elle est vivante et active), ses sœurs et tantes veuves, ses belles-mères et belles-sœurs non mariées. À la suite donc de la répartition des espaces, chaque femme était invitée à mettre en valeur le sien. Elle pouvait y pratiquer une monoculture ou une culture associée.

e) La technique d'association des cultures

L'association des cultures est l'une des techniques culturales primitives utilisées par les sociétés africaines, notamment de l'Afrique forestière. En effet, l'association des cultures était un système de gestion méthodique et rationnelle de l'espace cultivable. Les outils rudimentaires et archaïques utilisés par les paysans n'étaient pas de nature à favoriser la création des champs très importants par leur étendue. Or, la famille à nourrir était importante. L'association des cultures, sur une même parcelle, permettait de produire en abondance une gamme très variée de produits pour la consommation de la cellule familiale. C'était une technique intelligente de gestion de l'espace, car, sur un même espace donné, on obtenait pratiquement tout ce dont la famille avait besoin. Cette technique était utilisée par les femmes dans la société Akan. Ainsi, après le brûlis, les femmes semaient, d'abord, le maïs qu'elles laissaient germer avant d'enfouir les boutures de manioc en terre. Chaque femme divisait sa parcelle en plusieurs secteurs correspondants, chacun, à un type de produits vivriers : les boutures, d'un côté, les condiments et les bananiers de l'autre. Avant de semer le piment, la tomate, l'aubergine, le gombo... etc., la cendre des palmiers et des tas de brindilles servaient d'humus à la pépinière.

Une fois que les grains de ces différents fruits semés ont germé, les plants sont déterrés pour être repiqués dans le grand champ d'à côté ou dans les allées des buttes. Notre interlocutrice Koffi Aya le dit si bien : « pendant *que les hommes effectuaient les premiers travaux sur les champs, les jeunes filles et les femmes semaient les condiments ("**Tro**" en Baoulé) entre les buttes. Les piments ("**Mankou**" en Baoulé), de plusieurs variétés, se distinguaient par la couleur, la taille, la forme des fruits et la qualité (...) Il y avait le"**Mankou-aufauê** » (piment blanc et long), le « **Monnin tchin mankou** » (piment du dimanche), le « **kpêssê-kpêssê** » (piment rouge et court qui pique très fort), le « **Mankou-blé** » (piment noir), le « **Mankou-n'zué** » (piment doux), le « **Mankou-kpa** » (bon piment) ... Le gombo « **gbolou** » dont le cycle durait de trois à cinq mois. Les aubergines « **n'gokouman** » (grosse aubergine), le « **N'droa** » (aubergine moyenne). Le « **Klouala** » (feuille qu'on jette dans la sauce)... »*[30]

Ce tableau synoptique des cultures reste muet sur certaines questions dont la réponse éclairerait davantage l'opinion. Comment et depuis quand ces plantes ont été introduites dans la région ? Si les Faafouê les trouvent sur place, comment réussissent-ils à les intégrer à leur habitude alimentaire ? Si les Faafouê soutiennent avoir introduit ces plantes dans leur actuelle aire de vie, les Gouro trouvés sur place disent eux aussi avoir toujours cultivé ces plantes avant l'arrivée des Baoulé.

Il n'est pas aisé de trancher ou d'affirmer que tel ou tel groupe a introduit ces plantes et leurs techniques culturales dans la localité. Toutefois, nous disons que les piments, les aubergines et les gombos, peuvent être considérés comme des fruits issus des plantes qui poussaient

---

[30]Koffi Aya alias Blé, entretien directif du 11 mai 1997 à Kotia Koffikro. Thème : **Économie traditionnelle des Baoulé**. Durée 45mn

spontanément dans la nature –même si elles ont été après domestiquées par l'homme–. En plus, nous avons constaté que les techniques culturales et systèmes de pépinières utilisés en pays faafouê, sont les mêmes chez les Gouro, voire chez les Dida, les Bété, les Guéré etc. Cette analyse conduit à la conclusion selon laquelle, les Baoulé et les Gouro, avant de cohabiter momentanément dans les savanes du territoire, connaissaient déjà ces plantes. En définitive, toutes ces cultures étaient obtenues en association avec d'autres cultures comme l'igname, le manioc et le taro. La technique de la jachère et de la culture itinérante permettait aux cultivateurs faafouê d'obtenir un bon rendement agricole chaque année.

f) Le système de la jachère et de l'agriculture itinérante

Les sociétés africaines précapitalistes n'avaient pas connaissance des engrais chimiques – *le nitrate, le phosphate, le sel de potassium et de calcium.* – Les Africains avaient leurs méthodes et techniques de régénération des sols appauvris : le système de la jachère et de l'agriculture itinérante. En effet, les paysans s'abstenaient temporairement de cultiver une portion de terre pour permettre la régénération du sol. Dans la forêt tropicale, des parcelles de terre étaient temporairement défrichées, cultivées, et mises en jachère après la récolte. Ce procédé entraînait le cultivateur dans un mouvement agricole cyclique. Il se déplaçait avec ses cultures d'un espace agricole à un autre. Tel fut le sens de l'agriculture itinérante et de l'économie d'autosubsistance en pays faafouê.

Dans les zones de forêt ou de savane considérées comme des zones libres, nous l'avons déjà dit, le chef de cour ou de lignage opérait une délimitation avec les membres actifs du clan pour en faire des champs. La première année, des parcelles sont, en effet, défrichées et cultivées. Après la récolte, ces parcelles sont mises en jachère et, pour la nouvelle année agricole, l'on délimite un nouvel espace dans la forêt ou dans la savane. Ces espaces agricoles de la deuxième année sont eux aussi abandonnés au cours de la troisième année agricole et, ainsi de suite. L'objectif à atteindre, par cette méthode, c'est de permettre aux terres cultivées initialement de récupérer en matières organiques. La brousse ayant gagné toute la parcelle cultivée, la première année et la deuxième année, les lianes et les feuilles mortes serviront d'humus et permettront la nouvelle fertilisation du sol.

Après la troisième ou la quatrième année de culture itinérante, le paysan revient sur la première terre pour de nouvelles cultures. En définitive, toutes ces méthodes et techniques agricoles avaient une portée économique. Elles ont été les principaux facteurs du développement de l'économie agricole dont l'igname et le manioc constituaient, pour la région, les produits-clés.

3. L'importance de la production des tubercules et des céréales

Depuis l'époque précoloniale, le pays baoulé a toujours été un grand foyer de production d'ignames, de manioc, voire, de maïs. L'importance de la production de ces denrées, notamment, du maïs et du manioc, constitue, parmi tant d'autres raisons, celle qui a suscité la création du pôle économique de Bouaké par les colonisateurs français. Consommatrice de tapioca et de la farine de maïs, la France avait besoin de ces deux produits alimentaires. C'est d'ailleurs pour cette raison qu'en 1931, le Gouverneur Dieudonné-François Reste disait : *« le pays baoulé comme la Haute Côte d'Ivoire dont les terres et le climat conviennent admirablement bien à la production du manioc et à cette céréale, pourrait contribuer pour une large part à l'approvisionnement du marché métropolitain (...). Des essais y seront faits avec des maïs durs, moins farineux que les maïs tendres, mais se conservant mieux et résistant aux attaques d'insectes. »*[31] D'où l'intérêt pour cette étude sur *« l'économie de tubercules »* et *« l'économie de céréales ».*

a) La culture de l'igname et son importance économique

Les sociétés traditionnelles africaines ont, généralement, une économie fondée essentiellement sur l'agriculture. Cette activité a constitué l'élément principal de l'économie des populations de Bouaké. Les peuples gouro, sénoufo, malinké, allanguira et faafouê-gossan ont développé, dans les savanes du centre du territoire ivoirien, une agriculture d'autosubsistance fondée sur les tubercules, les céréales, les plantes textiles et les arbres fruitiers. Parmi ces cultures, les tubercules ont toujours été l'aliment de base des Baoulé. L'igname ou le **« douo »** –en baoulé de façon générale– est la principale culture de l'agriculture baoulé. On en distingue plusieurs variétés. Cela relève du constat fait sur le terrain, dans les villages parcourus. Le critère de reconnaissance est l'aspect du tubercule –la couleur de la peau, la peau lisse ou rugueuse –, la couleur de sa chair, son élasticité –quand on la pile– et sa forme. Les ignames sont aussi classées en fonction des feuilles de la plante, de leur couleur et en fonction de la tige – avec ou sans épines–. Concernant les diverses variétés d'ignames, on note, entre

[31] JOCI, 1931

autres, les ignames précoces telles que le « **Kponan** », l'« **Assawa** », le « **Lokpa** », le « **Kpassadio** », le « **Sêpèli** », le « **Zrêzrê** », et le « **N'dêtré** ».

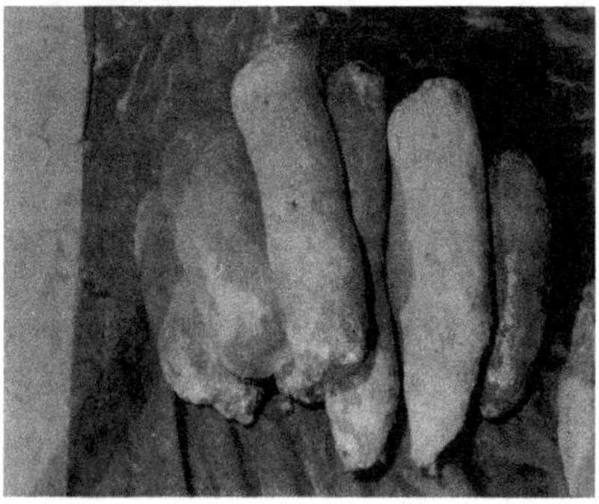

Titre : Kponan (igname précoce) au marché d'Ahougnassou (quartier de Bouaké) comme à l'époque précoloniale. Source : Cliché : Alphonse Sekré Gbodjé

Titre : Assawa (igname précoce) au marché d'Ahougnassou (quartier de Bouaké) comme à l'époque précoloniale Source : Cliché : Alphonse Sekré Gbodjé

Ces ignames sont dites précoces parce qu'elles sont récoltées seulement au bout de trois ou six mois après la semence. Par exemple, le "**Kponan**" et le "**Lokpa**" ont une peau de couleur brune. Le "**Lokpa**" est plus rugueux que le "**Kponan**" dont la peau paraît un peu douce. Le "**Lokpa**" comme le "**Kponan**" ont des feuilles moins larges. Ensuite, à ces ignames précoces, s'ajoutent les ignames semi-précoces comme le "**Klinglè**" dont la couleur de la peau est également brune, mais moins rugueuse que celle du "**Lokpa**". Outre le "**Klinglè**", on note le "**Saviè**" et le "**Gnan**". Toutes ces ignames semi-précoces sont récoltées après dix-sept mois, avec la possibilité de produire une seconde fois (après huit mois). Enfin, on note les ignames tardives récoltées dans l'espace de huit mois à partir de la semence. La principale igname tardive est le "**Bêtè-Bêtè**" auquel on peut rattacher le "**Sêpiè**" ; le "**Gbodo**", le "**Douo-blé**", le "**Sioua**" et le "**Suidjé**". Le "**Bêtè-Bêtè**" est d'une couleur noire, tout comme la plupart des ignames tardives. Cette igname a les feuilles plus larges que le "**Lokpa**" ou le "**Kponan**". Il existe aussi d'autres variétés d'ignames tardives: le "**Kangban**", l'"**Aklan-n'doufou** ", l'"**assandrè** ", le "**Kotô**" et le "**N'za**", la plus ancienne variété de toutes les ignames. Ce n'est qu'après cette variété que les Baoulé ont découvert d'autres types, à savoir le "**N'za-tre**", le "**N'za-têdêkè**" et le "**N'za-pa**" très peu connus des jeunes générations.

<u>Titre</u> : **Klinglè (igname semi-précoce) au marché d'Ahougnassou (quartier de Bouaké) comme à l'époque précoloniale**
<u>Source</u> : **Cliché : Alphonse Sekré Gbodjé**

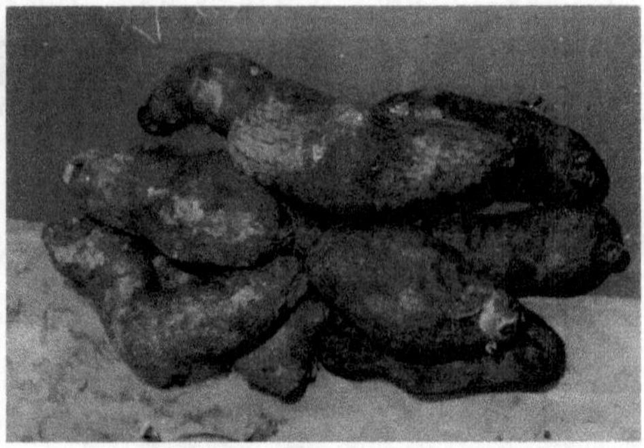

<u>Titre</u>: **Bêtè-Bêtè (igname tardive) au marché d'Ahougnassou (quartier de Bouaké) comme à l'époque précoloniale**
<u>Source</u> : **Cliché : Alphonse Sekré Gbodjé**

Quel regard faut-il porter sur l'ensemble de ces tubercules ? Comment et par qui ont-ils été introduits dans la localité de Bouaké ? À ce niveau de la réflexion, notre analyse tient compte de certains faits et de certaines réalités du terrain. En effet, selon les Baoulé-Faafouê, c'est avec eux, que les Gouro trouvés sur place intègreront, dans leur civilisation agricole, la culture de l'igname. Par contre, pour une certaine opinion gouro, ce tubercule poussait tout naturellement dans la brousse et, donc, était déjà connu des anciens gouro.

Face à ces deux positions, quelle attitude adopter ? Aujourd'hui, nous pouvons faire un constat. Le Baoulé, tout comme le Gouro, cultive et consomme l'igname. Les Gouro, devenus peuple de la forêt conséquemment à l'intrusion des Faafouê dans leur espace géographique (les savanes du centre), ont adapté la culture de l'igname aux réalités climatiques de la zone forestière. Le tubercule y est cultivé au moment de la culture du riz, sur des espaces distincts. Le rendement est faible et il est consommé sur une courte période. Le Baoulé, pour l'opinion nationale, est, non seulement, considéré, comme le plus ancien consommateur de l'igname, mais, aussi, semble avoir pérennisé certaines techniques de conservation des tubercules : le ***Fogo***, sorte de grenier d'ignames non clôturé, construit derrière la case. En guise de couronnement, il organise la fête des ignames, une cérémonie qui ressemble à un culte rendu au dieu de la terre pour la bonne récolte. Aujourd'hui, la fête des ignames est devenue un fait culturel d'intérêt national. Puisque, finalement, le tubercule est cultivé aussi bien par les Baoulé que les autres peuples ivoiriens. Par sa variété et son abondance en pays baoulé, il est sans doute aisé de dire que la culture de l'igname représente l'une des plus anciennes des Baoulé. On ne saurait évoquer l'art culinaire baoulé sans faire référence à l'igname. Mais, à côté de celle-ci, se développe également le manioc.

b) Le manioc dans l'économie paysanne baoulé

Le manioc est l'un des produits essentiels de l'agriculture dans le Baoulé. II est très prisé et constitue l'un des principaux tubercules consommés par les Faafouê-Gossan, après l'igname. II s'agit d'un aliment primitif des Akan, en général. Il végète pendant des années et se récolte en toutes les saisons. En pays faafouê, on distingue plusieurs variétés de manioc. La variété ***Agba-oufouê*** est le manioc dont la tige est de couleur vert-claire et l'Agba-blé à la tige de couleur violette. Le travail du manioc est réservé généralement aux femmes ; il est moins rude pour les femmes, mais, surtout, ce sont elles qui, généralement, font le repas. De ce qui suit, on est tenté de dire que le Baoulé est conscient d'un certain féminisme porté à défendre des intérêts propres de la femme. Ici, il s'appuie sur certaines qualités de celle-ci – souplesse, douceur– pour lui attribuer certaines tâches moins pénibles à exécuter. La femme, dans la cosmogonie faafouê, est sacrée, divine et, donc, mérite respect et considération. L'homme se réserve les durs travaux et c'est après qu'intervient sa femme. Une fois le champ défriché et complètement préparé à la suite du brûlis, les femmes enfouissaient les boutures au pied des buttes ou dans des buttes. En effet, les boutures portent des nœuds à partir desquels la germination se fait. Les plantules gagnent en volume, grandissent et deviennent des tiges avec des feuilles étoilées. Le manioc est récolté après six mois. Au fil des mois, ce qui n'était simplement qu'une racine devient peu à peu volumineux pour prendre finalement l'aspect du manioc. II est déterré pour la consommation. Le tubercule était mangé braisé "**agba-kpando**" ou sous forme bouillie (**Agba-gbo).**Il était aussi pilé, "**agba-aliè**" et mangé avec une sauce. Le manioc était conservé en faible quantité. La racine était cassée en plusieurs morceaux séchés à terre ou sur des claies et ensuite mis dans des canaris. Les morceaux pilés et la poudre versée dans de l'eau bouillante par la cuisinière donneront le "kogodé" après mélange. Cette pâte noire était consommée avec une sauce gluante, généralement à base de gombo: le "klouala" ou le "nankou".

Titre: Tubercules de maniocs exposés au marché d'Ahougnassou (quartier de Bouaké) comme à l'époque précoloniale
Source : Cliché ; Alphonse Sékré Gbodjé

Titre : Champ de manioc de Mme N'da Koffi Kouadio de Kotia Koffikro (Village situé juste après l'abattoir de Bouaké en allant vers Katiola).
Source: Cliché : Alphonse Sekré Gbodjé

Dans le Faafouê, la culture du manioc fut très importante. Le manioc était en réalité consommé en période de soudure, en temps de disette, en remplacement de l'igname. Les Djimini, Djamala et les Tagouana, peuples voisins du Faafouê avaient fini par adopter les mets baoulé comme le "**kogodé**" qu'ils consommaient avec leurs sauces, à base de feuilles. : *« Tout le monde sait que nos voisins les Tagouana, les Djimini et les Djamala consomment le "**Kogodé**" plus que nous. Mais en réalité, le "**kogodé**" est de chez nous. Ce sont nos parents qui ont appris à ces voisins les techniques de sa préparation. Ces peuples consommaient de la bouillie à base de la farine du maïs. Mais, avec le manioc, ils innoveront et créeront un aliment dérivé du "**kogodé**", le "**kabatô**", obtenu selon les mêmes techniques de préparation. »*[32]Les Faafouê qui produisaient plusieurs variétés de manioc en commercialisaient à ces peuples voisins. En somme, le manioc a été longtemps et continue d'être l'un des piliers de l'économie agricole faafouê. Mais, à côté de ce produit, il y avait aussi le maïs qui permettait aux Faafouê et à leurs voisins de se nourrir et d'accroître leurs produits agricoles commerciaux.

c) Le maïs dans le marché traditionnel local

Le maïs était la céréale la plus cultivée dans le pays faafouê. Dans le Faafouê précolonial, étaient cultivés l'***ablé-oufoué*** le maïs à grains

[32]N'Da Koffi Kouadio (76ans ?), neveu du chef Kotia Koffi, fondateur du village de Kotia Koffikro.
Entretien sémi-directif du 26 mai 1997 à Kotia Koffikro, déjà cité

blancs, *l'ablé-blé*, le maïs à grains violet et l'***ako-ablé***, de petits grains. Cette dernière variété très peu répandue servait surtout d'alimentation aux volailles. En effet, les Faafouê n'ont rien perdu de l'héritage des Gouro sur le plan de la culture du maïs. La céréale ne serait donc pas, d'origine faafouê. Elle aurait été introduite dans le pays par les Européens qui l'ont eux-mêmes importée de l'Amérique du Sud. Cette graminée qui se récolte chaque année à une hauteur de 2,5 m environ, possède de grandes et longues feuilles et est cultivée pour son grain. Plante vivrière aux avantages multiples – *épis, grains, farine, huile de table extraite des germes*–, elle est, aussi, une plante fourragère – *épis ou coupé vert*– qui occupe une place remarquable en biotechnologie, notamment, à cause de son amidon transformable en glucose puis en fructose.

Titre : Champ de maïs d'une famille baoulé situé sur la route de Kouassiblèkro
Source: Cliché : Alphonse Sekré Gbodjé.

Titre : Le maïs mûr et récolté (braisé et vendu par une commerçante au petit marché de Sokoura Bouaké)
Source: Cliché : Alphonse Sekré Gbodjé.

Dans le pays faafouê, le maïs était cultivé sur de vieilles parcelles appelées "**aflé**" en Baoulé – ces parcelles étaient caractérisées par leur longue durée de jachère. Le sol était mis à plat à l'aide de la machette et, après le labourage, le maïs était semé par les femmes et les jeunes filles et pouvait être récolté au bout de trois mois. Le maïs enveloppé dans sa peau verte est coiffé de "mèches", sortes de fibres de couleur grise ou jaunâtre. La maturité du maïs se constate lorsque ses "mèches" commencent à se faner. À partir de ce moment, il est cueilli et consommé frais sous plusieurs formes: il peut être bouilli ou braisé. Ceci, pendant un temps très court ; le maïs vert séchant très rapidement au bout de quelques jours.

Une fois qu'il n'a plus son humidité naturelle, il est conservé dans un endroit protégé et ressortira chaque fois que le besoin se fera sentir. Le maïs débarrassé de sa peau séchée, les grains sont recueillis et transformés généralement en farine **''Kpouk-poussou''** (en Baoulé). Cette farine est bouillie dans de l'eau par la cuisinière qui en obtient une pâte, consommée avec une sauce gluante ou à base d'arachide. Les grains de maïs ou la farine étaient vendus au marché de Kotia Koffikro, de Gbèkèkro et sur plusieurs marchés à savoir : Satama Sokoura, Marabadiassa, Kouadikofi, Touminlamé et Tiassalé...

Retenons partiellement que le maïs a été planté par les Faafouê qui disposaient déjà des techniques de fabrication de la farine avant l'arrivée de la machine. Le "**kogodê**" obtenu à base de la farine du manioc démontrait toute l'ingéniosité et du savoir-faire du Baoulé. Par conséquent, il n'avait donc pas attendu le "Blanc" pour s'émanciper techniquement. Ainsi, à côté de cette gamme de produits vivriers cultivés, plusieurs produits artisanaux permettront-ils de rendre dynamique l'activité commerciale dans l'ensemble du Baoulé.

II - L'ESSOR DES ACTIVITÉS DE TRANSFORMATION DE TYPE ARTISANAL EN 1858

Cette étude permet de se rendre compte de l'évolution de certaines méthodes et techniques de production de "l'économie artisanale", signe du progrès du peuple baoulé, même si dans bien des domaines, les Sénoufo ont été les maîtres des Baoulé de la région de Bouaké. Qu'ont-ils appris aux Baoulé? Quelle a été l'influence de ces derniers sur la conception sénoufo de l'art et de la technique? En effet, l'immigration des peuples soudanais dans la région des savanes de la Côte d'Ivoire a été à l'origine de la mise en place de certaines unités artisanales. Les Sénoufo détenaient les techniques et la haute technologie de fabrication des objets ou instruments de travail. Il s'agit des techniques plus ou moins élaborées dont certaines étaient connues de tous tandis que d'autres restaient propres à un petit nombre de Faafouê. Les hauts fourneaux conçus de façon artisanale, mais avec beaucoup d'ingéniosité par les Sénoufo, permettaient de fondre le fer qui devenait alors malléable.

Les travaux de Jean-Pierre Chauveau[33] sur le fer, l'outil et la monnaie donnent un contenu significatif à cette thèse. En effet, les outils

[33]Chauveau (J-P), « Le fer, l'outil et la monnaie: hypothèse à partir du jede ancien couteau à débrousser baule (Côte d'Ivoire) », in ***Cahiers ORSTOM***, série Sciences Humaines, vol. 20, n°2-3, 1984, pp. 471- 484, p.478.

et objets en fer, notamment, des instruments aratoires furent introduits dans le Baoulé-Nord par ces Sénoufo. Mais bien plus tard, ces instruments seront fabriqués sur place par les Faafouê qui fabriquaient déjà le sel à partir des branches du palmier. L'artisanat, à partir d'objets en bois, le tissage des pagnes, la vannerie, la poterie et l'industrie aurifère seront également développés par les Faafouê. Du coup, les activités artisanales connurent un véritable essor en 1858[34], au moment où le centre commercial de Gbêkêkro connaissait déjà une animation particulière. Les produits artisanaux constitueront les principaux articles exposés dans le marché, eu égard à l'importance des besoins exprimés par les agriculteurs et autres consommateurs de produits africains.

1. Le développement des industries traditionnelles de transformation dans le baoulé-nord

Les "ateliers de traitement" de coton, de fabrication de sel végétal et les forges de fer étaient les principaux lieux de transformation de ces matières premières.

a) L'abondance des ateliers textiles

Les Faafouê, tout comme l'ensemble des Baoulé de la région du centre, disposaient de grands ‘‘ateliers familiaux’’ de confection de pagnes à usage domestique. Le coton et l'écorce de certains arbres servaient de matières premières, à cet effet. Le coton était déjà connu et cultivé en association avec certaines cultures par les Faafouê, mais il n'entrait pas dans la fabrication des pagnes. Il était seulement utilisé dans la confection des colliers qui seront abandonnés avec l'introduction des perles européennes dans le Baoulé. Mais, cette idée est contestée par Félix Koffi Aka qui affirme que : *« le Faafouê a toujours tissé des pagnes à partir du fil de coton. Les femmes étaient chargées de le récolter, de l'égrener, de le peigner et de le filer à la main pour obtenir du fil qui servira à la confection du "pagne baoulé". »*[35]

Par ailleurs, une controverse pourrait poindre autour de l'antériorité ou de l'actualité de la culture du coton et de la fabrication du pagne baoulé que certains appellent aussi pagne *‘‘ kita’’*, avant ou à l'arrivée du peuple baoulé

---

[34] Djibo Sounkalo, « La vitalité de Bouaké, 2ème ville de la Côte d'Ivoire », ***Revue perspective Outre-mer***, Paris, décembre 1968, p.p. 35-37, p.36.

[35] Aka Koffi Félix (70 ans ?), neveu du chef Kwa Gbêkê, -Entretien directif à caractère public du 12 mars 1998, déjà cité.

dans les savanes du centre de la Côte d'Ivoire actuelle. Si on se fonde sur les recherches de l'égyptologue sénégalais Cheick Anta Diop[36] stipulant que, l'Afrique étant universellement reconnue comme étant le berceau de l'humanité, toutes les techniques pratiquées et perpétuées depuis lors jusqu'à nos jours sont d'origine africaine ; la technique étant l'œuvre de l'homme, apparu pour la première fois sur le sol africain dont les conditions naturelles ont dû conditionner la fertilité de son intelligence. Partant de cette assertion, on serait tenté de se demander si toutes les cultures et techniques régissant la vie culturelle et économique du baoulé ne sont pas d'origine gouro, premiers habitants de cet espace. Toutefois, sur quels éléments pourrait-on se fonder pour certifier que toutes ces cultures et techniques étaient l'œuvre du peuple gouro avant l'arrivée des Faafouê ? Un constat est avéré, c'est qu'aujourd'hui, chez les Gouro aussi, les ateliers de fabrication des pagnes appelés *''kita''* font partie du décor de leur patrimoine culturel et économique. La recherche a, à cet effet, une bonne matière à investigation.

Notre analyse pourrait, peut-être, aider à éclairer davantage l'opinion en stimulant son esprit critique. Nous disons que les Baoulé, dans leur ensemble, sont de très grands techniciens dans la confection du "pagne baoulé" qui est un trait culturel spécifique de leur génie et de leur authenticité perçus jusque dans leur art vestimentaire. Le tissage de pagne est l'un des plus vieux métiers des Faafouê. Par exemple, le "**gnien**" et le "**kpouka**" sont deux sortes de fromagers qui produisent deux types de "**soie**". La "**soie blanche**" est produite par le "**gnien**" et la "**soie jaune**" par le "**kpouka**". Cette "**soie**" moelleuse sort de ses enveloppes, à l'instar du coton et est souvent transportée au gré du vent. Le Faafouê utilisait ces soies pour fabriquer des colliers, elles ne rentraient pas dans la confection de pagnes ; il ne disposait pas de techniques de transformation de cette matière. Par contre, les écorces de certains arbres comme le ''**ofouin tinguin**'' et le ''**aoulo ofouin**'' permettaient aux Faafouê de confectionner des pagnes appelés ''**tani**'' (en Baoulé). Pour confectionner ces pagnes, on commence à écorcer l'arbre après l'avoir abattu, on l'écrase avec une massue ; les fils prennent différentes allures suivant la forme que l'on leur imprime. Le fabricant replie plusieurs fois la fibre sur elle-même et obtient une sorte de pâte qu'il bat jusqu'à obtenir une couche uniforme, très mince. La couche est ensuite séchée pendant plusieurs jours. Le pagne ainsi obtenu peut être teint aux racines de kolatier ou de "**kotokou**", arbres dont les racines bouillies donnent un liquide jaune. Le **''ofouin tinguin''** poussait de façon naturelle dans la forêt et le **"aoulo ofouin"** était planté dans les environs du village. Leurs pagnes étaient de bonne qualité, durables et aimés

---

[36]Cheick Anta Diop, l'une des figures emblématique de la littérature sénégalaise est l'un des apôtres de la négritude. Dans son ouvrage : Nations nègres et culture publié en 1945, il souligne le fait que l'homme est né pour la première fois en Afrique et que la culture occidentale a vu le jour en Egypte.

des femmes faafouê, fali et, surtout, des Malinké qui ne maîtrisaient pas les techniques de leur production de la soie et de fabrication du tani.

Par ailleurs, la fabrication des pagnes traditionnels à partir des écorces d'arbres n'était pas un fait propre aux Baoulé. Les peuples Krou, notamment, les Dida, les Godié, les Bété et certaines populations de la basse côte telles que les Alladian, les Abouré, les Adjoukrou, les Ehotilé et les Attié pour ne citer que ceux-là, se servaient aussi des écorces d'arbres ou des palmes du raphia pour se confectionner des habits, des serviettes, des couvertures et, surtout, des cache-sexes.

Quant aux populations du nord de la Côte d'Ivoire, les Sénoufo, notamment, elles ont développé des techniques de tissage. Si elles ont été en contact avec le pays baoulé pendant l'époque précoloniale et qu'on pouvait même penser qu'elles auraient appris aux Baoulé les techniques de tissage, il faut tout de même reconnaître que ces populations du nord ne sont ni "géniteurs", ni consommateurs du *pagne baoulé* puisque ne faisant pas partie de leurs habitudes vestimentaires. Le Malinké porte généralement le boubou.

Même si l'origine akan de ce pagne est aujourd'hui controversée, il faut tout de même reconnaître que les Baoulé ont su garder et pérenniser les ateliers traditionnels de fabrication dudit pagne. En d'autres termes, bien que n'étant pas concepteurs naturels du *pagne kita*, les Baoulé ont su, en bons légataires, l'industrialiser. C'est l'illustration de la parabole biblique de la fructification des talents reçus du maître. À tout le moins, nous pouvons dire qu'ils sont, sans doute, les véritables détenteurs des méthodes et techniques de production. Car, dans presque tous les villages baoulé et faafouê, notamment, se trouvent des ateliers de fabrication de ce pagne traditionnel.

En définitive, il apparaît clairement que les Faafouê savaient profiter de leur environnement pour répondre à leurs besoins de protection corporelle. Tous les pagnes sortis des ateliers textiles faisaient l'objet d'intenses transactions à Gbêkêkro, à Kotia koffikro et dans la plupart des marchés traditionnels du Baoulé-nord. Les populations du sud (Adjoukrou, Alladian, Ebrié,...), du sud-ouest (Dida, Godié, Bété,...) et de l'est (Agni) étaient toutes friandes de ces pagnes baoulé. Elles s'approvisionnaient, depuis la région de Bouaké, à partir des centres de commerce de Toumodi et, surtout, de Tiassalé. La fabrication des pagnes traditionnels connaîtra une régression dans la deuxième moitié du XIXe siècle avec l'arrivage massif de tissus européens. Mais, aujourd'hui, ces pagnes restent les pièces maîtresses du patrimoine culturel des Faafouê et, partant, de l'ensemble des Akan de Côte d'Ivoire et du Ghana. À côté des ateliers textiles, se développaient également des "**ateliers de potasse**" dont les produits finis rentraient dans le circuit du commerce interlignage ou communautaire.

b) Le développement des fabriques de potasse

Plusieurs définitions peuvent être données de la potasse. Mais, dans la conception africaine, il s'agit, en effet, du sel de cuisine obtenu à partir de la cendre de certains arbres ou de peaux de bananes plantains. Il convient, d'emblée, de signaler que les Baoulé, en général, et les Faafouê, en particulier, n'étaient pas les seuls à maîtriser les méthodes et techniques de fabrication du sel traditionnel. La plupart des populations du Sud, selon Elloe Brou, étaient aussi passées maîtres dans l'art de produire le sel végétal avant les colonisateurs français venus plus tard avec le sel marin. Les peuples Dida et Bété ont toujours fabriqué et consommé le "**Gaa-djrou**", c'est-à-dire, le sel obtenu à partir des branches séchées du palmier ou des peaux séchées de la banane.

Lorsqu'on pénètre l'univers artisanal du pays baoulé, on se rend immédiatement compte que les tenants des unités artisanales et les techniques de production restent les mêmes chez les Dida. En effet, dans le pays Faafouê, les femmes étaient de grandes animatrices et techniciennes des "**fabriques de potasse**". Les branches du palmier à huile et les écorces de l'arbre, connu en Baoulé sous le nom de "**Gnien**", constituaient la matière première. Pour madame Koffi Aya, les branches et écorces brûlées de cet arbre laissaient une cendre noire qui, mélangée à l'eau dans un récipient en terre cuite, donnait un liquide noir. Ce liquide filtré à l'aide d'un instrument troué était recueilli dans un canari. La principale source d'énergie est Lekeu. Le liquide est chauffé jusqu'à ce que l'on obtienne une substance noire, sous la forme de grains très fins: c'est la potasse. Elle faisait le bonheur des femmes, car elle donnait un goût agréable à la sauce. Mais, également, elle servait aussi dans la fabrication du tabac à chiquer et du savon.[37]En somme, il est à retenir que le sel végétal, les savons et la poudre de tabac obtenue à base de ce sel, faisaient, tous, l'objet d'un commerce de troc entre les Faafouê et les Malinké qui offraient du matériel de travail à base de fer.

c) L'importance des forges et la fabrication des outils agricoles

Les Faafouê ne sont pas traditionnellement forgerons. Ceux qui pratiquent cette activité le font occasionnellement. Ils ont été initiés, en la matière, par les

[37]Koffi Aya dite Blé (96 ans), nièce du chef Kotia Koffi fondateur de Kotia Koffikro.-Entretien directif du 11 mai 1997 à Kotia Koffikro. -thème : **Économie traditionnelle des Baoulé.** -Durée: lh 40mn.

Sénoufo, leurs voisins du nord qui sont descendus dans le Baoulé-Nord à l'époque précoloniale.

En effet, les Sénoufo sont de grands techniciens dans le domaine de la forge. Ils maîtrisent le travail du fer et avaient même conçu, avec beaucoup d'ingéniosité, de grands dispositifs pour faire fondre le minerai. Pour Soro Fapé Ladji, les Sénoufo ou les Malinké creusaient un trou en un endroit sûr, d'environ quinze mètres, reliés par des galeries. Des orifices étaient faits sur les parois du trou pour faciliter la montée et la descente de la terre. Il était formellement interdit d'accéder à la zone d'exploitation le lundi et le vendredi, jours des génies. La terre remontée est retirée et transportée vers le marigot ou la rivière pour y être lavée. Le minerai obtenu est préparé en petites boules avec de l'eau. Le mélange est jeté dans le four construit pour la circonstance : c'est le haut fourneau à la forme d'un cône de terre séchée de deux ou trois mètres de haut, d'environ cinquante centimètres de diamètres et dont l'édification relève du sacré. Le feu, alimenté par le charbon de bois, était mis à sa base; la durée de la cuisson était d'au moins douze heures. Tout le minerai fondu donnait un liquide très chaud dont le temps de refroidissement était presque' identique à celui de la fonte. Le fer était retiré du four et, avec un marteau, une enclume et un soufflet traditionnel qui attise le feu, les Sénoufo obtenaient la machette, la houe ou autres outils indispensables à l'agriculture. Tous les produits comme la machette et la houe étaient exposés sur les différents marchés de Diabo-Satama *–situé au nord de l'actuelle commune de Bouaké–*, mais aussi, sur les marchés de Kotia Koffikro, de Gbêkêkro et de Marabadiassa, en contact avec le Soudan par Kong.[38]

Au regard de la pratique du métier du fer encore en cours dans des quartiers à forte population malinké de Bouaké tels que Djambourou, Sokoura et Dar-es-Salam, il est aisé de dire que les Baoulé restent des spécialistes du travail du bois, de la poterie et des fabricants occasionnels d'instruments de fer.

2. L'essor de la sculpture du bois, de la vannerie et de la poterie dans le Faafouê

L'artisanat renvoie à l'ensemble des techniques et procédés qui permettent à l'artiste de produire des œuvres d'art. En Afrique, cette activité est réservée à un groupe social endogame –forgerons, bijoutiers, artisans du cuir, du bois. Dans le Faafouê précolonial, l'artisanat reposait essentiellement sur la sculpture du bois. La vannerie, la poterie et le travail de l'or restaient à côté de la sculpture, des activités qui ont marqué la vie du corps social villageois et ont révélé le niveau appréciable des techniques de production traditionnelle des Faafouê.

---

[38]Soro Fapé (Ladji), forgeron Sénoufo né en 1936. –Entretien directif du 12 mai 1998 à son domicile à Bouaké.

a) La sculpture du bois dans l'économie traditionnelle du Baoulé-Nord

Le travail du bois demandait beaucoup d'habileté et de dextérité. Le Faafouê ne faisait pas, à ce niveau de mystère à sa transformation. En effet, il y avait, dans la brousse, des bois spécifiques. Leur choix était laissé à l'appréciation des spécialistes en la matière ; le bois intervenait à tous les niveaux du corps social villageois : dans la construction des habitations (les portes, les fenêtres, les charpentes des maisons), dans la fabrication des outils agricoles (les manches de machettes, de couteaux et de houes) et dans la fabrication des ustensiles de cuisine (des assiettes, des cuillères, des pilons, des mortiers) et autres objets à usage domestique (des sièges).

*«Le bois, une fois débité puis débarrassé de son écorce, l'artisan avec un instrument en fer tranchant, taille grossièrement celui-ci, essaie de donner une forme à la matière brute. Cette forme finit par se dégager sous les coups de la petite houe. Elle est arrangée grâce au couteau. Les trous dans le bois sont faits avec une pointe brûlante. Les arbres comme le **"fla"** et **"l'ala"** servaient à la construction des portes, des fenêtres, des charpentes de maisons, **"l'Ahui",** bois rouge (poison d'épreuve) et le **"daoulé"** étaient pour les manches de machettes, de couteaux et de houes (...) Du travail de "l'Ahui", on obtenait des assiettes, des cuillères, des pilons et des mortiers. La sculpture faafouê a aussi un caractère profondément religieux ; dans le bois étaient taillés des masques et des statuettes représentant certains dieux, des génies protecteurs ou certaines divinités. »*[39]

Tous ces objets divins relevaient de la cosmogonie spirituelle du Faafouê qui, non seulement, était attaché à la nature, mais, aussi, croyait en sa force. Dans cette vision du monde, l'on doit s'adresser à Dieu à travers des statuettes, des forêts ou rivières sacrées. Des rites étaient organisés, à cet effet, pour rendre un culte aux dieux. Fort de ces considérations, nous pouvons dire que la sculpture mettait en relief le caractère profondément animiste du peuple faafouê et, au-delà, celui des populations baoulé du centre de la Côte d'Ivoire.

Par ailleurs, l'art faafouê avait des caractères extérieurs. Les masques ou statuettes étaient chargés, en effet, de détails et ressemblaient fort bien à l'art du Bénin: visage, coiffure, mains, pieds... étaient sculptés avec finesse et élégance.[40] Cet art connaîtra de profondes mutations dans le sens du progrès :

---

[39]Aka Koffi Félix (70 ans ?), neveu du chef Kwa Gbêkê, -Entretien directif à caractère public du 12 mars 1998, déjà cité.

[40] La production artistique avait jadis pour fonction essentielle de transmettre l'histoire des royaumes. Leur savoir-faire s'est transmis de père en fils et, aujourd'hui encore, leurs descendants font les mêmes gestes.

l'utilisation des couteaux, des lames, des usines européennes et, surtout, l'introduction de la peinture de multiples couleurs venue de la France révolutionneront l'art faafouê. La conséquence immédiate, c'est l'amélioration du rendement et le perfectionnement de la qualité des objets d'art sculptés. À côté de cette activité réservée aux hommes, les femmes se consacraient à la fabrication des assiettes, des canaris et des jarres en terre cuite.

b) La poterie et le développement du marché traditionnel

La poterie, c'est l'ensemble des techniques de fabrication des récipients à usage ménager, fait en terre cuite. En d'autres termes, elle repose sur l'utilisation de l'argile pour la fabrication d'objets à usage multiple comme les grandes jarres servant à préparer la potasse, des canaris pour la cuisson des aliments, la conservation de l'eau potable ou du vin de rônier. La potière allait chercher de l'argile en un endroit indiqué. Elle la mouillait et la malaxait pour obtenir une pâte plus souple. La pâte est ensuite battue puis laissée un moment à l'air libre. Le lendemain, la potière reprenait l'argile, l'aspergeait pour la ramollir. Les mains constamment dans l'eau pour que l'argile ne colle pas sur les doigts. Elle faisait des dessins sur l'extérieur de la jarre. Celle-ci était séchée pendant plusieurs jours puis était brûlée, dans le but de la rendre plus dure. Les hommes étaient de grands utilisateurs ou consommateurs des produits de la poterie. Il leur fallait des jarres et des canaris pour l'extraction et pour la conservation de leur vin de palme ou de raphia.

Dans la deuxième moitié du XIXe siècle, la production des produits potiers gagnera en importance dans le pays baoulé. Ces produits contribueront au rayonnement économique des Faafouê qui les proposaient en échange d'autres produits sur les marchés de Tiassalé et de la côte.

Sur ce chapitre, il conviendrait de retenir que tous les produits agricoles, industriels et artisanaux étaient à usage domestique, mais le surplus faisait l'objet d'un type de commerce primitif au marché de Gbêkêkro qui connaît, dès 1858, une animation particulière grâce à la qualité des produits agropastoraux qui y étaient exposés. L'étude de l'organisation et du fonctionnement du système commercial de cette époque permet de comprendre davantage pourquoi le colonisateur français décidera de la construction du pôle économique de Bouaké en 1898.

Ainsi, à Abomey, ils pratiquent toujours la technique de la cire perdue (bronze), la sculpture sur bois, la gravure sur calebasses. Cet art populaire était investi de pouvoirs rituels à l'instar des masques guélédé (société semi-secrète dirigée par les femmes âgées).

CHAPITRE DEUXIÈME

LE COMMERCE PRÉCOLONIAL ET L'ESSOR DU SYSTÈME DES MARCHÉS TRADITIONNELS À BOUAKÉ : 1858-1898

En interrogeant davantage l'histoire commerciale de Bouaké, on réalise que toute sa région n'est pas restée en marge des échanges commerciaux qui se faisaient entre le Soudan et la côte. Les Gouro, les Sénoufo, les Tagouana et les Baoulé de la localité, ont pratiqué le commerce à l'échelle locale et régionale. En effet, à partir de 1858[41], s'ouvre une nouvelle ère dans l'histoire commerciale de Bouaké et de sa région. En cette année-là, le marché de Gbêkêkro connaissait une ascension particulière et devint un véritable pôle d'attraction économique. En 1893, le trafic commercial dans le pays baoulé s'intensifia lorsque Samory Touré transforme le marché agropastoral du chef Kotia Koffi en un marché d'esclaves. Les captifs de guerre de Samory y étaient vendus comme esclaves. Le nouveau marché, enrichi désormais du trafic d'esclaves, fit de Kotia Koffikro le nouveau centre des affaires. Supplantant Gbêkêkro, il vit sa renommée s'étendre considérablement ; les peuples et chefs baoulé, agni et certains hommes d'affaires de la côte y venaient se servir en aliments agropastoraux et, surtout, en esclaves.

Les moyens d'échange qui, à cette époque, permettaient d'effectuer les diverses transactions commerciales étaient multiformes. La monnaie, dans sa forme actuelle, n'était pas connue. Ce sont les produits commerciaux prestigieux de l'époque comme la cola, le sel et le bœuf qui servaient de monnaie pour l'achat des esclaves et pour d'autres denrées sur le marché de Kotia Koffikro et de Gbêkêkro. En plus, d'autres marchandises-monnaies comme le fusil, la manille et la poudre d'or, donnaient davantage un caractère marchand au commerce de la région jusqu'en 1898, date de la destruction du marché d'esclaves et de la fondation du pôle économique de Bouaké par les colonisateurs français.

---

[41]DjiboSounkalo, «la vitalité de Bouaké, 2è ville de la Côte d'Ivoire », article déjà cité, p. 36.

I - LE COMMERCE INTÉRIEUR : 1858-1893

À partir de 1858, le chef Kwa Gbêkê, en homme politique avisé et très ambitieux, décide de faire de Gbêkêkro un véritable centre d'attraction commercial. Usant donc de son autorité politique et militaire, il réussit à détourner le mouvement commercial qui, du Sud comme du Nord, convergeait vers le marché agropastoral du village voisin Kotia Koffikro dont la renommée avait atteint le Soudan et la Côte. Du coup, Gbêkêkro devient un grand centre de stockage et de redistribution des produits commerciaux venant du Sud et du Soudan, surclassant ainsi le marché de Kotia Koffikro. Cette nouvelle fonction de Gbêkêkro donnera un certain éclat au commerce intercommunautaire dans le pays faafouê. Selon le Maire Djibo Sounkalo, ce marché prit de l'importance lorsque le chef des Faafouê, Kwa Gbêkê conclut des accords commerciaux avec les comptoirs français sur la côte vers la fin du XIXe siècle (1887-1890).[42]

1. Nature et caractéristiques du commerce intérieur

À l'époque, en pays baoulé, le corps social villageois reposait fondamentalement sur une économie agricole d'autosubsistance. Toutefois, on y observait un type de commerce "immédiat" au niveau du village et un autre type, à l'échelle de grandes structures tribales qui, en réalité, étaient de véritables entités politiques de la région.

a. Le "commerce immédiat" au niveau du corps social villageois

Ce type de commerce s'identifie au système de troc qui peut être considéré historiquement comme la première des formes d'échanges. En effet, dans l'échange "immédiat", les produits sont échangés pour leur valeur d'usage. La valeur d'échange des articles se reconvertit, aussitôt, après l'acte d'échange, en une valeur d'usage définitive. La quasi-totalité des sociétés africaines a connu ce système d'échange. Il n'est donc pas un phénomène propre aux Baoulé-Faafouê. Mais, la caractéristique ici, c'est le fait qu'il était organisé et, très souvent, dépassait le cadre restreint de la grande famille villageoise pour s'étendre à de grands ensembles claniques.

---

[42] Idem, p.36.

Le corps social villageois est, d'une manière générale, constitué de plusieurs familles ou de segments de lignages. Ce sont généralement des familles qui, liées par la sociologie et l'histoire, ont les mêmes traits linguistiques et vivent sur un même territoire, sous l'autorité d'un patriarche commun. Il s'agit d'un grand ensemble humain où vivaient des frères, des sœurs, des cousins, des cousines, des tantes, des oncles, des nièces, des neveux et même certains membres des villages alliés.

Ainsi, la famille est la base de l'organisation sociale en pays baoulé. En 1911, après son passage dans le pays baoulé, Maurice Delafosse affirmait déjà qu'il faut entendre le terme "famille" dans le sens le plus large. C'est la tribu des peuples qui a, à sa tête, le chef de famille ou le patriarche entouré de ses frères et de leur famille nucléaire, de ses sœurs non mariées, de ses enfants et les femmes de ses fils, de ses petits-fils, de ses domestiques et leurs enfants, et de ses clients ou protégés. Bref, chacune des familles anciennes mêlées d'autochtones forme la tribu dont le chef était le patriarche.[43]

La société baoulé est organisée à l'instar de toute société akan, c'est-à-dire, une structure étatique hiérarchisée. II s'agit, généralement, des chefferies et des royaumes. Le cas de Gbêkêkro *–aujourd'hui Kouassiblèkro–*, fief de la chefferie faafouê et du royaume de Sakassou sont illustratifs. Ces exemples peuvent être multipliés à souhait en pays baoulé. Le chef ou le roi, doté d'un pouvoir social et politique fort, dirige la société. II serait donc incongru, dans ce cas précis, de ramener la société baoulé à la tribu, voire, à une société segmentaire.

Mais, à prendre du recul, nous disons qu'à l'origine de toute société humaine, existe d'abord la famille nucléaire et que le corps social villageois est toujours le conglomérat de plusieurs petites familles se constituant et s'agglutinant à travers le temps. Ensuite, les villages liés par la même histoire, les mêmes traditions et par la langue, forment le clan ou la tribu. Enfin, le royaume était une structure supra politique au sein de laquelle, l'on retrouvait les entités sociales et politiques sus-citées.

C'est pourquoi, à ce stade de la réflexion, nous voudrions que le débat soit relativisé quant à l'identification de la société baoulé à la tribu, car, il faut le souligner, la tribu n'est pas synonyme d'anarchie et de désordre. II s'agit d'une entité sociale et politique organisée et dirigée par un chef qui est, généralement, un ancien désigné selon l'ordre de la succession. C'est dans ce cadre que se pratique le commerce "immédiat" qui écarte, d'emblée, toute notion d'institution de marché, à cause de l'étroitesse des liens de parenté au niveau de la cellule villageoise. Par

---

[43]ANCI : 3MI1, Colonie de Côte d'Ivoire, cercle du Baoulé-Nord, ***Monographie du cercle du Baoulé-Nord***, 1911, p.10.

conséquent, cette unité renforcée entre les membres du village rend quasiment impossible la pratique du commerce au sens monétaire. Le commerce "immédiat" impose que le "vendeur" ne cherche pas à réaliser de bénéfice sur les "marchandises". Les produits agricoles ou d'élevage sont échangés de façon directe entre les membres du corps social villageois pour satisfaire leurs besoins biologiques.

Le commerce "immédiat" était beaucoup pratiqué par les femmes. Elles pouvaient échanger entre elles des aliments dont elles ne disposaient pas et qu'elles désiraient. C'étaient, généralement, les soirs à la descente des champs. Chaque femme qui le souhaitait pouvait recevoir, par exemple, des piments contre des aubergines ou de l'igname contre du manioc... Aujourd'hui, cette pratique a quasiment disparu parce que tout le monde veut gagner de l'argent; on vend désormais tout. Or, avec le troc, l'on faisait une sorte de commerce fraternel où l'accent était d'abord mis sur la cohésion de la famille et sur l'unité du lignage. On se considérait vraiment comme des membres d'une même maison. Sous ce rapport, l'on peut inférer que l'introduction de la monnaie de type occidental apparait comme une tentative de détérioration du communautarisme de l'Afrique au profit de l'industrialisation et de l'esprit vénal de la civilisation occidentale.

On constate ici que l'Afrique précapitaliste a des valeurs sûres et propres qui fondent l'existence même de son peuple: le sens élevé de la famille, de la fraternité, de la solidarité et du partage. Les liens de parenté y sont sacrés, à telle enseigne que le cousin éloigné est considéré comme un fils ou un frère, descendant du même géniteur.

En s'inscrivant dans cette ancienne mentalité africaine, ce commerce qui se pratiquait s'étendra au-delà du village pour s'opérer, désormais, entre structures tribales plus élargies. Le phénomène des alliances et des liens de mariage expliquait, entre autres, la pratique du commerce inter villages.

b) Le commerce intercommunautaire

Le commerce inter villages a permis de renforcer la cohésion socio-économique et, partant, l'unité politique du monde faafouê. La création de villages où l'avènement de certaines communautés villageoises a été, très souvent, une conséquence des déchirures internes de la famille originelle. En effet, des familles anciennes faafouê, à la suite de diverses fortunes, se sont éclatées pour former des clans indépendants de la communauté villageoise mère. Ces nouveaux clans vont déménager de leur site initial pour se créer un nouvel espace géographique. Ils se subdiviseront en familles qui se constitueront, à leur tour, en villages. Ce qui fait qu'il n'existe aujourd'hui comme unité sociale et politique que des familles globales.[44]

Il convient de souligner, cependant, que des liens de parenté avec la famille ou le lignage mère sont conservés, voire, renforcés par les liens de mariages. Ainsi, disait, à ce sujet Miege Carteron : «*les jeunes gens et les jeunes filles de la tribu mère et des nouveaux clans formés ailleurs peuvent contracter des mariages* »[45]. Pareillement, Pierre Étienne reconnaît dans un de ces articles que les biens et les services qui circulent au sein des clans et des lignages se faisaient sous forme de prestations, de redistribution ou de don[46]. Ce qui amène à penser que le commerce inter villages qui se pratiquait était sans valeur économique. C'était un échange de produits contre produits.

Quelle lecture pouvons-nous faire de ce qui précède ? Comment définissons-nous le concept de marché dans le Faafouê précolonial ? Nous disons, à ce sujet, que le marché apparaît à la suite de l'éclatement des grandes familles en des sous-groupes. Le désir de se rencontrer et, surtout, la nécessité de figer les échanges poussent les populations à déterminer des lieux visibles et repérables. Dans cette optique, le marché était perçu comme un moyen de socialisation à travers les échanges intrafamiliaux.

En définitive, cette étude a présenté la vie commerciale du monde faafouê et de l'ensemble du Baoulé avant l'institution du marché dans l'économie des Baoulé-Gossan. Des espaces géographiques aménagés et indiqués pour l 'action commerciale vont s'ouvrir autour de 1858. C'est le cas du marché de Gbêkêkro et Kotia Koffikro[47]. L'organisation de ces différentes structures du commerce intercommunautaire permettra de comprendre davantage le mouvement commercial dans le Faafouê.

2. Organisation du commerce interlignage à partir de 1858

Avant 1858, des marchés à l'état embryonnaire existaient dans le pays faafouê et le commerce intercommunautaire s'organisait à travers des pistes bien tracées qui reliaient les différents sites villageois. Il se déroulait sous le sceau de l'anonymat. Non seulement les partenaires commerciaux ne se voyaient pas le plus souvent, mais, aussi, n'étaient pas des professionnels.

---

[44] ANCI : 3MI1, Colonie de Côte d'Ivoire, cercle du Baoulé-Nord, Monographie du cercle du Baoulé-Nord, 1911, pp.10.

[45] Carteron (M.), Le mariage en pays baoulé : la coutume et son évolution, Paris, CNRS, vol. 16, n°60, 1975, 243 p., p. 147.

[46] Étienne (P.), « Structure de parenté en pays baoulé. Un point de Problématique sur l'organisation et la structure des sociétés segmentaires », article déjà cité, p. 5.

[47] Chauveau (J-P), « Note sur les échanges dans le Baoulé précolonial », in Cahiers d'Etudes Africaines, 63-64, XVI (3-4), 1976, pp. 567-602, p. 575.

En effet, à la descente des champs, la "marchandise" était placée dans un endroit indiqué par le "vendeur". Le "client" pouvait s'y rendre pour la - récupérer et replacer, séance tenante, la sienne sur le site d'achat au compte du "vendeur". En vérité, toutes ces transactions se faisaient entre des personnes enrichies de certaines valeurs morales: l'honnêteté et la confiance entre les peuples. Mais, comme dans toute société humaine, il existait des voleurs et des malfrats dans le pays faafouê. C'est pourquoi les lieux d'échange des produits étaient constamment gardés et surveillés par les gens commis pour la circonstance. Ce commerce a existé entre Kotia Koffikro, Gbêkêkro et Kahankro, entre Kamounoukro, Oko et Ahui-dji.

Mais, avec la mise en place du marché de Kotia Koffikro et de celui de Gbêkêkro autour de l'année 1858, le commerce intérieur du Faafouê va être mieux organisé. Il quitte désormais les points de vente des pistes pour les centres commerciaux encore à l'état rudimentaire. Quels étaient les produits échangés ? Qui étaient les animateurs commerciaux ? Quels étaient les moyens d'échange ?

Toute la gamme de produits commerciaux était d'origine agricole et artisanale. L'igname, le manioc, le taro, le riz, le maïs, la banane, l'aubergine et le gombo constituaient le lot des produits agricoles. À ceux-ci, s'ajoutaient les produits de ramassage ou de cueillette comme les champignons et certains fruits sauvages. Au niveau de l'élevage, on pouvait citer les poulets, les moutons et les chèvres. Les pagnes baoulé, la potasse, les savons, le tabac, les assiettes en bois, les corbeilles et les vans en rotin ; les canaris et les jarres sortis des ateliers artisanaux étaient en nombre suffisant sur les marchés de la région. Le pays baoulé du centre de la Côte d'Ivoire vivait d'une économie d'autoconsommation. Le surplus entrait dans le système d'échange direct qui consistait à échanger de l'igname contre le manioc ou le cabri contre le mouton sur les marchés de Kotia Koffikro et de Gbêkêkro. Toutefois, il est à retenir que, devant l'importance du trafic dans le marché de Kotia Koffikro, le commerce à Gbêkêkro va s'émousser, et devra attendre cinq ans plus tard pour rebondir grâce au capitaine Benoît qui détruisit le marché d'esclaves en 1898, à cause du mauvais traitement infligé aux esclaves[48]. Toutes ces différentes transactions avaient presque lieu tous les jours de la semaine, mais avec une forte intensité les mercredis ou les vendredis, jours d'adoration des génies pour certains Faafouê. Pendant ces deux jours, il était interdit de cultiver la terre. C'est donc une occasion toute trouvée pour les paysans et paysannes d'exposer leurs produits agropastoraux et artisanaux sur les marchés.

---

[48]ANCI / lEE 29 (4), Colonie de Côte d'Ivoire, politique générale, cercle du Baoulé, rapport mensuel. 1899-1905.

En définitive, il faut dire que la route du Soudan qui était reliée à la côte par le pays baoulé était un axe déterminant dans l'existence même de ces deux marchés. L'importance de ces marchés et du mouvement commercial permettra l'ouverture de nouveaux marchés dans le Baoulé-Nord et suscitera l'intérêt des partenaires commerciaux du Soudan et de la côte pour toute la région de Bouaké qui succombera irrésistiblement aux courants commerciaux extérieurs.

II - LES BAOULÉ DANS LE MOUVEMENT DU COMMERCE À LONGUE DISTANCE : 1893-1898

Le contact avec les peuples étrangers de culture marchande va permettre l'ouverture du Baoulé-Nord sur l'extérieur en favorisant leur intégration au courant de commerce à longue distance. En effet, à partir de1870, des relations commerciales intenses s'établissent entre la région de Bouaké et les pays du Nord, surtout, à la fin de la création de Marabadiassa (1860-1870) par Mory Touré, un chef haoussa venu du nord du Nigeria[49]. En 1885, les Baoulé auraient eu pour la première fois des contacts directs avec les colonisateurs français alors qu'auparavant, ils se contentaient de se procurer les produits auprès d'intermédiaires Brignian, Aladian, Kroumen et autres lagunaires spécialistes de la navigation[50].

Aussi, convient-il de souligner qu'en 1893, la création d'un marché d'esclaves à Kotia Koffikro par Samory Touré, ouvre davantage le Baoulé-Nord au grand mouvement commercial. À partir de cet instant, toute la région de Bouaké connaîtra une certaine dynamique commerciale et une grande prospérité économique. Car, en plus de certains chefs baoulé qui y venaient chercher des esclaves, les Agni d'Abengourou, les populations de Bondoukou et les Malinké du Soudan, tous friands de ce nouveau type de commerce, afflueront vers Kotia Koffikro pour se procurer la "marchandise humaine". Le mouvement commercial va s'intensifier avec la création du petit poste militaire en 1898 qui s'érige très tôt en un centre commercial urbain. Le Baoulé est traditionnellement agriculteur. En s'essayant au commerce à longue distance, quelles étaient alors ses motivations ? Comment ce type de commerce était-il organisé et comment fonctionnait-il ?

---

[49]Salverté-Marmier (Ph. de) et Alii, ***E.R.B. 1962-1964, t***$_1$, *Op. cit.*, p.49.
[50]Ibid., p.53.

1) Les raisons de l'intégration des Baoulé au commerce à longue distance

Dans le Baoulé-Nord, le commerce "immédiat" qui a longtemps été pratiqué s'est transporté dans des marchés construits dans certaines localités. Il s'agit des lieux couverts de pailles et en plein air qui servaient, désormais, de lieux d'exposition ou de vente des produits agricoles, industriels, artisanaux ou pastoraux de la localité ou d'ailleurs. En effet, *« il existe au Baoulé-Nord quelques marchés dont l'importance paraît s'accroître depuis quelque temps. Ce sont les marchés de Bouaké, de Bamoro sur la route de Korhogo, de Diabo, de Gattoro sur la route de Mankono et d'Assirikro sur la route de Sakasou »*[51]. En 1898, le poste militaro-administratif créé par le capitaine Benoît servait aussi de centre commercial. La présence des Dioula, des Apolloniens[52] et des Européens donnera un certain dynamisme au mouvement commercial de la ville naissante. Du coup, le marché de Kotia Koffikro va connaître un déclin quand celui de Gbêkêkro va s'assimiler au marché de la ville naissante.

À partir de cet instant, le centre commercial urbain encore à l'état embryonnaire, devient le seul point de convergence des populations rurales et commerçantes. Toutefois, bien que l'activité commerciale soit devenue timide, les marchés sus-cités de la région continuaient de recevoir des produits agricoles, artisanaux et ceux d'origine manufacturière. « *Certains de ces marchés sont encore très fréquentés par les Baoulé qui y apportent les produits du sol et achètent aux Dioula et Apolloniens les articles d'importation européenne. Les indigènes y viennent comme aux foires de France ; les paysans s'y aventurent même quand ils n'ont pas de transaction à effectuer.* »[53]

Certains produits venant du Soudan ou de la Côte étaient prisés par des Baoulé et, pour les acquérir, il fallait se départir des intermédiaires Dioula et Apolloniens. En effet, certains produits rares étaient classés dans la catégorie des denrées prestigieuses, soit en raison de leur importance et de leur singularité, soit parce qu'ils ne sont pas produits par

[51] ANCI / 3MII, colonie de Côte d'Ivoire, ***Monographie du cercle du Baoulé-Nord***, 1911, p.16.

[52] Lorsqu'on évoque la présence des Apolloniens à Bouaké, on pense automatiquement à ce grand homme d'affaires N'Zima, Georges Kuny qui s'est installé à Bouaké en 1920 (cf. Mémorial de Côte d'Ivoire, t_4, ami, 1984, 140 p., p.100). Né en 1888, Kuny à 16 ans accompagnait déjà ses oncles spécialisés dans le commerce de sel et des tissus pour écouler leurs marchandises dans les pays ébrié, adioukrou, agni et baoulé. On peut donc dire qu'en 1904, le jeune commerçant connaissait déjà le Baoulé-Nord où il s'installe en 1920.

[53] ANCI / 3MII, archive déjà citée, p.16.

les demandeurs. La classe et l'importance du produit dépendent aussi de l'usage qu'on en fait dans la société. Dans le pays baoulé, le sel marin, les barres de sel du Soudan, les armes à feu pour la chasse sont nécessaires pour la guerre. Les barres de fer, certaines verroteries, l'alcool, le beurre de karité du nord et certains animaux tels que le bovin... étaient reconnus comme des produits prestigieux. Le besoin de disposer de ces produits était plus fort parce qu'ils servaient de monnaie dans les différentes transactions sur les marchés. Ceci suppose qu'on pouvait acquérir le sel marin ou des barres de sel du Soudan en échange des corbeilles d'ignames ou de manioc ou encore un fusil ou une bouteille de whisky, de gin contre un bœuf[54]. C'est pourquoi, dans un tel contexte commercial, il était plus que jamais nécessaire de disposer, dans son stock, de tel ou tel produit pour la bonne organisation et le bon fonctionnement de ce commerce à distance.

2) Les produits commerciaux et leurs zones de production

Le commerce à longue distance était, en effet, très dense. Une gamme très variée de produits de diverses origines rentrait dans ce circuit commercial et cela constituait un grand intérêt pour les commerçants occasionnels baoulé, dioula, apolloniens et pour les Européens qui fréquentaient le marché de Bouaké. Dans un souci méthodologique, nous nous proposons d'adopter une typologie susceptible de présenter le tableau synoptique des produits commerciaux en deux catégories : les produits d'origine africaine et ceux d'origine européenne.

En effet, tous les produits qui, traditionnellement, avaient fait l'objet du commerce "immédiat" dans le Baoulé-Nord, de façon générale, et dans le monde faafouê, en particulier, rentreront dans le circuit du commerce à longue distance. Il s'agit de l'ensemble des produits agricoles, pastoraux ou artisanaux qui sont produits à la fois par le monde baoulé et malinké ; les ignames, le manioc, le maïs, le riz, les piments, les tomates, les gombos, les aubergines, le tabac, pour les Baoulé, et le karité, le *"sumbara"* pour les peuples malinké du Nord. La volaille, les ovins, les caprins et les bovins proviennent aussi bien de la région de Bouaké que du nord du pays ou du Soudan. La potasse, les savons, les statuettes en bois, les paniers, et corbeilles en lianes, les pagnes baoulé ou ‘‘kita’’ étaient de l'artisanat des Baoulé ; les calicots et les barres de sel venaient du Soudan. Par contre, les tabacs, les haches, les machettes

---

[54]Ancey (G.), Chevassu (J.), Michotte (J.), « L'économie de l'espace rural de la région de Bouaké » in ***Travaux et documents de l'ORSTOM***, n°38, Paris, 1974, 251 p., p.142.

et les couteaux, sortaient des forges des Sénoufo[55]. Tous ces produits ont longtemps constitué l'épine dorsale du commerce africain dans le Baoulé. Mais, à côté de ceux-ci, se trouvaient certains articles des industries européennes.

De la côte, les produits européens remontaient par le centre commercial de Tiassalé et par certains marchés du Baoulé avant d'atteindre ceux de Bouaké. La ***Monographie du cercle du Baoulé-Nord de 1911*** présente une liste exhaustive de certains produits venant des fabriques ou usines européennes : « *Épicerie : savon, allumette, huile, vinaigre, boîtes de conserve, sardines, biscuits, confitures. – liquide : gin, limonade, absinthe, tafia et tous les sirops. –Bimbeloteries : miroirs, petites glaces à trois faces, couteaux. – Quincaillerie : seaux galvanisés, cadenas, serrures, grillages en fil de fer, marmites, casseroles, bouilloires, louches, lames de fer pour coupe-coupe, fer pour pioches. – Pharmacie: permanganate, santal, quinine, iodoforme... – Papeterie : papiers divers (rouges, blancs), encres bleues, violettes et rouges; crayons bicolores. – Chaussures : espadrilles, samaras – Lingerie : tricots, serviettes, éponges, foulards en soi brodés les complets kakis.* »[56]

Les Africains avaient un goût poussé pour l'ensemble de ces produits. Aussi, les commerçants africains et européens se livraient-ils une rude concurrence sur les marchés. Si ce qui précède nous donne un aperçu des principaux produits échangés, il nous situe également sur les peuples qui ont animé ce commerce à longue distance. On a, d'abord, les Baoulé qui, dans leur ensemble, pratiquaient le commerce intercommunautaire dans leur aire d'habitation. Des objets de l'artisanat, des produits pastoraux et agricoles étaient échangés les uns contre les autres. Ensuite, on a les peuples du Nord communément appelés Dioula. Les marchands soudanais et ces Dioula avec le sel en barre, les barres de fer et certaines marchandises de consommation descendaient directement jusqu'à Kong ou à Odienné pour participer directement ou indirectement au commerce d'esclaves dans le Baoulé-Nord et à l'achat de la cola ou des pagnes baoulé. La renommée du marché de Bouaké atteignit les confins du pays baoulé et parvint aux chefs agni d'Abengourou, Abron et Lobi de Bondoukou qui n'hésitèrent pas à se mêler occasionnellement du commerce qui a lieu à Kotia Koffikro.

Enfin, à côté de tous ces peuples cités, on avait les peuples côtiers comme les Alladian, les Avikam, les Adioukrou, les N'zima ou Appolloniens, qui étaient en relation avec les Européens. Ils entretenaient des rapports commerciaux avec la région de Bouaké, à partir du centre

---

[55] Chauveau (J-P), ***Note sur la place du Baoulé dans l'ensemble économique Ouest-africain précolonial***, ***Op, cit.***, p.24.
[56]ANCI / 3MII, archive déjà citée, p.16.

commercial de Tiassalé[57]. Tous ces commerçants, par des pistes précoloniales, acheminaient leurs marchandises vers les différents centres commerciaux de Bouaké.

3) Les itinéraires commerciaux précoloniaux et les modes traditionnels de transport des produits de vente

Un véritable pont commercial s'était établi entre le Nord et le sud du pays baoulé avec plusieurs ramifications. En effet, de Kotia Koffikro, on pouvait joindre Gbêkêkro et de Gbékêkro, Sakassou, en passant par Béoumi. De Sakassou, on pouvait joindre Tiassalé en passant par Trikassou, Kokumbo (grand centre aurifère) et Toumodi. Vers la fin du XIXe siècle, ce réseau va s'intensifier, s'étendre et sortir du cadre strict du milieu Baoulé[58]. Jean Pierre Chauveau, pour confirmer les dires de Timothy Weiskel, fait remarquer que les outils, les verroteries, l'alcool et tous ces produits européens circulaient grâce aux Baoulé du Sud, notamment, les Elomouê de Tiassalé qui étaient en rapport avec la côte, c'est-à-dire avec Grand-Lahou et Jacqueville. Ce fut un axe où circulaient aussi le bétail et la cola de la région encore peu commercialisée et concurrencée par celle des zones dida, bété et gouro, l'ivoire, et plus tard le caoutchouc en quantité négligeable[59]. Il était beaucoup plus aisé, à partir de Bouaké, d'entreprendre un voyage sur une longue distance ou de courtes excursions d'une journée. Du Soudan à la côte via Bouaké et Tiassalé, on distingue trois principales voies de communication :

*« – **La voie occidentale** : du Soudan, elle pénètre la Côte d'Ivoire par Coulia et Odienné pour descendre progressivement à Kani, Mankono, Botro, Kotia Koffikro, Gbêkêkro, Toumodi, Tiassalé pour atteindre la côte. Aussi, les commerçants, de la Guinée, descendaient vers la côte par Touba, Séguéla, Mankono, Bodokro, Kotia Koffikro, Toumodi et Tiassalé.*

*– **Les voies centrales** : la première, de la Haute-Volta, descend vers le territoire ivoirien à la hauteur de Korhogo pour atteindre Dikodougou, Tortiya, Niakaramadougou, Fronan, Katiola, Kotia Koffikro, Gbêkêkro, Tiébissou, le Nanafouê, Toumodi, Tiassalé et les*

---

[57] Chauveau (J.P.) « Note sur les échanges dans le Baoulé précolonial », article déjà cité, pp. 621-658.

[58] Weiskel (T.C.), « L'histoire socio-économique des peuples baoulé précoloniaux : problèmes et perspectives de recherche », in ***Cahiers d'Etudes Africaines***, XVI (1-2), N°61-62, 1976, pp. 357-395.

[59] Chauveau (J.P.) « Note sur les échanges dans le Baoulé précolonial », article déjà cité, p.579.

régions des lagunes et de la mer. La deuxième piste précoloniale centrale, toujours de la Haute-Volta, atteint le territoire au niveau de Ferkessédougou pour la côte en passant respectivement par Kong, Dabakala, Satama-Sokora, Kotia Koffikro, Tiébissou, Toumodi et Tiassalé.

*–**La voie orientale** : de Bouna, elle passe par Bondoukou, Sandégué, Prikro pour Bouaké et de Bouaké vers la Côte pour Toumodi et Tiassalé.* »[60]

Carte N° 4

LES GRANDES VOIES DU TRAFIC PRECOLONIAL INTERNES AU PAYS BAOULE

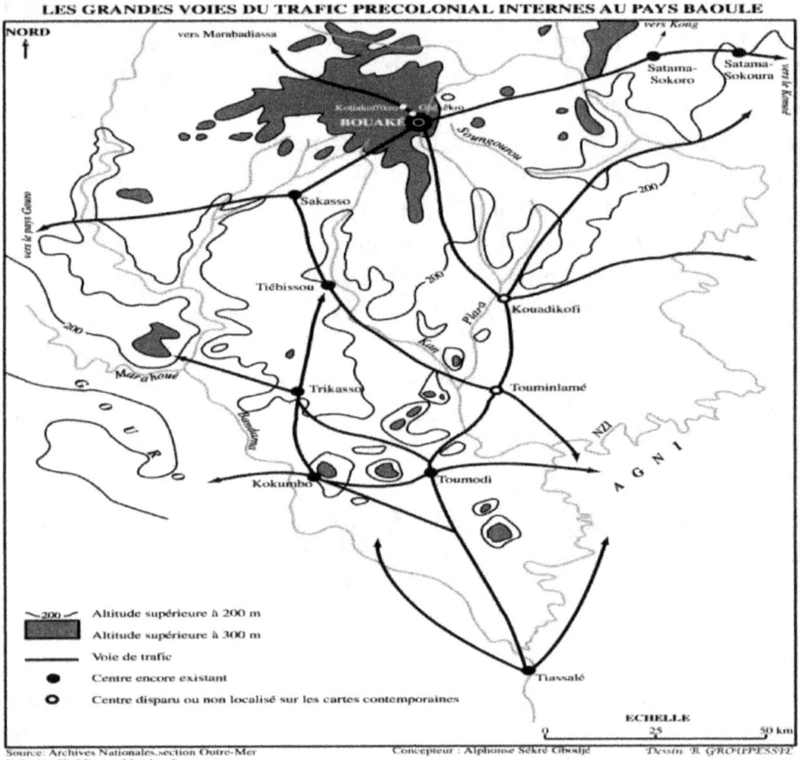

Source : Archives Nationales section Outre-Mer "Mission 8" (Mission Marchand) Concepteur : Alphonse Sékré Gbodjé Dessin : B. GROUPESSIE

[60]Djibo Sounkalo, premier Maire africain à la tête de la commune de Bouaké (1956-1980), Entretien directif du 12 avril 1998 à son domicile de Cocody-Abidjan, thème2 : **Les routes et le commerce dioula à Bouaké**. Durée : 2h.

Par ailleurs, certaines sources écrites présentent des résumés de l'histoire de ces pistes précoloniales, confirmant, du coup, les témoignages recueillis. En effet, les ouvrages de Catherine Coquery-Vidrovitch[61] et de Joseph Ki-Zerbo[62], présentant les échanges entre le Soudan et le Golfe de Guinée, donnent des indications sur les différentes voies de communication empruntées à travers pistes et sentiers, car il n'existait pas encore de réseau routier au sens moderne du terme. Les hommes, les femmes, les jeunes, les domestiques et, surtout, les esclaves, transportaient, sur la tête, les différents produits commerciaux vers les centres d'échange où le sombé, la manille, la marchandise-monnaie jouaient un rôle très important – en terme de monnaie d'échange – dans les différentes transactions qui s'opéraient par la suite.

4) Le système d'échange et la monnaie traditionnelle

Les moyens d'échange dont disposaient les acteurs commerciaux étaient multiples et spécifiques. Le système de troc avait fini par prendre l'allure d'un commerce à caractère lucratif vers la fin du XVIIIe siècle. Car, le bœuf, le sel, la cola... étaient des produits utilisés comme marchandises-monnaies dans les différentes transactions. Le fusil, le sombé, la manille et l'or sont, quant à eux, des monnaies principales qui ont été d'usage à partir de 1893 dans l'achat des esclaves à Kotia Koffikro.

a) La ''marchandise-monnaie''

Dans certaines sociétés traditionnelles d'Afrique, le système de troc a constitué le premier stade du système commercial et, par conséquent, la première modalité d'échange. Il se caractérise, en effet, par l'échange de produits contre produits de différentes natures. Mais, au fil du temps, cette forme d'échange va évoluer et revêtir un caractère beaucoup plus marchand avec l'introduction de la marchandise-monnaie sur le marché des transactions, probablement au XVIIIème siècle. En effet, certains produits de l'époque étaient considérés comme des produits prestigieux pour leur singularité ou rareté ou encore pour leur usage symbolique dans la société. C'est le cas du bœuf, du sel et de la cola. Tous ces produits étaient utilisés aussi bien à Bouaké qu'ailleurs comme moyens de paiement de

---

[61]Coquery-Vidroviteh (C.) et Moniot (H.), ***L'Afrique Noire de 1800 à nos jours***, Paris, PUF, 1993, p. 291.
[62]Ki-Zerbo (J.), ***Histoire de l'Afrique Noire d' hier à demain***, Paris, Hatier, 1978, 731 p., p. 167.

certains produits. Ici, il s'agit, certes, d'une forme de troc, mais fondée sur une valeur marchande; les transactions prenant une dimension spéculative et le commerçant étant gagné par le souci du gain et du profit. Ainsi, un fusil pouvait-il coûter un bélier ou un bœuf ou, tout simplement, des "pagnes kita", tandis que pour les captifs gouro, les chefs baoulé pouvaient remettre un fusil ou un baril de poudre acheté aux commerçants européens à Tiassalé. Il y avait donc une multiplicité de combinaisons. Il n'y avait pas d'équivalence entre les produits. C'est-à-dire que tous les produits n'avaient pas la même valeur marchande. En fait, il n'existait pas de règles fixant les normes de l'échange.

Cette forme d'échange représente, pour nous, le deuxième stade de l'évolution des modes et du système commercial traditionnel africain. Dans la région de Bouaké, des bœufs étaient occasionnellement élevés par les Baoulé. Certains bœufs en provenance du nord étaient convoyés sur les marchés de Marabadiassa, de Gbêkêkro, Kotia Koffikro, de Toumodi et de Tiassalé. À partir de Tiassalé, ces bœufs étaient acheminés vers la zone côtière et forestière du sud-est et celle du sud-ouest qui n'en produisait pas. En Afrique ancienne, disposer de bœufs était un signe extérieur de noblesse, de richesse et, par conséquent, d'une marque de prestige. Ainsi, l'on a pu noter que les familles royales ou les patriarches de certaines communautés villageoises détenaient des troupeaux de bœufs dans la société baoulé du centre de la Côte d'Ivoire. Tout le monde ne pouvait pas disposer de ces animaux.

Le bœuf jouait un rôle social dans la société africaine traditionnelle. Il était consommé lors des funérailles d'un roi, d'un patriarche ou d'un grand notable de la communauté. Il était aussi sacrifié pour réparer un tort causé à la communauté ou au sacré. Cette disposition coutumière a longtemps été en vigueur chez la plupart des peuples de la Côte d'Ivoire, notamment, chez les peuples Bété, Néyo, Dida et chez certains Akan. Félix Koffi Aka, abondant dans le même sens, confirme les fonctions funéraires du bœuf dans la société baoulé : « *Nos parents, les Faafouê, avaient pris l'habitude de célébrer avec faste les funérailles des chefs coutumiers influents. Ils tuaient un ou des bœufs selon la personnalité du défunt. C'était une façon de montrer sa grandeur et son prestige. Aujourd'hui encore, même si ce n'est plus avec la même intensité, le Faafouê continue de consommer le bœuf aux funérailles d'illustres personnes.* »[63]

[63]Aka Koffi Félix (70 ans ?), neveu du chef Kwa Gbêkê, –Entretien directif à caractère public du 13 mars 1998 à Kouassiblèkro (village des ex-habitants de Gbêkêkro), -durée : 1 h 00 mn.

Au-delà de ses fonctions rituelles et coutumières, le bœuf servait de monnaie pour acquérir spécialement deux sortes de biens de prestige: d'une part, des biens manufacturés comme le fusil, les tissus et la poudre et, d'autre part, des biens productifs tels que les esclaves qui étaient souvent utilisés pour l'extraction du sel, pour le transport de certains produits manufacturés et la cola. La noix de cola est, quant à elle, un produit plurifonctionnel qui est utilisé dans toutes les sociétés africaines, mais à différents degrés. Au-delà de ses fonctions alimentaires, religieuses, matrimoniales et médicinales, la cola remplit une fonction de monnaie[64].

En effet, la cola était un produit très prisé par la plupart des Soudanais pour les raisons sus-citées. Les commerçants malinké étaient de grands voyageurs. Ils organisaient des caravanes depuis le nord, en direction du sud, à travers les savanes, sous un soleil ardent. La noix de cola était un puissant remède contre le sommeil et la soif. Elle était constamment mâchée par les voyageurs, à cet effet. Par conséquent, la cola pouvait être considérée à la fois comme le "carburant" des caravanes, et comme un produit de grande valeur pour les pays producteurs. Aussi, avec elle, pouvait-on payer certains produits comme les barres de sel venant du Soudan et certains produits artisanaux du nord. En effet, la cola était un produit interchangeable et comptabilisable sur le marché, selon Claude Meillassoux, car dans chaque panier il y avait un même nombre d'unités.[65]

À ce niveau, il conviendrait de souligner que les Malinké qui descendent au cœur du pays baoulé pour y organiser le marché de cola, ont profité de leurs relations commerciales avec les Gouro et les Baoulé. Concernant les échanges des Gouro avec les Baoulé, Claude Meillassoux soutient qu'ils n'avaient pas le même caractère marchand que les relations commerciales avec les Malinké. Ils étaient fondés sur des bases fraternelles et d'alliances matrimoniales[66] Les noix de cola qui étaient de véritables produits commerciaux par excellence, ne circulaient que du Sud vers le Nord, et presque jamais du Nord, d'où provenaient les barres de sel, un autre produit prestigieux, vers le Sud.

---

[64] Wondji (Ch.), «Commerce du cola et marchés précoloniaux dans la région de Daloa » in *Annales de l'Université d'Abidjan*, série 1, t_I, 1972, p.p.33-61. (Les régions du sud-ouest, notamment le pays gouro, dida et bété étaient les foyers de production de noix de cola).

[65]Meillassoux (Cl.), *Anthropologie économique des Gouro de Côte d'Ivoire*, Paris, mouton et compagnie, 1964, pp. 207-209.

[66]Meillassoux (Cl.), ***Anthropologie économique des Gouro de Côte d'Ivoire***, ***Op. cit.***, chap.XI.

Le sel peut avoir plusieurs origines. Avant l'époque coloniale, il provenait de la boucle du Niger pour les zones forestières et des "industries" côtières par Tiassalé, pour être diffusé dans les zones forestières de l'Ouest et de l'Est et dans les marchés de Bouaké.

En effet, les "industries" de sel du Sud étaient généralement tenues par les Alladian et les Adioukrou. Ils étaient de grands spécialistes en matière de production du sel. Dans des pots en terre cuite, ces peuples du littoral faisaient bouillir l'eau de mer jusqu'à ce qu'elle se cristallise. Les cristaux restés au fond du pot après refroidissement constituent le sel marin. Le produit était transporté dans des **"ndjwê-kru"**, des paniers spéciaux en Alladian. II était débité en boule ou en poudre. Déjà, au XVIIIe siècle, on vendait le sel à prix d'or en pays essuma. Les Assanté Asabu créent au XVIIIe siècle, un carrefour de transit (Tiassalé) sur le Bandama, pour s'approvisionner en sel marin.

Quant au sel sahélien, il provenait, pour la plupart, des salines de Teghaza et Oualata. Ces cités de l'Afrique sahélienne étaient en relation avec certaines villes marchandes de la boucle du Niger –Tombouctou, Gao, Djenné etc. –. Ces cités étaient en relation avec le pays baoulé par Kong. Le sel en barre était commercialisé dans les marchés de Gbêkêkro et de Kotia Koffikro. Avec le sel, on pouvait acheter trois sortes de biens à l'intérieur du pays, au niveau des centres commerciaux comme Tiassalé, Toumodi, Kotia Koffikro et Gbêkêkro : les produits agricoles, les produits artisanaux et les esclaves.

Tous ces produits sont replacés sur les différents marchés sus-cités par les peuples côtiers et par les commerçants occasionnels baoulé. Les commerçants du Nord, avec leurs bœufs, achèteront les fusils, certains tissus de valeur et autres verroteries. Les populations du sud-ouest et du sud-est, qui disposaient de quelques produits manufacturés récupérés à la côte, les revendaient aux Baoulé et aux Dioula contre des bœufs. À côté de ces marchandises-monnaies, on notait également deux types de monnaies vers la fin du XVlll^{ème} siècle. II s'agit des monnaies spécifiques comme la manille, le sombé et les perles d'aigries, d'une part, et des monnaies universelles telles que l'or et les cauris, d'autre part. L'utilisation de certaines de ces monnaies a été remarquée dans les relations commerciales des Baoulé avec les autres peuples des régions du nord, du sud, de l'ouest et de l'est du pays.

b) Le système monétaire traditionnel

La question de la monnaie traditionnelle en Côte d'Ivoire a été traitée par certains auteurs. Il s'agit, entre autres, de Georges Niangoran Bouah[67] et de Tucci (G)[68], pour ne citer que ceux-là. En effet, ces auteurs sont presque unanimes sur le fait que l'or a longtemps constitué une monnaie courante et de référence dans toute la basse Côte d'Ivoire, mais aussi, a été la monnaie dominante dans les transactions chez les Akan. Le Baoulé-Nord ne disposait pas de réserve d'or, à part la région de Tiébissou. Et, pourtant, il n'a pas résisté au courant du commerce à longue distance. Dès lors, il semble bon de s'interroger sur quoi répondaient les transactions commerciales entre les Baoulé de la région de Bouaké et les autres peuples de la Côte d'Ivoire et comment ils s'effectuaient. En d'autres termes, de quelles monnaies les Faafouê disposaient-ils au-delà du système de troc? La région de Bouaké, depuis l'époque précoloniale, a toujours été à la croisée de plusieurs pistes commerciales. C'est donc un lieu de transit par excellence des différentes monnaies des peuples du Nord, du Sud, de l'Est et de l'Ouest. Le sombé est une monnaie propre aux Gouro et aux Malinké, mais utilisée aussi par les Baoulé. La manille en vigueur dans la région du fleuve Cavally jusqu'à Grand-Bassam et dans le sud-ouest, avait servi dans l'achat des produits à Tiassalé et à Kotia Koffikro, de même que la poudre d'or en provenance de l'ensemble du pays baoulé et du pays agni de l'Est.

Le sombé est un produit des pays de la savane du Nord et du Soudan. Il s'agit d'une barre de fer qui sert de matières premières transformables aux forgerons gouro et aux forgerons occasionnels baoulé pour la fabrication des outils agricoles et de chasse tels que la houe, la hache, la machette, la flèche ou la sagaie. Le fer qui servait à fabriquer le sombé était utilisé à l'état brut comme matière première par les forgerons gouro qui le faisaient fondre pour en façonner les outils agricoles et les armes. Par ailleurs, au-delà de ces fonctions, le sombé a une propriété inter-sociétaire de monnaie. Marchandise aliquote et durable, le sombé avait aussi une vocation monétaire et qui intervenait dans le paiement des autres marchandises. Pour cette raison, il circulait dans les deux sens, c'est-à-dire que les Dioula l'acceptaient en retour contre d'autres produits du cru. Le sombé avait servi à Tiassalé pour l'achat des produits et à Kotia Koffikro pour les esclaves au même titre que la manille.

---

[67]Niangoran Bouah (G.), « Poids à peser l'or un aspect de la pensée philosophique et scientifique africaine en Côte d'Ivoire avant la colonisation », in ***Présence Africaine***, nouvelle série trimestrielle n°43, premier trimestre 1963.
[68]Tucci (G.), « Origine et développement de la monnaie primitive », in ***Revue européenne de sciences sociales***, Genève, Droz, n°20, 1970, pp.17-36.

En effet, la manille est un alliage de cuivre et d'étain en forme de fer à cheval, de 130g environ dont la longueur était de 20 cm en 1900[69]. Les manilles étaient des anneaux en alliage de bronze et de zinc. Au XIXe siècle, les populations autochtones en fabriquaient un type africain ; la plus grande partie était importée de Liverpool, de Manchester et de Nantes par les commerçants européens qui les utilisaient pour acheter les produits africains au niveau de la côte. Cette monnaie remontera dans le Baoulé-Nord à partir du centre commercial de Tiassalé et des régions Dida et Gouro qui sont en contact avec le monde baoulé. Elle sera utilisée dans l'achat des esclaves, notamment, à Kotia Koffikro.

Aussi faut-il noter que des relations commerciales intenses ont existé entre les Gouro et les Baoulé. Il faut, cependant, souligner que les produits n'étaient pas équivalents et n'étaient pas échangés individuellement, mais par lots. Ainsi, les Baoulé apportaient aux Gouro des fusils d'origine française, des barils de poudre et d'autres produits venus de traite de la côte, en contrepartie desquels les Gouro donnaient des ivoires, des pagnes, des captifs de guerre et des sombés en faible quantité[70]. Le paquet de vingt pièces de sombé constituait l'unité de compte.

À côté de la manille, il y avait la poudre d'or qui servait de monnaie pour l'achat des esclaves. Le Baoulé-Nord ne fut pas une zone aurifère les Baoulé de Kokumbo, de Toumodi, de Yamoussoukro et de Dimbokro avaient de l'or. Les Faafouê étaient leurs frères, mais, surtout, étaient liés à eux par le commerce. Alors, d'où cet or provient-il ? Judith Timyan, Jérémie Kouadio N'guessan et Jean-Noël Loucou, semblent nous indiquer l'origine du métal précieux utilisé par les Faafouê dans les différentes transactions commerciales. En effet, *« les Faafouê, repartis sur vingt et un villages, avaient pour centre politique Kplésou et contrôlaient les gîtes aurifères de la région de Kokumbo. »*[71]

En somme, il convient de retenir qu'en plus des marchandises monnaies utilisées dans le cadre du système de troc, certaines monnaies convertibles et comptabilisables étaient utilisées dans les transactions locales et à longue distance. Ce sont les sombés, les manilles et l'or pour ce qui concerne le Baoulé-Nord. C'étaient des monnaies aliquotes, fongibles et fiduciaires, car en plus de leur valeur d'usage, elles servaient aussi de monnaie et étaient l'objet d'une marque de confiance entre les

---

[69] ANCI / V.33-31 ; 1QQ42 : Colonie de Côte d'Ivoire, Cercle du Baoulé-Nord ; (cf. à la fiche des monnaies indigènes (manilles, sombé), leur interdiction de la circulation, l'introduction de billets de banque et propagande en faveur de leur circulation), 1910-1919.

[70] Wondji (Ch.), sérieI, t_1., ***article déjà cité***, p. 46.

[71] Timyan (J.), Kouadio N'guessan (J.), Loucou (J-N), ***Op. Cit.*** pp. 33-34.

peuples. Au-delà de ce fait, il faut surtout noter que le commerce à longue distance a bouleversé l'ordre ancien qui réglementait la vie dans les sociétés traditionnelles du Baoulé-Nord.

Conclusion partielle

L'étude économique précoloniale de Bouaké et de sa région a permis de comprendre et de mieux cerner l'univers économique des peuples anciens, notamment, des Baoulé-Faafouê. Dès le XVIIIe siècle, ils s'établissent dans la région de Bouaké et y révolutionnent le système agraire et artisanal. C'est avec eux que "l'économie des tubercules" connaît un essor spectaculaire. Mais, ils adoptent certaines cultures (le maïs et le riz) naguère réalisées par les Gouro et les techniques des Sénoufo dans le traitement du fer. Si aujourd'hui le Baoulé-Faafouê cultive et consomme le riz ou le maïs ou encore fabrique certains outils agricoles à partir du fer, c'est grâce aux Sénoufo et Gouro. Ce sont eux les maîtres des Faafouê dans ces différents domaines.

Par ailleurs, les Faafouê développeront un système de marchés traditionnels au milieu du XIXe siècle. Le système de troc prend de l'importance et intensifiera le commerce intercommunautaire. Les produits artisanaux issus des forges, de la sculpture, de la poterie et de la vannerie, tout comme certains produits tels que la potasse et la poudre de tabac entrent dans ce circuit commercial. Bref, l'agriculture et les activités de transformations de type artisanal fondent l'essentiel de cette économie dans le pays baoulé, même si, avec l'arrivée des Mandé du Nord, peuples traditionnellement marchands, les Baoulé ont abandonné leur système commercial ancien fondé sur le troc, pour s'intéresser au commerce d'intérêt pratiqué à longue distance. Le commerce dioula se veut un véritable mouvement commercial bien organisé qui, à l'instar des régions du Sud-ouest forestier, embrasse toutes les localités de la Côte d'Ivoire, du Nord au Sud et de l'Est à l'Ouest en passant par les régions du centre. Au-delà de l'or, les Soudanais recherchaient certains produits prestigieux comme les esclaves, la cola, l'ivoire, les peaux d'animaux, etc. contre lesquels ils échangeaient le sel sahélien, les cotonnades, les perles, les barres de fer ou de cuivre et certains produits artisanaux[72].

Des espaces géographiques bien aménagés servaient de marchés. C'étaient en réalité de véritables lieux de socialisation et de rencontre des peuples dioula et baoulé. À ce niveau de la réflexion, nous nous rendons compte que, l'hypothèse de l'antériorité d'une vie commerciale des Baoulé à l'arrivée des colonisateurs français se confirme. Bouaké et sa

[72]Ki-Zerbo (J.), **op. cit.**, p. 168.

région ont connu une civilisation urbaine avant l'arrivée des Blancs ; les marchés précoloniaux, l'organisation du commerce, la circulation et la distribution des produits commerciaux sont, entre autres, autant d'éléments qui soutiennent notre argumentation.

Les conséquences de cette expansion mandée sont profondes au sein de la population baoulé. L'ordre ancien est bouleversé, car les jeunes qui, jusque-là, travaillaient pour l'ensemble des membres de la communauté et, notamment, pour les anciens du lignage refuseront désormais d'assurer leurs devoirs et obligations vis-à-vis d'eux. Le souci de s'enrichir financièrement et matériellement réglemente désormais leur conduite. Dans cette optique, les jeunes vont encourager le commerce dioula quand les anciens lutteront contre toutes sortes d'éléments extérieurs, susceptibles d'anéantir le caractère insulaire du corps social villageois. Bref, le développement du commerce interne et l'essor du commerce à longue distance, consacrés par l'ouverture du pays baoulé sur l'extérieur, connaîtront leur paroxysme à l'arrivée des colonisateurs français qui, à côté des structures économiques traditionnelles déjà existantes, vont développer une économie coloniale de marché à Bouaké de 1898 à 1921.

Deuxième partie

L'arrivée des colonisateurs français et l'institution d'une économie de marché urbain : 1898-1921

La présence des colonisateurs français dans le pays baoulé, inscrit dans le contexte général de l'exploitation de la colonie de Côte d'Ivoire. Au moment où se déroulait la conférence de Berlin, les émissaires de la France, Treich-Laplène et Louis Gustave Binger exploraient le pays baoulé de 1884 à 1885[73] pour voir comment leur patrie pouvait opter pour ladite région en fonction de l'importance de ses potentialités économiques. En effet, le Baoulé-Nord est une zone de production d'économie de traite. Aux produits agricoles, s'ajoutaient ceux venant du Soudan pour être commercialisés à Gbêkêkro ou à Kotia Koffikro. La plupart des produits de traite étaient acheminés vers Bassam d'où ils sont embarqués au profit des entreprises françaises. Salverté-Marmier (Ph.de), soutiendra que la présence française en Côte d'Ivoire et plus particulièrement, dans la zone concernée par l'étude, était avérée à cette époque, car, déjà en 1885, il faisait mention du premier document produit par Binger sur le peuplement de la région de Bouaké.[74] Ce document ne concernerait que la zone périphérique de l'est de la région. En effet, c'est au cours de cette année que les Baoulé, selon lui, auraient, pour la première fois, eu des contacts directs avec les Français. Auparavant, ils se contentaient de se procurer les marchandises par le biais des intermédiaires spécialisés de la navigation que sont : les Alladian, les Kroumen, les Adioukrou et autres lagunaires. C'est donc à juste titre que nous considérons l'année 1885 comme point de départ, relativement à la première présence française à Bouaké. Mais, il faut l'inscrire dans le cadre de la chronologie générale du monde baoulé en raison de ce que la présence des colonisateurs français a été marquée en 1898 dans le monde faafouê (le Baoulé-Nord) par la création d'un poste militaire, pour sécuriser et entretenir le pôle économique que constituait Bouaké. Dès leur installation à Bouaké, les événements historiques vont se multiplier et, surtout, le site urbain va se dilater. En 1910, à côté des villages des autochtones baoulé et allogènes Africains, monsieur Angoulvant, gouverneur de la Côte d'Ivoire, va décider de la création d'un quartier de commerce européen à quelques kilomètres plus au sud du poste. Dès cet instant, l'administration coloniale va mettre en marche une politique de transformation et d'aménagement du tissu urbain. Cette politique se produira, non seulement, par la mise en place de la voirie, par une politique d'assainissement et d'hygiène, mais, aussi, par la réalisation d'adduction d'eau et de l'électrification. Toutes ces conditions vont favoriser la mise en place des différents éléments constitutifs d'une économie coloniale du marché à Bouaké jusqu'en 1913, date à laquelle la première tentative

---

[73] Salverté-Marmier (Ph. de) et Alii, ***Op. cit.***, p.52.
[74] Idem, p.53.

d'organisation d'une vie communale s'amorça afin de doter la ville naissante d'une personnalité juridique.

La réorganisation des routes et pistes précoloniales, l'avènement du rail à Bouaké en 1912 avec son afflux important de population, la présence remarquée des Dioula, l'importance de l'économie de traite, les droits de place, le système de taxes et d'impôts, constituent, entre autres éléments constitutifs, la dynamique économique de Bouaké dès 1921. En effet, en 1921, la ville naissante consolida ses acquis économiques. Elle se dota, non seulement, d'un tissu industriel de type moderne, mais, aussi, d'une gamme de marchés indigènes et européens. Avant la Première Guerre mondiale, l'administration coloniale a mis en place l'A.C.C. – *Association Cotonnière Coloniale*– et en 1921, *l'Établissement Robert-Gonfreville*. L'existence de ces entités industrielles à côté de certaines structures de l'industrie de type artisanal, constitue l'expression matérielle de la naissance du pôle économique de Bouaké. Car, au-delà du critère quantitatif, la ville doit se définir à partir des activités industrielles et commerciales, voire, socioprofessionnelles.

CHAPITRE TROISIÈME

LES COLONISATEURS FRANÇAIS ET LA CRÉATION DE LA VILLE MARCHANDE DE BOUAKÉ : 1898-1910

Pendant la colonisation, toute la zone côtière de la Côte d'Ivoire actuelle allant de Grand-Bassam à Tabou, en passant par les localités d'Assinie, d'Abidjan, de Dabou, de Jacqueville, de Grand-Lahou, de Sassandra et de San-Pédro, avait été visitée par les colonisateurs français qui n'hésitèrent pas à y établir des comptoirs d'intérêts français. De plus, dans leur désir d'étendre leur hégémonie politique et économique dans l'arrière-pays, ces derniers s'aventureront vers l'intérieur de la colonie pour y consolider leur présence, anticipant, ainsi, sur les velléités d'occupation du territoire par les Anglais.

La vallée du Bandama et le « V » Baoulé ont été des secteurs visés parmi les endroits stratégiques de l'intérieur. La création des postes militaires sur l'ensemble du territoire et, surtout, dans le pays baoulé devait, tout au long de la période coloniale, marquer, de manière décisive et évidente, la présence militaire française. C'est dans cette optique que fut créé le poste militaire de Bouaké en 1898 par le capitaine Benoît pour sécuriser l'environnement et les intérêts de la France. Au début des années 1900, les Français n'avaient fondé dans le pays baoulé que quelques postes-relais dotés chacun d'une garnison. Ce sont Tiassalé, Toumodi, Trianikro, N'godio, et Koffidougou, qui jalonnaient l'itinéraire du capitaine Marchand. Ainsi, le monde baoulé sera sécurisé par des officiers et sous-officiers au-devant de 175 détachements de tirailleurs[75].Bouaké, lieu de convergence par excellence des commerçants européens et libano-syriens, va voir s'accroître son dispositif militaire, surtout, au moment de la création du premier quartier de commerce européen en 1910.

---

[75]Salverté-Marinier (Ph. de) et Alii, ***E.R.B, 1962-1964, tl : Le peuplement***, ***Op. cit.***, p.54.

I - L'ARRIVÉE DES PREMIERS COLONISATEURS À BOUAKÉ: GENÈSE ET IMPACT SUR LA VILLE

Avant de mettre l'accent sur les différentes missions d'exploration des capitaines Marchand et Benoît dans le Baoulé-Nord, missions à la suite desquelles est né le pôle économique de Bouaké en 1898, il serait opportun de situer le contexte historique de la présence française en Côte d'Ivoire.

1. La présence française dans la colonie: un bref rappel historique

Lorsque nous remontons le cours de l'histoire coloniale de la Côte d'Ivoire, nous pouvons étudier l'histoire de l'établissement des Français sur le territoire en deux phases. La première relate l'histoire du Fort St-Louis d'Assinie, de 1637 à 1706. Cette période fournit beaucoup de renseignements sur les origines et l'identité des populations côtières en contact avec les colonisateurs français. La seconde phase qui commence à partir de 1838 est relativement plus longue, plus décisive et plus déterminante dans l'histoire coloniale de la Côte d'Ivoire ; cette étape fournit plusieurs informations intéressantes sur le commerce dans les comptoirs installés sur la côte au XIXe siècle.

Pour mémoire, il faut savoir que les conflits incessants et mortels en Europe conduits par le roi Louis XlV avaient fini par provoquer une crise socio-économique en France. Les caisses royales étaient épuisées et il était même impossible au Roi de compter sur les taxes et les impôts. Cette situation de récession économique va, en grande partie, expliquer l'élan particulier donné à la marine marchande. Le « Roi Soleil » et ses proches collaborateurs, les ministres Colbert et Louvois, espéraient renflouer les caisses royales avec l'or de la Côte d'Or. Cette noble et délicate mission a été confiée en 1637, à cinq missionnaires capucins qui, transportés par un bateau de la compagnie de Saint-Malo, arrivent à Assinie pour y prêcher l'évangile aux habitants[76]. Mais, la mission à eux confiée par le roi fut inachevée; trois capucins moururent et les deux restants, devant les conditions de vie difficiles et précaires, trouvèrent asile dans le fort de St-Antoine à Axim. Quelques années plus tard, la

---

[76]Diabaté (H.), ***Un Assirien à la cour de Louis XIV au XVIIe siècle***, publié dans Grandes Figures Africaines, sous la direction historique d'Ibrahima Baba Kaké et sous la direction littéraire de François Poli, Paris, ed.
ABC 4e trimestre 1975, p.92.

« Compagnie de Guinée » fut fondée et obtint du Roi Louis XIV, le monopole du commerce français.

Mais, les marchands, les missionnaires et les officiers militaires finirent par se décourager à cause de la crise économique qui avait pris des proportions inquiétantes sous le roi Louis XIV, mais aussi, à cause des réalités et des conditions de vie difficiles sur la terre asinienne. En effet, la garnison manquait de vivres et les populations côtières ne recevaient plus de marchandises. La rareté des marchandises, la faim et la misère dans le Fort étaient devenues de plus en plus grandes, obligeant les Français à quitter la région. Le père Loyer qui était parti pour la France demander des secours était sans nouvelle. En juillet 1706, les Français évacuèrent le fort Saint-Louis d'Assinie.[77] À partir de ce moment, Saint-Louis ne reçut plus de navire français, mais dans l'esprit des colonisateurs, Assinie restait, malgré tout, leur propriété privée.

En 1838, les Français reviennent pour mettre fin à toutes les velléités d'établissement des Anglais à Assinie. Ces derniers vers 1754 étaient devenus maîtres dans le commerce de Guinée[78]. Ils partaient commercer de Tabou à Grand-Bassam en passant par les localités de Sassandra et de Grand-Lahou. Assinie servait, très souvent, de poste relais aux navires anglais. Cette situation va inquiéter la France qui décide de revenir sur la côte des « mal gens » par la Malouine (le bateau). L'année 1838 marque, certes, le retour décisif de la France, mais l'implantation véritablement sérieuse des Français en Côte d'Ivoire se fera sous l'initiative d'Edouard Bouet Willaumez entre 1840 et 1850. Il restaura le fort Saint-Louis d'Assinie, fonda Grand-Bassam et inaugura une politique d'expansion commerciale sur la bande lagunaire.[79] Désormais, les Français ne feront plus marche arrière, car la « poule aux oeufs d'or » est trouvée. La côte présente des potentialités économiques énormes et les échos de l'or de l'arrière-pays, notamment, du monde baoulé avec le commerce de forte intensité qui se pratique à Tiassalé, parviendront à la France et finiront par convaincre l'opinion politique et le monde économique français de la nécessité pour la France d'investir totalement le territoire. C'est dans cette optique que la maison Verdier de La Rochelle fut officiellement chargée de sauvegarder les intérêts français vis-à-vis des autres puissances européennes. Elle s'était, dès 1845, solidement implantée à Bassam et, à partir de là, avait créé une série de comptoirs en bordure des lagunes entre Assinie et Lahou. Elle

[77]ANCI / lEE 36 (4/3), archive déjà cité.
[78]Binger, Capitaine, ***Du Niger au golfe de Guinée par le pays de Kong et le Mossi (1887-1889),*** Paris, Hachette, tome2, 1892, 416p., p.78.
[79]Lecolle (J.), ***L'embouchure du Bandama à Grand-Lahou***, Abidjan, ORSTOM, 1910, 22p., p.12

possédait le monopole des échanges avec l'intérieur et devait le conserver près d'un quart de siècle[80].

Le nombre des officiers militaires et marchands s'étant multiplié et devant l'importance des besoins économiques de la métropole, les missions d'exploration dans l'arrière-pays sont conduites par Treich Laplène et Louis Gustave Binger de 1884 à 1885. Le premier cité remonte le cours de la Comoé jusqu'au nord où il rencontre, précisément à Kong, son compatriote Binger en provenance du Soudan. Les deux explorateurs français décidèrent de regagner ensemble Bassam en transitant par le pays Baoulé en 1885.[81] Les résultats de la mission d'exploration de Binger et de Treich-Laplène suscitèrent un grand intérêt pour la France, dans la mesure où cette mission s'est faite concomitamment à la conférence de Berlin.

En effet, cette conférence avait pour but, non seulement, de mettre fin aux rivalités et aux conflits d'occupation du continent africain, mais, surtout, de jeter les « bases juridiques » du partage de l'Afrique entre les puissances impérialistes. La compétition pour l'acquisition des territoires africains était désormais ouverte. C'est pourquoi le gouvernement français décida d'envoyer un corps expéditionnaire à Bassam, et de procéder le plus rapidement possible à une exploration systématique de l'arrière-pays. Les premiers efforts d'expansion coloniale se portèrent d'abord à l'est de l'axe identifié par Binger et Treich-Laplène ; il était urgent de fixer les limites aux Anglais qui, établis depuis plus deux siècles au Ghana, n'étaient pas restés inactifs. Pendant ce temps, des civils, dans un but lucratif, cherchaient à pénétrer l'arrière-pays dans d'autres directions de 1891 à 1892.[82]La France ira loin dans sa volonté d'occupation du territoire qu'elle érige par décret du 10 mars 1893, en une colonie française. Cette « mesure juridique » fera de la Côte d'Ivoire, non seulement, le prolongement du territoire français, mais, aussi, le pourvoyeur en matières premières pour les fabriques françaises.

Au-delà de cette vue globale de la présence française sur le territoire, il faut reconnaître que chaque région du pays a son « histoire interne » propre de la pénétration française. Dans le pays baoulé, notamment dans le Baoulé-Nord, les Français y ont laissé des empreintes historiques avec la création de la ville de Bouaké.

---

[80]Salverté-Marmier (Ph. de) et Alii, ***Op. cit.***, t_1, p.52.

[81] Meyer (G.), ***Un demi-siècle en terre ivoirienne***, Paris, La presse Universitaire, 1975, 313p., p. 76

[82] Salverté-Marmier (Ph. de) et Alii, ***Op. cit.***, t_I, p.53.

2. Les différentes missions d'exploration dans la région baoulé

Plusieurs études sur le monde baoulé ont mentionné, de manière exhaustive, l'histoire de la pénétration française et des premiers contacts entre les peuples baoulé et les Français. On peut citer, par exemple, l'ouvrage de Pierre Kipré[83], de Guy Gangah et Simon-Pierre Ekanza[84], de Jean Vincent Zinsou[85]. Pour tous ces auteurs, le monde baoulé est demeuré un mystère aux yeux des colonisateurs depuis le XVIIIe siècle. Il est resté inconnu à cause de l'hostilité à « l'homme blanc ». Le blanc était aux yeux des populations locales, une créature monstrueuse de Dieu qui ne respectait pas les coutumes et les traditions des Baoulé. Il traversait les forêts et les rivières sacrées, au mépris des anciens et des féticheurs. Pour ce fait, il fallait le combattre; sa présence était perçue comme un signe de malheur. Cette attitude de « l'homme blanc » aide à faire comprendre l'histoire coloniale de l'Afrique. C'est-à-dire, la nature des rapports entre colonisateur et colonisé. Car, la pénétration européenne en Afrique et la colonisation, ont été douloureuses pour le continent et ses habitants. La colonisation était accompagnée d'abus et d'injustices: les travaux forcés, les prestations gratuites dans les champs des colonisateurs planteurs, le système de taxes et l'impôt de capitation, sont autant d'injustices subies par les Africains, à tel point que « l'homme blanc » était devenu un cauchemar pour ces derniers. C'est pour cette raison que certains Africains se sont révoltés contre le pouvoir colonial pour défendre leur dignité longtemps bafouée.

Les Baoulé, en tout état de cause, s'étaient montrés hostiles à la venue des Français dans leur région. C'est dans cette optique que les Elomoué, peuples de Tiassalé, avaient assassiné deux ex-employés de la maison de Verdier. *« C'est ainsi qu'en 1891-1892, deux anciens commis de la maison Verdier, qui s'étaient établis à leur compte à Grand-Lahou, décidèrent de prospecter le cours du Bandama. (...) Ils remontèrent en pirogue le cours du Bandama jusqu'à Tiassalé et offrirent de nombreux présents au chef nommé Etian Koména afin d'obtenir l'autorisation de s'installer dans la ville. Ce dernier les reçut apparemment fort bien et leur accorda ce qu'ils demandaient. Mais, il était inquiet du caractère de*

---

[83] Kipré (P.), ***villes de Côte d'Ivoire : 1893-1940, t_1: fondation des villes coloniales en Côte d'Ivoire***, Abidjan, NEA, 1985, p.119.

[84] Cangah (G) et Ekanza (S-P), ***La Côte d'Ivoire par les textes de l'aube de la colonisation à nos jours,*** Abidjan, CEDA, 1962, 160p.

[85] Zinsou (J.V.), ***La pénétration française en pays Baoulé***, Aix-en-Provence, Université de Provence, faculté des Lettres et sciences humaines, mémoire de Maîtrise, 1971, 142p.

plus en plus interventionniste de l'expansion française et craignait que la présence, chez lui, de commerçants européens ne lui attire des ennuis. (...) Les deux Français revinrent à Grand-Lahou et s'empressèrent de charger plusieurs pirogues de marchandises de traite et de matériel pour la fondation de leur futur comptoir. Ils reprirent, la même année, le chemin de Tiassalé. (...) Les Elomoué les attendaient, cachés derrière les rochers et les tuèrent. » Les échos des deux Français tués par les guerriers Elomoué de Tiassalé sur le fleuve Bandama, étaient parvenus aux autorités coloniales de Grand Lahou et de Bassam.

Pour toutes ces raisons, les colonnes d'explorateurs de l'arrière-pays qui partaient du sud contournaient le pays baoulé. En mai 1891, le Lieutenant Staupt est chargé d'établir la sécurité et l'ordre sur la voie fluviale du Bandama, mais, également, de réprimer le chef Etian Koména et les guerriers Elomoué.[86] Malgré la supériorité en armement de l'escorte du Lieutenant, celui-ci échoua. Les Baoulé, solidaires dans la lutte, surent faire preuve d'une détermination sans pareille pour opposer une farouche résistance à l'armée coloniale.[87] A cette raison, s'ajoute la non-maîtrise du terrain de combats par le colonisateur et sa troupe. Les Baoulé qui connaissaient parfaitement leur région utilisaient la guérilla à travers les pistes de la forêt. C'est pourquoi le capitaine Marchand a été aussitôt chargé d'une mission punitive pour atténuer la vanité et l'orgueil des Baoulé.

a) La mission du Capitaine Marchand dans le Baoulé-Nord

Instruit par la malheureuse aventure des deux Français tués par les Elomoué sur le fleuve Bandama, le Capitaine Marchand à la tête d'un détachement de tirailleurs sénégalais décida d'emprunter la voie terrestre pour atteindre le centre commercial de Tiassalé. À partir de Dabou, il remonta vers le nord au début de 1893. Hanté par la barbarie des guerriers Elomoué, craignant les embuscades et les pièges, le Capitaine évitait les sentiers et les pistes habituellement empruntés par les commerçants Alladian, Kroumen et Adioukrou, pour se frayer le passage à travers la forêt et la brousse. En traversant certains villages adioukrou, abidji et abidj'agni situés en bordure de l'actuel axe routier Dabou-N'Douci, Marchand se rapprocha du fleuve Bandama et arriva à Ahua. Les habitants de ce village et les Elomoué de Tiassalé étaient en disgrâce;

[86]ANCI / lEE 36 (4/3), Colonie de Côte d'Ivoire, cercle du Baoulé, secteur de Bouaké, rapport de reconnaissance 1902.
[87]ANCI / lEE 29 (1), Colonie de Côte d'Ivoire, cercle du Baoulé, rapport d'ensemble 1893, 1902, 1905.

c'était la guerre entre eux. C'est donc avec beaucoup de joie que les Ahualais apprirent les motifs de la visite du Capitaine Marchand dans leur village. Dès cet instant, le Capitaine va s'appuyer sur ses hôtes pour déjouer tous les pièges des ennemis. L'armée de 250 hommes de Marchand va s'amplifier avec des combattants supplétifs ahualais.[88] Très rapidement, les Elomoué et leur chef Etian Koména sont encerclés et vaincus face à la puissance de feu des troupes du Capitaine Marchand avec qui Etian Koména signa un traité de paix comme l'atteste le professeur Pierre Kipré : *« Lorsque les fugitifs (les Elomoué) revinrent en agitant des feuilles de palmier pour demander la paix, Marchand les attendait. Ce dernier obligea Etian Koména à verser une lourde amende en or et à se soumettre à l'autorité française. »*[89]C'est ainsi que Tiassalé deviendra le premier poste militaire français en pays Baoulé en mai 1893 avec la construction du blockhaus. De Tiassalé, les Français vont progresser en mission de reconnaissance dans le Baoulé-Nord.

En effet, au cours de l'année 1893-1894, le Capitaine, chargé de présents à la tête d'une escorte de tirailleurs et de porteurs, emprunte l'ancienne route des caravanes baoulé. Il franchit le Bandama au niveau de M'Brimbo et s'infiltra dans la savane. En pays N'Gban au Sud, il fonda le poste d'Oussou. De là, il explora successivement les régions de Toumodi, de Didiévi et de M'Bahiakro. Il parvint à la limite du territoire des Baoulé, aux environs de Dabakala, et, après avoir connu tout le Nord de la région de Bouaké, il se replia automatiquement sur la côte, ayant appris la nouvelle de la présence de Samory Touré et de ses Sofa dans le pays Sénoufo. Ce demi-tour du capitaine Marchand n'est que stratégique. Samory Touré, depuis le Soudan, restait déjà un cauchemar pour les Français. Il inspirait crainte et douleur à cause de ses méthodes violentes de combat. Le repli était donc tactique pour mieux se préparer à l'affronter dans le Baoulé-Nord.

Par ailleurs, c'est en se repliant au sud que le Capitaine Marchand aurait rendu une visite de courtoisie au chef des Faafouê, Nana Gbêkê à Gbêkêkro.[90] Telle fut l'origine des premiers contacts des Français avec le monde baoulé. À part le cas des Elomoué de Tiassalé, les contacts, dans l'ensemble, ont eu un caractère pacifique. Toutefois, avec la présence de Samory Touré à Kotia Koffikro en 1893, les Français décidèrent de le combattre parce que la région de Bouaké était une zone stratégique de commerce avec le Soudan. Le colonel Monteil et le capitaine Benoît

---

[88]ANCI / 3MI, Monographie des cercles, cercle du Baoulé-Sud. Notice sur les tribus et sous-tribus, 1908, 31p., p.12.
[89]Kipré (P.), ***Op. cit.***, t_1, p.110.
[90]ANCI / lEE 28 (1), Colonie de Côte d'Ivoire, cercle du Baoulé. Note sur le Baoulé, août 1896.

eurent donc en charge cette délicate mission de lutter contre Samory et de pacifier totalement le Baoulé.

b) Le Colonel Monteil et le Capitaine Benoît dans le pays baoulé

En 1893, Samory Touré transforma le marché agropastoral du chef des Fali, Kotia Koffi, en un marché d'esclaves. Tout le Baoulé-Nord est annexé et occupé par Samory Touré et ses sofas[91]. C'est la terreur dans le Ouarebo, le Faafouê, le Faafouê-Aris, le N'zipouris, le N'Gbans, l'Attoutous, le Nanafouê et le Soundos. Ces communautés primitives que compte la société baoulé subiront toutes sortes de violences et humiliations de la part de Samory Touré. Grâce au Capitaine Marchand, les échos de la présence de ce dernier sont confirmés aux autorités françaises de Grand-Bassam. Alors, les Français décidèrent d'envoyer un corps expéditionnaire dans le Baoulé. Le colonel Monteil fut chargé de conduire une colonne militaire dénommée « la colonne de Kong ». La constitution de cette colonne répondait aux vœux des militaires et avait pour conséquence majeure, la création d'une série de postes d'appui, chargée de protéger, dans le Baoulé, la piste de ravitaillement des troupes. C'est ainsi que le colonel Monteil fit créer en février 1895 les postes de Singrobo et de Brimbo, pour lutter efficacement contre Samory. Guy Cangah et Simon-Pierre Ekanza relatent les péripéties de cette lutte: *« Samory Touré, chassé du Soudan par les Français, se réfugie dans le nord de la Côte d'Ivoire actuelle. Arrêté par la forêt, il se cantonne dans la savane qu'il sillonne dans tous les sens. Il n'y aura jamais de véritable combat entre Samory et les Français sur le territoire ivoirien, mais seulement quelques escarmouches et des embuscades que certaines unités d'Almamy tendent aux détachements coloniaux isolés. Par contre, les "pays" alliés à la France subiront l'agression de l'armée samorienne. Le royaume de Bondoukou sera en partie envahi ; Kong sera détruit et Bouna subira le même sort. (...) Le gouvernement colonial de Grand-Bassam assistera impuissant à l'anéantissement de ses alliés, après avoir constaté l'inutilité de ses négociations. »*[92]

Dans ces conditions, la tâche du colonel Monteil n'était pas du tout facile. À la terreur de Samory, s'ajoutaient les incessantes insurrections des Baoulé, notamment, des guerriers N'Gban qui lui tendirent une série d'embuscades sur la piste qui était déjà tracée par Marchand. Voici ce qu'en dit Salverté-Marmier : *« À son approche, les Baoulé désertaient leurs villages et, souvent, des guerriers embusqués saluaient son passage*

[91] Effimbra (G.), ***Manuel de Bouaké***, Paris, Nathan, 1959, 314p., p.106.
[92] Cangah (G.) et Ekanza (S.P.), ***Op. cit.***, pp.74-75.

de quelques salves avant de disparaître. Il perdit ainsi un temps considérable, des hommes et du matériel pendant la traversée du Baoulé. (...) Monteil se trouvait aux environs de Dabakala lorsqu'il apprit l'approche des sofas, sa troupe s'était amenuisée et affaiblie en traversant la région de Bouaké. Elle n'était pas de taille à triompher; il la posta, néanmoins, au-devant de Samory. Un violent combat eut lieu au cours duquel Monteil perdit une grande partie de ses hommes, non sans avoir infligé de lourds dommages à son adversaire. Il dut, à contrecœur se replier et se retrancher à Koffikro (ou Koffidougou) en territoire Soundo, au nord-ouest de M'Bahiakro. Il attendit en vain des renforts pour pouvoir reprendre l'offensive. »[93]

Le capitaine Benoît, qui, à la tête d'un corps de troupe, s'était illustré pendant la prise de Sikasso, n'hésita pas à établir un pont entre sa troupe et celle de Kong dirigée par le colonel Monteil. Samory, traqué au Sud comme au Nord sentait se dérouler sur lui, la machine à tuer des Français. Dans sa fuite vers le pays gouro, il est freiné par les guerriers gouro qui décimèrent ses troupes. C'est ainsi qu'il se rendit aux troupes françaises.

Par ailleurs, c'est après sa reddition que le Capitaine Benoît décida, ensuite, de s'établir à proximité du marché d'esclaves de Kotia Koffikro en 1898. Par ce changement de lieu, l'ambition du Capitaine était de pacifier totalement tout le Baoulé et d'occuper au nom de la France, toutes les terres abandonnées par le chef Almamy Samory Touré. Mais, il rêva surtout de relier le Soudan à la côte par le pays Baoulé. Ce projet va fasciner le Commandant Pineau, chef de bataillon de la région du Niger--Volta. Il va encourager le Capitaine pour sa volonté, tout en lui demandant d'étendre la ligne des postes du Soudan au pays Baoulé. C'est ainsi que le Capitaine n'hésitera plus à fonder le poste de Bouaké en 1898.

II - DU POSTE MILITAIRE À LA NAISSANCE DU PÔLE ÉCONOMIQUE : 1898-1910

Il suffira de jeter un regard rétrospectif critique sur l'histoire de l'établissement des colonisateurs français dans la région de Bouaké, pour comprendre qu'au-delà des raisons sécuritaires et militaires généralement évoquées, il y avait surtout les grandes possibilités de commerce et les potentialités économiques qui fascinaient les nouveaux maîtres de la terre d'Eburnie. Le pays faafouê est une zone stratégique, d'un point de vue

[93]Salverté-Marmier (Ph. de) et Alii., t_1, ***Op. cit.,*** p.54.

géographique et économique. Il fallait, aux Français, un poste militaire pour sécuriser les intérêts de la France.

1. La création du poste militaire au cœur de la chefferie faafouê : 1898

La fondation du poste militaire français est consécutive à la visite des capitaines Marchand et Benoît dans le Baoulé-Nord. Le capitaine Marchand a été le premier français à arriver dans le Baoulé-Nord. Il était chargé d'une mission de reconnaissance au Soudan quand, le 11 novembre 1893[94], il s'arrêta dans le fief de Kwa Gbêkê de la tribu faafouê-gossan[95]. La visite du capitaine avait pour objet de constituer un contrepoids à l'amitié qui liait le chef des Faafouê à Samory Touré. Pour atteindre ce but, il proposa à Gbêkê, la fondation d'un poste dans son village. Le chef coutumier des Faafouê-Gossan avait, certes, donné son accord de principe, mais il hésita pour la concrétisation du projet, car lui et son peuple avaient peur des Blancs ; ils n'étaient pas toujours gentils. Ils prenaient tout sur leur passage. Le chef Kwa Gbêkê savait cela. En effet, céder aux pressions du Capitaine Marchand en acceptant la fondation d'un poste militaire, c'était signer en quelque sorte son arrêt de mort politique par l'acceptation consciente de sa propre capitulation. Ainsi, savait-il, d'instinct, que l'autorité militaire et le pouvoir administratif colonial dont l'attitude expansionniste de l'occupation dérangeait ses sujets cherchaient à le soumettre. Une autre raison est d'ordre économique; les substantiels profits tirés des relations commerciales avec le grand conquérant malinké n'incitèrent guère le chef Kwa Gbêkê quant à la construction du poste.

Le 29 juillet 1894, le Capitaine Marchand revient à Grand-Bassam pour faire le point de sa mission aux autorités coloniales.[96] Malgré la présence de Binger, Marchand redoutait fort bien une offensive décisive de Samory et de ses Sofas contre les positions françaises de la côte. Il réussit à convaincre monsieur Cousturier, gouverneur de la colonie par intérim, de graves menaces qui planent sur les intérêts français dans les savanes du Nord. Le Gouverneur associe ses collaborateurs Nebout et Delafosse à la mission de Marchand qui sera chargé de la construction

---

[94]ANCI / IEE 36 (4/3), archive déjà citée.

[95] ANCI / 3MI : Monographie des cercles, archive déjà cité (cette Monographie livre une notice sur les tribus et les sous-tribus de la circonscription de Bouaké).

[96] ANCI / 1EE 38 (1/7), Colonie de Côte d'Ivoire, cercle du Baoulé-Nord, circonscription du poste de Kodio Koffi. Rapport du mois de décembre 1908. 13 feuilles.

d'un nouveau poste qui servira d'étape entre Kong, qu'il a visité en avril en 1894, et Toumodi. Ainsi serait préparé dans le Baoulé-Nord, le passage de troupes françaises contre Samory. Ce dernier est un conquérant très impétueux, voire, barbare avec ses « tactiques de terres brûlées » comme moyen de lutte contre les troupes françaises. Il faut donc agir très vite et le contenir promptement. De nouvelles stratégies d'attaques sont élaborées par les Français pour anéantir l'homme, mais, également, pour réduire toutes les velléités des peuples du Baoulé-Nord qui s'opposeraient à l'avenir au projet de construction d'un poste militaire.

En mai 1897, au moment où Nebout Albert (l'associé du Capitaine Marchand) arrive à Gbêkêkro, dans la capitale du monde faafouê, le maître des lieux, Nanan Kwa Gbêkê avait déjà tiré sa révérence.[97] Cet événement malheureux donnera l'occasion aux Français de redéfinir leurs relations avec le nouveau chef des Faafouê. Ces relations seront conduites par le capitaine Benoît à partir de 1898. Selon notre interlocuteur Félix Koffi Aka, *« le chef des Faafouê est mort un an avant l'arrivée du capitaine Benoît, c'est-à-dire en 1897. De ce fait, Kwa Gbêkê n'a pu connaître le capitaine Benoît. C'est son successeur Kouassi Blé qui entretiendra des relations souvent teintées de crises avec le colonisateur français. »*[98]

Parti de Bobo-Dioulasso le 23 juillet 1898, le Capitaine Benoît arriva le 13 août à Gbêkêkro. Il construisit au cours de la même année, un poste militaire entre le marché d'esclaves de Kotia Koffikro et le village de Gbêkêkro. Il s'installa à l'ouest de Gbêkêkro, au bord de la rivière Aboliba.[99] Ceci, sans le consentement des Faafouê-Gossan et des Fali. Djibo Sounkalo présente ici le camp militaire français: *« les maisons du poste étaient toutes en "banco". Il n'était pas question de construction en briques. On notait, au sein du poste, deux bâtiments en banco composés de logements, d'un bureau pour les cadres européens et d'une infirmerie. Une palissade servait de clôture au poste militaire naissant. »*[100]

Bref, la mort de Gbêkê en 1897 et la reddition de Samory Touré en 1898, sont les deux facteurs qui, entre autres, ont favorisé la construction du poste militaire de Bouaké qui suscita le mécontentement des populations autochtones baoulé. Le site (au bord de la rivière Aboliba) choisi pour fonder le poste ne rencontre pas l'adhésion des Faafouê dans leur grande majorité. Car, les rivières Aboliba et Aboidji de la même

---

[97]Kipré (P.), ***Op. cit.,*** t_1, p.113.

[98] Aka Koffi Félix (70 ans environ), Entretien directif du 10 mars 1998, déjà cité.

[99] Kipré (P.), ***Op. cit.,*** t_1, p.113.

[100]Djibo Sounkalo, premier Maire africain de la commune de Bouaké (1956-1980).Entretien directif du 10 février 1997à Cocody-Abidjan (à son domicile).

localité étaient des lieux sacrés. Elles étaient la « demeure » de certaines divinités protectrices des Baoulé. Ces derniers, très intrigués par l'installation du capitaine Benoît au bord de la rivière, tentèrent de s'insurger. Mais, contre toute attente, le colonisateur construisit son blockhaus parce que la colonne du capitaine Benoît disposait de puissantes armes à feu susceptibles d'intimider ou de tuer l'adversaire. Cette situation a causé des frustrations chez les Baoulé et a engendré un climat très tendu entre eux et les Européens. Quelque temps après la construction du poste, plusieurs incidents entre le pouvoir colonial et les Baoulé survinrent et entraînèrent une violente guerre.

Plus tard, le capitaine Benoît, en essayant son revolver, a blessé, par inadvertance, Kasso, le frère du chef Kouassi Blé (successeur de Kwa Gbêkê). Cet incident incite les Faafouê à s'insurger contre les colonisateurs. Cette crise s'envenimera avec la prise en otage de la Reine des Faafouê et l'arrestation de leur chef Kouassi Blé par le capitaine Benoît. L'attitude française devint plus arrogante et exigeante à la fois. La violence se multiplia. Les populations baoulé se rendirent compte de la gravité de la situation. Cependant, elles n'entendaient pas céder sans la moindre résistance. Plusieurs affrontements militaires mirent donc aux prises troupes coloniales et populations autochtones. Devant l'intransigeance et la puissance des armes à feu des colonisateurs, les Faafouê vont abandonner la lutte. Les blancs avaient, non seulement, gagné la guerre, mais avaient aussi chassé les Faafouê de Gbêkêkro qui fondèrent Kouassiblèkro, leur nouveau village, situé à 12 km après le monastère de Bouaké. Au regard de ce qui précède et qui se rapporte aux violences et tensions qui agitaient le Baoulé-Nord, que dire des historiens qui présentent la période de 1893-1908 comme celle de la « pénétration pacifique » des Français en Côte d'Ivoire » ? Selon Guy Cangah et Simon-Pierre Ekanza, *« il est inexact de qualifier ces quinze années, de "pénétration pacifique". La vérité est que les effectifs et les moyens militaires utilisés par l'autorité coloniale étaient inférieurs à ceux de l'époque "angoulvantienne" et s'avérèrent insuffisants et inefficaces pour faire la décision dans les combats. »*[101]

Nous disons que cette thèse a le mérite d'être soutenue. Car, il faut le reconnaître, les Africains se sont toujours défendus avec hargne face à la pénétration coloniale en Côte d'Ivoire. Devant le caractère impétueux de leur lutte, les Européens, se sentant très menacés et, donc, en danger, adopteront une attitude pacifiste en signant des traités d'amitié avec les populations ivoiriennes. En réalité, ces traités des Français obéissaient à une stratégie qui conduirait à désarmer militairement et mentalement les peuples de Côte d'Ivoire, en général, et du Baoulé-Nord, en particulier.

---

[101]Cangah (G.) et Ekanza (S.P.), ***Op. cit.,*** p.74.

Cette « attitude amicale » des Français a fait penser que la pénétration coloniale en Côte d'Ivoire s'est opérée en douceur. Il n'en est rien pour le pays baoulé, car des conflits quelquefois violents ont émaillé cette période. Telles furent les difficultés et les crises qui ont marqué la construction du poste à Bouaké. Une fois fondé, le colonisateur s'activa pour son organisation politique. À l'administration coloniale, il associa la chefferie traditionnelle pour bénéficier de la caution des chefs coutumiers faafouê afin de mieux asseoir les bases d'une économie coloniale de marché urbain.

2. L'avènement de la ville marchande et l'émergence des premiers quartiers d'affaires de 1898 à 1910

La naissance du centre commercial de Bouaké est consécutive à la création du poste militaire français en 1898. Une fois le poste fondé, il était opportun pour le colonisateur d'organiser un espace assaini pour une vie urbaine. Car la naissance d'une ville, à côté du poste, devait favoriser le commerce européen à partir des maisons de commerce. Ainsi, à la cause militaire et sécuritaire de la construction du poste, il s'ajouta le motif réel de la présence des Français dans le Baoulé-Nord : l'organisation et l'exploitation de l'économie rurale des populations de la localité à partir d'une économie coloniale de marché dont le cadre est la ville.

Dans cette perspective, par un arrêté du gouvernement de la colonie de Côte d'Ivoire, les secteurs de Bouaké et de Kotia Koffikro ont été regroupés le 23 juillet 1902 pour donner naissance à la circonscription du Baoulé-Nord.[102] Cette dernière sera dirigée par un Commandant du secteur de Bouaké – les sources à notre disposition ne révèlent pas son nom–. Dès cet instant, la nouvelle cité connaîtra, jusqu'en 1910, un développement spatial et économique avec la naissance des quartiers commerciaux.

En effet, les débuts de la ville sont matérialisés par la création des quartiers allogènes africains et européens. Il s'agit des quartiers « Liberté », « Dougouba » et de commerce européen qui ont été créés à côté des anciens villages baoulé. Le développement rapide de ces quartiers est l'une des conséquences directes de la présence des colonisateurs français et de leur immixtion dans les affaires intérieures des Africains du Baoulé-Nord. Ces quartiers allogènes africains sont habités, pour la plupart, par des peuples malinké dont la présence est un facteur important de développement de l'économie de marché urbain.

---

[102]ANCI / lEE 28 (1), archive déjà citée.

Comment ces quartiers ont-ils été créés? Comment sont-ils organisés ?

Carte N° 5

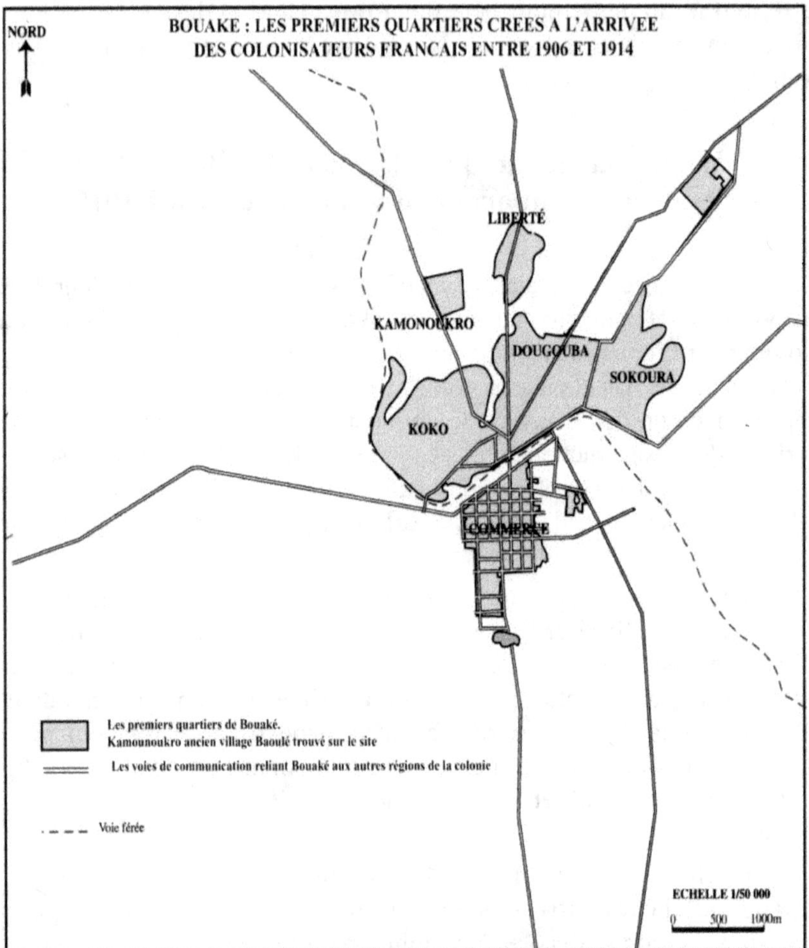

D'après CCT, photos aériennes A0031 1: 1/50 000

Concepteur : Alphonse Sékré Gbodjé
Le fond de la carte a été transformée et adaptée aux réalités de l'étude pour y représenter seulement les anciens quartiers.

a) Création et peuplement du quartier « Liberté » : 1898-1906

L'histoire de la création du quartier « Liberté » est liée à l'intervention de l'administration coloniale dans les affaires politiques et commerciales du chef Kotia Koffi de la tribu Fali. Après le départ de Samory Touré de la localité, le chef des Fali devient désormais l'unique maître du marché d'esclaves de son village. Le capitaine Benoît y arrive et constate avec beaucoup d'amertume le traitement ignoble que subissent les esclaves dans le village. Une fois en place, Benoît les libère pour atténuer leurs souffrances et crée un quartier pour eux à environ un kilomètre au sud du marché. Celui-ci prend le nom de « Liberté ». Comment tout ceci est-il arrivé? Comment interpréter l'attitude généreuse et compatissante du capitaine Benoît envers ces esclaves? Le chef Kotia Koffi est-il resté passif face à la destruction de son marché ?

Pour répondre à la première interrogation, nous disons qu'il ne faut pas toujours voir le Blanc comme l'être méchant dépourvu de tout sentiment humain. Certes, pour le colon, l'homme noir était à mépriser comme un animal de brousse. Mais, il pouvait lui arriver d'éprouver de la compassion. Le Capitaine Marchand pouvait, donc, être sincère dans son action de libération des esclaves. Mais, lorsque nous prenons du recul, nous disons que les esclaves, une fois libérés, pouvaient constituer une main-d'œuvre pour les maisons de commerce européen. Ce qui expliquerait l'empressement de Benoît à les libérer. En vérité, il n'y a pas eu de bras de fer entre les deux hommes. La libération des esclaves dudit marché aurait été négociée par le Capitaine Benoît et le Lieutenant Pruneau venu de Dabakala en octobre 1898 avec le chef Kotia Koffi. En réalité le chef Kotia n'arrivait plus lui-même à gérer le nombre important des esclaves. Ceux-ci étaient trop nombreux et avaient des besoins. C'est ainsi qu'il n'opposa aucune résistance à la demande du Capitaine. Ce dernier offrit, à cet effet, un long couteau et une grande marmite à Kotia, pour avoir donné une suite favorable à sa requête. Ces présents consacraient, en même temps, l'alliance de paix entre le colonisateur et le colonisé.

Quel regard faut-il porter sur cette alliance ? N'y a-t-il pas une espèce de contraste qu'un Africain, fut-il chef, négocie avec le dieu blanc? L'administrateur, à l'époque coloniale, était, en effet, un véritable autocrate et un despote. Il était dur de caractère, son pouvoir de commandement terrifiait et rien ne pouvait modérer son ardeur – il *se croyait tout puissant et supérieur aux colonisés* –. Pour lui, les indigènes étaient corvéables et taillables à merci. C'est pourquoi nous prenons avec beaucoup de réserve les thèses qui stipulent que le Capitaine Benoît aurait négocié avec Kotia Koffi pour démolir son marché.

Les Tagouana constitueraient le groupe le plus important des esclaves libérés. Mais, plusieurs d'entre eux, affaiblis et sans fortune, et surtout, ne sachant plus leur lieu d'origine, se seraient confiés à l'administration coloniale pour leur protection. Le capitaine Benoît leur construisit alors le quartier « Liberté » de Bouaké. Ces esclaves, devenus hommes libres, vont se livrer à plusieurs activités économiques, dont le commerce ; ce qui constituera un facteur de dynamisation de l'économie de la ville naissante, et ce, au grand bonheur du colonisateur. En 1906, d'autres peuples d'origines diverses notamment, malinké, prennent d'assaut le nouveau centre urbain. Cette situation va favoriser la création du premier quartier dioula (Dougouba) pour les affaires commerciales des Africains.

b) Émergence et peuplement du premier quartier dioula (Dougouba) : 1906-1910

La ville de Bouaké que nous connaissons aujourd'hui n'était qu'un petit centre commercial en 1898. Plusieurs peuples d'origines diverses l'ont envahie pour accélérer son mouvement de peuplement et intensifier son commerce. Les commerçants colporteurs dioula, les Daffings, les Sarakolés, les Toucouleurs, les Sénégalais et les Sénoufo (les Tagouana et les Djimini) peuplèrent la nouvelle agglomération à partir de 1906. Mais, c'est en 1912 que l'afflux des immigrants devient très important avec l'arrivée du chemin de fer.[103] Tous ces peuples venus d'ailleurs se sont bâti un quartier aux habitations précaires, dans le prolongement du quartier « Liberté ». Il s'agit du quartier « Dougouba » qui abrite aujourd'hui la grande mosquée de Bouaké construite en 1899. L'ancien marché de viande et de légumes qui existe toujours est le dernier vestige du quartier avec le nouveau foyer municipal. Ce quartier n'était rien d'autre qu'une bourgade. On y rencontrait uniquement des maisons et des cases rondes en banco. Des ruelles, voire, des pistes le traversaient dans tous les sens. Face à l'afflux des migrants, l'administration coloniale a choisi d'organiser les Africains : *« Un chef fut désigné; ce fut d'abord un Sénégalais, Samba Bacoum, auquel succéda un Daffing, Binafa, qui vit toujours et habite dans le quartier Dougouba, puis Makan Dago, un Toucouleur et, vers 1906, un autre Sénégalais, traitant important, Diaka Fall qui restera chef pendant une vingtaine d'années. »*[104]

---

[103]ANCI / 1EE/29 (4/1), Colonie de Côte d'Ivoire, cercle de Bouaké, rapports mensuels, juillet, août, septembre, décembre 1899-1914.

[104]Djibo Sounkalo (premier Maire de Bouaké "1956-1980"), Entretien directif du 10 février 1997 à Cocody-Abidjan, déjà cité.

À partir de ce qui précède, nous constatons que la nouvelle communauté africaine de Bouaké n'est pas dirigée par un chef autochtone. Les allochtones étaient désignés comme les représentants des quartiers africains, selon la volonté du colonisateur. Les rapports entre les Baoulé-Faafouê et les colonisateurs français étaient conflictuels. Les Faafouê avaient déclaré la guerre à l'administration coloniale à la suite de la blessure de Kasso, le frère de Kouassiblè par le capitaine Benoît. Depuis lors, pour les colonisateurs français, ces derniers étaient des gens violents. Le colonisateur français trouvait les allogènes plus dociles, manipulables à souhait et prêts à la collaboration, surtout, en matière commerciale. La plupart de ces étrangers étaient d'origine soudanaise. Ces Malinké, appelés aussi Dioula, jouaient parfois le rôle d'agents commerciaux attitrés au compte des hommes d'affaires français et, de ce fait, constituaient un trait d'union entre les boutiques ou les maisons de commerce de produits manufacturés. Bref, on peut déduire, de ce qui précède, que seules les raisons d'intérêts économiques ont pu guider le choix des étrangers pour gérer la vie politique et exercer le droit coutumier à la place des Baoulé à Bouaké. Cette situation faisait des Baoulé, des étrangers sur leur propre territoire ; ils étaient absents dans les prises de décisions devant régir la vie de la ville.

Par ailleurs, l'administration coloniale ayant constaté l'importance et le poids de l'activité commerciale des marchands africains favorisa l'extension du nouveau centre par la création du quartier de commerce européen en 1910. À partir de cet instant, Bouaké prend l'allure d'un centre commercial en devenir par sa grande animation.

c) La création du premier quartier de commerce européen en 1910

Depuis l'établissement des colonisateurs français dans le Baoulé-Nord jusqu'en 1910, le poste militaire était considéré comme la résidence des Européens. Le Gouverneur Angoulvant décide alors de la création d'un quartier réservé aux Français, à quelques kilomètres plus au sud du poste, près de la gare. Il souhaite promouvoir le développement et la modernisation de Bouaké que l'on présente comme une ville d'avenir, du point de vue économique, après Grand-Bassam et Abidjan. Pour atteindre ses objectifs, le gouverneur chargea le Capitaine du Génie Colomb de mettre sur pied un plan de lotissement, visant à créer le « nouveau Bouaké ». Aussi, autorisa-t-il, à partir de 1912 et 1913, l'installation de premières maisons de commerce européen. En 1914, selon la volonté du Gouverneur, le capitaine de génie mit en place le premier plan de lotissement qui fut approuvé par le Commandant Thomasset, Directeur du chemin de fer : « *Le 20 mai 1914, le conseil d'administration coloniale approuva également le plan. Il comprenait cinq sortes de lots de superficies inégales : 625, 1.250, 2.500, 5.000 et 10.000 m*^{2} *(...) Le Gouverneur Angoulvant vote un crédit de 15.000 francs pour le lotissement de la ville et se préoccupe de l'organisation du "village indigène", de façon à l'installer au nord de la voie ferrée suivant les prescriptions de l'hygiène et à lui assurer des rues spacieuses et bien aérées.* »[105]

Comment expliquer l'attitude du gouverneur Angoulvant et des Européens résidant à Bouaké de créer un quartier à eux ? Nous disons que cette décision est la manifestation des idées racistes et discriminatoires. L'histoire coloniale de l'Afrique, en général, est pleine d'enseignements et stigmatise, d'une manière ou d'une autre, l'attitude méprisante des colonisateurs européens à l'égard des Africains. C'étaient eux les êtres propres, intelligents et supérieurs. Les Africains, quant à eux, étaient des êtres inférieurs et sales. Les Français avaient, dans cette perspective, du mal à cohabiter avec eux. Telles sont, pour nous, les raisons susceptibles d'expliquer la création de ce quartier des Européens sur un site déjà occupé par les Africains. Le quartier, une fois créé, va subir une politique d'aménagement et d'assainissement. Cette politique conférera une allure moderne à la ville.

---

[105] ***Bouaké, sa création et son développement***, brochure imprimée par la Mairie de Bouaké (archives de la Mairie du Château), p. 27.

Titre : Maison de l'époque coloniale sise au quartier européen (quartier de commerce) près de la mairie du château, derrière le palais de carnaval de Bouaké. Cette maison selon Maurice Konan Kouadio (directeur des archives de la Mairie en 1997), date des premières heures de la création du quartier européen. Retouchée, elle sert d'habitation à certains fonctionnaires de l'État.
Source : Cliché d'Alphonse Sekré Gbodjé du 10 mars 1997

Carte N° 6

BOUAKE 1914
PLAN DE LOTISSEMENT

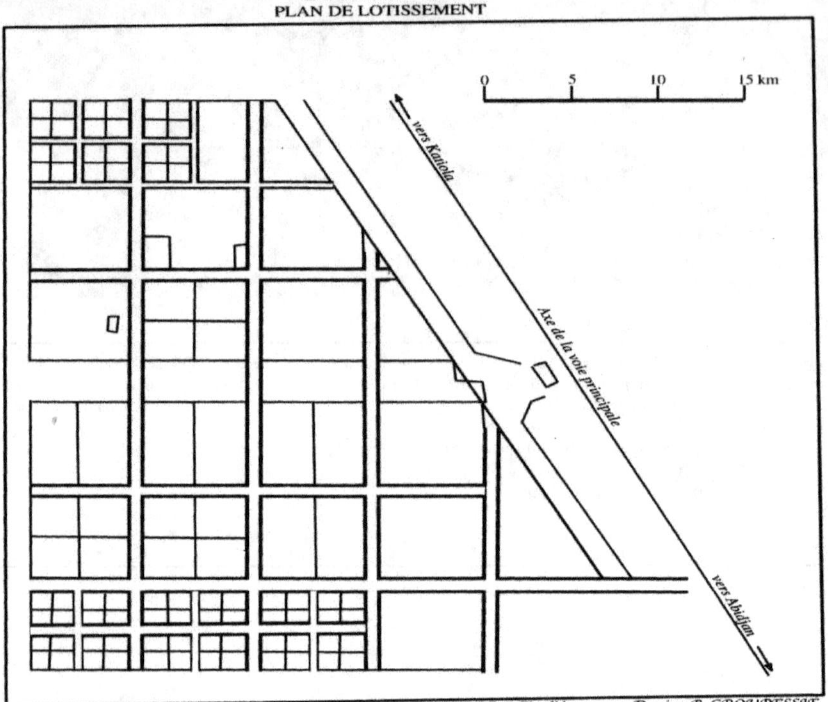

Source: Archives de la Mairie de Bouaké-C. 193M. le Maire - B-b Concepteur : Alphonse Sékré Gbodjé *Dessin : B. GROUPESSIE*

III - LA POLITIQUE COLONIALE D'AMÉNAGEMENT DE LA VILLE DES 1910

Déjà, à partir de 1910, la modification et l'aménagement de l'espace urbain à Bouaké restent la préoccupation majeure du Gouverneur Angoulvant et de ses collaborateurs dont le capitaine Colomb du génie civil, le commandant Thomasset du chemin de fer et l'administrateur adjoint Palanque. L'économie coloniale de marché ne pouvant prospérer que dans un cadre aménagé à cet effet, il fallut, dans cette perspective, doter la ville naissante d'un certain nombre d'infrastructures économiques : la voirie, l'adduction d'eau, l'électricité et certains services d'assainissement et d'hygiène.[106] Cette politique avait pour but d'attirer à Bouaké un nombre important d'acteurs économiques, bénéficiant d'un environnement « civilisé », tout en permettant aussi aux populations tenues dans un rôle de producteurs de matières premières exportables, dans le cadre d'une économie de traite, de fréquenter la ville. Le marché de Bouaké deviendrait, dans cette optique, le centre le plus dense et le plus fourni et avait, pour corollaire, le développement du tourisme, la valorisation même de la ville sur le plan du commerce et de son animation, en général. Le capitaine Colomb, avec la bénédiction du gouverneur Angoulvant, des autorités métropolitaines et du pouvoir colonial à Bouaké, dirige la politique de transformation et d'aménagement du tissu urbain économique.

1. La voirie à Bouaké et le développement d'une économie de marché

La voirie est un instrument très important pour le développement d'une économie de marché. En d'autres termes, aucun développement commercial ou industriel n'est possible dans une région donnée si celle-ci est enclavée et, donc, inaccessible pour l'écoulement des produits d'exportation et d'importation. Les autorités coloniales conscientes de cette réalité soutiendront l'économie urbaine de marché, par la mise en place d'un réseau routier important. De façon générale, les travaux de voirie sont entrepris dans certains centres urbains de Côte d'Ivoire avant 1920. C'est le cas de Bouaké, de Dimbokro, d'Aboisso et de Grand-Lahou, mais, de manière encore très timide. C'est seulement après 1926 que les travaux prendront des proportions importantes, en raison de l'augmentation des centres coloniaux.[107] Dans cette logique, Bouaké bénéficiera, dès 1910, d'une voirie encore à l'état latent, certes, mais constituant pour l'époque un outil capital pour le démarrage des activités économiques urbaines.

Chargé, en effet, de conduire les travaux de la voirie urbaine après l'approbation du plan de lotissement du quartier européen, le capitaine Colomb du génie civil dota la ville de Bouaké d'un réseau d'avenues et de rues bien tracées que bordent des rangées d'arbres (manguiers et acajous). Le capitaine était assisté de l'administrateur adjoint Palanque et par M. Ravel. Une rue de douze kilomètres reliait le poste administratif sis au

---

[106]ANCI / 3KK 9, Colonie de Côte d'Ivoire. Rapport sur la nouvelle route construite entre Bondoukou et Bouaké, 1914 (Cette archive donne quelques indications sur les infrastructures routières et économiques de Bouaké).

[107] Kipré (P.), ***Villes de Côte d'Ivoire 1893-1940, T₂, Économie et Société Urbaine***, Abidjan, NEA, 1985,290 p., p.15.

poste militaire à la gare et, selon le rapport de cercle du premier trimestre 1922[108], la ville de Bouaké possédait déjà six kilomètres de rues bien aménagées. Toutes ces rues étaient couvertes de terre rouge et de graviers.

En définitive, Bouaké est une ville carrefour où les rues, sous forme de radiales de pénétration, convergent vers le centre des affaires. Les principales voies de communication économique supportaient à la fois le trafic de transit et la plus grande partie du trafic urbain de Bouaké où toutes les rues de la voirie étaient accompagnées d'une politique d'assainissement de l'environnement.

2. La politique d'assainissement et d'hygiène, facteur d'un cadre économique sain

Les colonisateurs français ont encore en esprit les premières heures malheureuses de la pénétration coloniale à Assinie (1637-1706). La misère et les épidémies de toutes sortes (choléra, fièvre jaune et grippe) avaient décimé certains officiers de l'armée et des missionnaires dans le fort Saint-Louis d'Assinie qui sera abandonné en 1706 (nous avons déjà développé ce point dans les lignes antérieures). Pour toutes ces raisons, le retour des Français en Côte d'Ivoire a été accompagné de certaines mesures de sécurité et d'hygiène.

À Bouaké, dès leur installation au poste militaire, les administrateurs se contentèrent de nettoyer les abords de leur résidence et du centre commercial principal. Leur contact physique avec les Africains, prétendus porteurs de maladies, était fait de méfiance et de prudence. Nous l'avons déjà écrit, cette raison expliquait la création en 1910 du quartier européen de Bouaké, distant des bourgs des Africains : *« les Européens devaient éviter de s'empoisonner avec les ordures et les odeurs des indigènes »,*[109] aurait dit le gouverneur Angoulvant selon Djibo Sounkalo avant de confier les travaux d'aménagement et d'assainissement de la ville au Capitaine Colomb.

Quel commentaire faut-il faire de ces propos qu'aurait tenus le Gouverneur ? À première vue, ils sont grossiers, injurieux et diffamatoires, surtout, quand ils proviennent d'une haute autorité administrative et politique. Même s'il est difficile de les attribuer

[108]ANCI / 1QQ7 : Colonie de Côte d'Ivoire, cercle du Baoulé-Nord, le rapport économique, premier trimestre.

[109]Djibo Sounkalo, premier Maire africain à la tête de la commune de Bouaké (1956 à 1980).Entretien directif du 10 février 1997 à son domicile de Cocody, déjà cité.

systématiquement à Angoulvant parce que dépourvus de caractère scientifique – *il est impossible de prouver leur authenticité et véracité du fait qu'ils proviennent d'une source orale* – il faut tout de même tenir compte du contexte colonial et de l'esprit du pouvoir exercé par le colonisateur sur les colonisés pour comprendre le sens de ces propos. Le colonisateur avait toujours cultivé le sentiment de supériorité vis-à-vis du Noir, considéré à tort comme un sous-homme. Mais, au-delà de ces considérations, il faut reconnaître que lesdits propos du Gouverneur traduisent une vérité de portée historique et, en tant qu'Africain, il faut avoir le courage et l'honnêteté de l'avouer. En effet, les politiques de développement et d'assainissement de l'environnement ne sont pas développées en Afrique. De ce fait, les ordures et les populations cohabitent, et cela, dans l'indifférence totale des autorités politiques municipales. Cette situation crée un véritable état de malaise favorisé par des épidémies et de maladies de toute nature. La création du quartier européen pourrait ainsi se justifier.

En février 1910, l'administration coloniale décida de transférer le bâtiment de l'infirmerie (sis au poste militaire) à l'emplacement de l'actuelle ambulance et projette la construction d'un centre bactériologique et du parc vaccinogène au bout de l'actuelle « rue de commerce ». Mais, les tout premiers bâtiments construits dans le quartier européen naissant sont les bâtiments du chemin de fer. II s'agit de la gare, du buffet, du dépôt et du bâtiment de la poste. La ville disposait d'un service permanent d'enlèvement des ordures. Les détenus s'occupaient de la propreté des rues du quartier européen, de certains lieux publics fréquentés par les Blancs, ainsi que des marchés tenus par de petits vendeurs africains et libano-syriens. Dans les quartiers africains, chaque chef de quartier avait la charge de motiver les habitants pour le maintien de la propreté. Selon le rapport du troisième trimestre 1923, deux cents (200) manœuvres étaient chargés de l'entretien de la ville. II existait même un budget d'un montant de 996 francs consacrés à l'hygiène et à l'assainissement. Le rapport du quatrième trimestre de la même année avance un budget de 1976 francs.[110] Toute cette politique d'aménagement du tissu urbain va s'accompagner des travaux de construction de points d'eau et de la mise en place d'un système d'éclairage qui sont, entre autres, des conditions *sine qua non* d'une vie sociale et économique à tous points de vue centrés sur la modernité.

---

[110]ANCI / IQQ, Colonie de Côte d'Ivoire, cercle du Baoulé, rapport économique du 3e et 4e trimestre 1923.

3. L'adduction d'eau et l'électrification de Bouaké

La région de Bouaké n'est pas une zone totalement sèche. On y rencontre un réseau hydrographique moyen, constitué de marigots *(Gho)* et de rivières *(Aboliba)*. La première préoccupation des colonisateurs français, dès leur établissement à Bouaké, a été la quête de l'eau potable. Pour ce faire, ils interviendront dans le forage de quelques puits pour limiter les risques de maladies transmissibles par l'eau. À l'aide des produits désinfectants et de certaines techniques (l'eau bouillie à 90 % et refroidie était buvable par la suite), ils filtrent l'eau avant de la consommer.

Par ailleurs, Pierre Kipré dans le tome$_2$ de son ouvrage intitulé ***villes de Côte d'Ivoire 1893-1940***, affirme que les villes comme Bouaké, Dimbokro et Dabou ont obtenu en 1938, leurs premières installations d'adduction d'eau qui, en réalité, étaient des canalisations faites à l'aide de petites pompes motrices conduisant l'eau à différents collecteurs[111]. Djibo Sounkalo, notre interlocuteur, reconnaît ce fait historique. Mais, quant à la date avancée par Pierre Kipré, il marque son désaccord en ces termes : *« Bouaké était dotée d'une canalisation d'eau alimentée par un système de pompage qui aboutissait à une dizaine de bornes-fontaines. Ces bornes étaient placées aux principaux croisements d'avenues. Leur mise en place se situe entre 1910 et 1915 au moment de la création du quartier européen. Monsieur Colomb était le principal concepteur des canalisations d'eau. »*[112] Il est donc clair, pour notre informateur, que ces bornes-fontaines existaient déjà avant 1938. Le rapport sur la politique des travaux publics et des transports portant sur l'état des réalisations hydrauliques (1909-1920) permet de comprendre davantage que certains travaux d'aménagement (rues, forages, entretien des villes...) ont été réalisés dans certaines villes, dont celle de Bouaké.

Sans remettre en cause la date avancée par Pierre Kipré dans son ouvrage, nous souhaiterions qu'on tienne compte, non seulement, de cette source d'archives, mais, surtout aussi, de la tradition orale qui, aujourd'hui, s'impose comme source crédible parce que provenant des peuples qui sont sujets et acteurs de leur propre histoire. Et, surtout parce que monsieur Djibo Sounkalo a été le premier Maire africain à avoir dirigé la commune de Bouaké (1956-1980) après le colonisateur français Jean Ramadier. C'est le relatif fossé entre l'historien et le citoyen encore vivant qui a vécu les faits. L'historien, l'intellectuel, procède, par la reconstitution des faits passés, par méthode, observation et recoupement

---

[111]Kipré (P.), ***Villes de Côte d'Ivoire 1893-1940, T$_2$, Op. cit.***, pp.15-16.
[112] Djibo Sounkalo, -Entretien directif du 10 février 1997, déjà cité.

des opinions et évènements, pour aboutir à une vérité historique approximative, certes, mais non négligeable pour l'entendement. Le citoyen qui a vécu les faits, lui, n'opère aucune réflexion particulière, aucun effort intellectuel. Il ne fait que rendre témoignage à l'échelle expérimentale et empirique. Son témoignage et les conclusions de l'historien sont complémentaires, pour le bien du rétablissement de la vérité historique. Félix Koffi Aka intervenant dans le même sens que le Maire Djibo, apporte cette précision : *« l'administrateur français avait créé dans le quartier dit des Blancs, "des marigots artificiels" loin des cours d'eau naturels du site autrefois habité par nos parents faafouê-gossan avant d'aller s'installer sur la route de M'Bahiakro. Il ne s'agissait pas de simples puits du poste militaire, mais de véritables tuyaux en fer d'où sortait l'eau à la grande joie des commerçants et passants. »*[113]

Quant à l'électricité produite par des moteurs à pétrole, seules les habitations des citoyens français et les maisons de commerce en bénéficiaient. L'installation et les branchements étaient faits par le capitaine Colomb et ses collaborateurs Thomasset, Palanque et Ravel[114]. Dans les quartiers africains, quelques habitants nantis disposaient de lampes à pétrole. Mais, dans la plupart des cas, des torches artisanales à base de palme de raphia ou de palmier permettaient de s'éclairer.

Au terme de cette étude, que devons-nous retenir de l'avènement de la ville dans le pays faafouê ? Nous avons pu nous rendre compte que la ville naît et se développe selon le modèle voulu par l'administration coloniale. Les enjeux politiques et économiques de celle-ci sont multiples. Le colonisateur, pour régner en toute quiétude et capitaliser les avantages économiques, avait réussi à diviser et à catégoriser les Africains de sorte à les opposer. Ainsi, les allochtones sont les privilégiés, les proches collaborateurs et les autochtones baoulé, les marginalisés dans la gestion des affaires courantes de leur cité. Avec l'évolution et la modernisation de la vie urbaine, les choses changeront positivement pour faire de Bouaké, une ville complète et épanouie – par la densité de sa population, et la richesse de ses structures – dont l'économie peut désormais répondre aux critères d'une véritable économie de marché.

---

[113]Aka Koffi Félix (70 ans environ), paysans de Kouassiblèkro, neveu de Kwa Gbêkê. Entretien directif du 10 mars 1998, déjà cité.

[114]Archives de la Mairie du Château, ***Bouaké, sa situation et son développement***, source imprimée par la Mairie de Bouaké, p.27.

CHAPITRE QUATRIÈME

LES ÉLÉMENTS CONSTITUTIFS D'UNE ÉCONOMIE COLONIALE DE MARCHÉ À BOUAKÉ : 1910-1913

Les instruments utilisés dans le cadre de l'exploitation économique allaient de pair avec le grand objectif de la colonisation qui était de mettre le monde ouest-africain à la remorque de la grande économie de marché ou de l'économie mondiale. En effet, les tenants du colonialisme prévoyaient la domination à la fois politique et économique de l'ouest-africain. Dans cette optique, l'économie de la périphérie (celle de l'Afrique de l'Ouest) et celle de la métropole devaient se compléter afin de former une seule entité dont le fondement interne ressemblerait à celui d'un organisme humain. Fort de cet objectif, d'importants outils furent forgés, parmi lesquels on peut citer les voies ferrées, les ponts, l'impôt de capitation, le travail forcé. Ces infrastructures économiques ont été d'un apport précieux au développement de l'économie coloniale de marché. Leur construction a exigé des financements importants par voie d'emprunts remboursables avec un taux d'intérêt d'au moins 5 %[115]. Les mécanismes administratifs et législatifs de financement à cette époque confèrent d'énormes pouvoirs de décision au gouverneur général de l'A.O.F. (Afrique-Occidentale Française) et au président de la République française.

L'impôt de capitation était également un instrument d'exploitation capital. Il est né de la loi du 13 avril 1900[116] et constituait une des principales taxes de la colonisation. Il fut d'abord payable en nature puis en cauri et avec la monétarisation de l'économie, il fut exigible en monnaie française. Cette imposition fiscale contraignait les populations au travail forcé et à la vente de leurs récoltes afin d'obtenir le numéraire nécessaire. Ce

---

[115] Bayon (J.), « Histoire de la construction de la ligne Abidjan-Niger », La vie du Rail d'Outre-mer n°76, juillet 1960, p.p. 3-6, illustrations.

[116] Angoulvant (G.), « le problème des voies de communication et des débouchés maritimes de l'Afrique-Occidentale française », in ***Colonies et marine***, 1920, p.116.

phénomène accentuait le développement des cultures de rapport[117] dans l'intérêt conjoint de l'administration coloniale et des maisons de commerce. Il permettra aussi le renforcement des travaux forcés dont le fondement résidait dans la conception péjorative faisant des Africains, référence de paresse, les barbares à qui il fallait apprendre à travailler utilement[118].

C'est pourquoi les colonisateurs firent du travail forcé un véritable levier de développement. Par le code de l'indigénat institué en 1887, puis en application du sénatus-consulte de 1854, les populations africaines étaient déjà appelées à jouer un rôle de deuxième plan. Car, le sentiment de supériorité était exhibé par le colonisateur et mettait, du coup, l'homme noir au service de l'homme blanc dans la production des ressources nécessaires et dans l'accroissement de l'économie de marché. L'histoire coloniale de la Côte d'Ivoire est étroitement liée au contexte général de l'histoire de l'empire colonial français, notamment, de l'Ouest africain. De ce point de vue, notre analyse des facteurs du développement de l'économie de marché dans les villes de Côte d'Ivoire et, notamment, de Bouaké, tiendra compte de ce contexte global de la politique coloniale française. Bref, les éléments qui ont favorisé la mise en place de cette économie de marché urbain sont multiples à l'échelon de Bouaké: l'importance du réseau de communication routier, l'accroissement de la population urbaine, le commerce ''dioula'', l'importance de l'économie de traite et la mobilisation des ressources financières locales.

I - LE POUVOIR COLONIAL ET LA MISE EN PLACE D'UN RÉSEAU DE COMMUNICATION ÉCONOMIQUE IMPORTANT À PARTIR DE 1910

À partir de 1910, la réorganisation des routes et des pistes précoloniales a été l'une des priorités des colonisateurs français. Il faut désenclaver tout le Baoulé-Nord par la réfection des voies déjà existantes afin de faciliter l'écoulement des produits agricoles des campagnes au marché urbain naissant. Dans le même temps, il faut drainer toutes les richesses de l'intérieur du continent vers la côte, en vue de leur embarquement sur les navires français et permettre aux produits des

[117]ANCI / 1RR 27, Colonie de Côte d'Ivoire, Cabinet du gouverneur. Correspondance relative aux stations agricoles d'Assikasso, de Bouaké et Soubré, 1913-1922.

[118] ANCI / EE IV-43-25 / Dossiers 9278, politique générale, notes circulaires, installations locales et générales relatives à la protection due aux indigènes et aux services à leur égard, correspondances, 1919-1921.

fabriques françaises d'atteindre les contrées les plus lointaines de l'intérieur de l'ouest-africain.[119] Le moyen le plus approprié, c'est le train dont l'idée de la construction date de 1895. Cette idée conçue par le capitaine Marchand sera une réalité en 1903 avec le début des travaux du chemin de fer[120].

1. La réorganisation des routes et des pistes précoloniales : 1910-1912

Le gouverneur Angoulvant décida d'aménager et de réactiver les anciennes routes au moment de la création du quartier de commerce européen. Il entendait ouvrir la ville naissante aux contrées proches ou lointaines du Baoulé. Cette politique routière avait, en réalité, pour objectif de favoriser l'écoulement rapide des produits agricoles vers la ville et des produits manufacturés vers les campagnes. C'est pourquoi la réorganisation des routes et pistes de l'époque précoloniale s'imposa comme l'une des priorités dans la stratégie d'exploitation des richesses du monde baoulé. L'essor économique de Bouaké et de sa région devait reposer sur l'existence d'infrastructures routières. La position de carrefour naturel de la ville constituait un atout capital dans la mise en chantier de grands projets de création des voies de communication. La ville était, en ses débuts, reliée à trois principales voies, à savoir la route de Dabakala, de M'Bahiakro et celle de Kodiokoffi qui rejoignaient Toumodi et Tiassalé. À l'ouest du poste, on avait les routes de Béoumi et de Marabadiassa. Toutes ces voies existaient déjà avant que le gouverneur Angoulvant ne réaffirme sa politique de création et de réorganisation des routes précoloniales. La piste qui, de Bouaké, conduisait à M'Bahiakro, a été transformée en une véritable route en 1902. Elle a été suivie en 1904 par celles de Bouaké-Béoumi et Bouaké-Dabakala[121]. Le Gouverneur Angoulvant, dans sa politique économique des moyens de communication à travers la colonie, mettait en exergue, le rôle stratégique de Bouaké. En effet, *« Bouaké est à 133 km de Dimbokro ; les régions du haut Sassandra et du Cavally sont actuellement desservies par le chemin de Bouaké à Béoumi et à Séguela, ouvertes en 1912 et qui est sillonné par de nombreux porteurs ; il est de toute première importance de transformer ce chemin en route. Cette route sera parallèle à la voie*

[119]ANCI / 5KKl, Colonie de Côte d'Ivoire, convention et cahier de charge du chemin de fer de la Côte d'Ivoire, 1898.
[120]Sémi-Bi-Zan, « la politique coloniale des travaux publics en Côte d'Ivoire (1900-1940) », article déjà cité, p.139.
[121]ANCI / 3KK2, Colonie de Côte d'Ivoire, cercle du Baoulé-Nord, rapport sur l'état des voies de communication, 1902-1908 / I909-1920.

ferrée Dimbokro-Daloa, toutefois, en dehors de la zone d'action de ce chemin de fer. Plus tard, elle pourra être prolongée jusqu'à Tabou et Beyla ; reliant aussi le terminus du chemin de la Guinée à notre voie ferrée du nord. C'est-à-dire, à Bouaké. Dans l'est, il y a lieu de prévoir la route Bouaké-Satama-Groumania qui pourra être prolongée jusqu'à Bondoukou. Deux autres chemins de fer pourraient être déjà créés : Bouaké-Marabadiassa et Bouaké-M'Bahiakro avec le prolongement sur Ouélé. Enfin, il faudra ouvrir la route Bouaké-Sakassou. »[122] Par ce projet de route, le Gouverneur entendait faciliter le déplacement des forces militaires françaises commises à la pacification de la colonie, en général, et du pays baoulé, en particulier. Mais, il entendait, surtout, permettre l'acheminement des produits du cru vers les centres urbains où sont établies les maisons de commerce des Européens et des Libano-Syriens. Ces maisons auront, à leur tour, la charge de les évacuer vers les postes de la côte.

Par ailleurs, les localités en relation avec le Baoulé-Nord et qui, longtemps, avaient végété hors du grand circuit d'échange devraient sortir de l'état apathique, pour s'insérer dans le courant économique de manière plus active après l'ouverture de ces itinéraires. Toutes ces localités bénéficient de position de carrefour sur des axes principaux: Béoumi sur l'itinéraire Bouaké-Séguela, Tiébissou, Yamoussoukro. Toumodi sur l'itinéraire Bouaké-Abidjan, M'Bahiakro sur l'itinéraire Bouaké-Abidjan par Bongouanou. Ils constituent des points de raccordement des bretelles d'intérêt local et contrôlent chacun une microrégion. Béoumi et Tiébissou sont des carrefours situés en région homogène de savane ; Yamoussoukro, Toumodi et M'Bahiakro localisés sur les branches du « V » baoulé, assurent le contact entre savanes et forêts denses. Comme Bouaké, les centres qui jalonnent l'itinéraire nord-sud (Tiébissou, Yamoussoukro et Toumodi) occupent des positions stratégiques, car le tracé de cet axe routier stabilisé au moment de la conquête correspond également à celui d'une ancienne rocade. Il suit approximativement la crête séparant les bassins du Bandama et du Kan, affluent du N'zi, puis au voisinage de Bouaké, une crête secondaire entre le Kan et le Kplara. Bouaké, au cœur de la colonie, jouait déjà avant 1920, un véritable rôle de ville carrefour. Elle était reliée aux autres régions par des routes susceptibles de supporter le poids des automobiles. La route allant de Bouaké au Soudan connaissait un trafic d'une importance capitale. Le pouvoir colonial avait voté un crédit pour son aménagement.

En effet, il a été affecté au centre de Baoulé-Nord, un crédit de 60.000 francs pour la construction des ponts en maçonnerie sur la route du Soudan. En 1920, on notait, déjà, plusieurs artères qui reliaient

[122] J.O.C.I, 1915, p. 27.

Bouaké aux autres localités : Bouaké-Béoumi-Bandama (bac-75 km) et Bouaké-Dabakala (50 km), Bouaké-Tiébissou (65 km) — Raviart (150 km)[123]

En définitive, il est à retenir que les routes et pistes d'avant l'arrivée des colonisateurs français ont été aménagées ou réorganisées. Mais, l'accélération du processus d'exploitation des richesses de la colonie se fera véritablement avec l'avènement du rail. Son arrivée, en 1912, à Bouaké, permettra d'accroître les fonctions économiques du centre urbain naissant. Avec le premier plan de lotissement de 1914 et celui de 1935, certaines radiales et voies principales seront couvertes de bitume jusqu'aux limites de l'agglomération[124]

2. Le rail à Bouaké en 1912

Le rail qui, de la côte, atteindra la ville de Bouaké, en 1912, impulsera son dynamisme économique. Mais avant, il importe de retracer son histoire dans la colonie pour mieux suivre les étapes de son évolution jusqu'à Bouaké

a) Bref rappel des origines du rail dans la colonie

Les nombreuses potentialités économiques agricoles et du sous-sol de la Côte d'Ivoire avaient fini par convaincre les autorités métropolitaines de la nécessité de mettre en place des infrastructures routières et portuaires susceptibles de permettre l'exploitation économique de la colonie. Toutes les régions de l'est, de l'ouest et, surtout, du sud étaient, en effet, des zones à économie de plantation. Toutes les cultures d'exportation y sont expérimentées. Mais, à cause de la densité de la forêt et, surtout, du manque de routes, toutes les localités restaient inaccessibles et fermées au courant de l'économie de marché de type mondial. Dès lors, la construction des routes et du rail qui intègrent l'économie rurale au mouvement de l'économie coloniale urbaine devient un impératif. En effet, le chemin de fer était perçu dans l'esprit des tenants du colonialisme comme l'instrument le plus efficace de la pénétration de l'univers politique, économique et socioculturel en ouest-africain. Dans cette optique, les voies ferrées, dans leur fonctionnement, devaient assurer

---

[123] ANCI / 1EE 29 (213), colonie de Côte d'Ivoire, cercle du Baoulé-Nord.

[124]Ministère des Travaux publics et des Transports, ***Étude-transport-circulation des villes de l'intérieur: Bouaké, diagnostics de la situation 1981,*** rapport de synthèse, BCET, octobre 1981, p.32.

l'acheminement des produits des maisons de commerce à l'intérieur du continent et ramener, en retour, les richesses de l'ouest-africain vers la côte pour leur embarquement en Europe[125]. Grâce à ce mécanisme, les maisons de commerce jouèrent un rôle de poumon dont la mission essentielle était d'assurer le fonctionnement, continu de ce cœur qu'est la métropole avec le concours, bien évidemment des îlots de prospérité. C'est pourquoi des voies ferrées furent construites. On peut citer les lignes suivantes: ***Le Dakar-Niger, Le Cotonou-Niger, Le Conakry-Niger et L'Abidjan-Niger***[126] L'autorité coloniale établie en Côte d'Ivoire confectionnera plusieurs voies ferrées dont une finira par s'imposer : l'Abidjan-Niger, passant par la Haute-Volta. Autorisés par décret du 6 novembre 1903, les travaux de construction de la première section du rail (Abidjan-Ery-Maconguié) commencèrent le 12 janvier 1904[127]. Le chemin de fer, de la côte, doit gagner le Soudan par les régions d'Abobo, d'Anyama, d'Azaguié, de Yapo, d'Agboville, de Rubino, de Cechi, d'Anoumaba, de Tiémélékro à l'entrée de Dimbokro, de Nofou, de N'dokouassikra, de Boli, de Raviat et de Kan, situé à la porte de Bouaké, avant de poursuivre son itinéraire jusqu'à Bobo-Dioulasso en 1934 et à Ouagadougou en 1954. Ceci étant, il importe de jeter un regard rétrospectif sur les différentes péripéties de la construction desdits rails en Côte d'Ivoire. Nous sommes en 1895 et ce chemin de fer partirait, selon le capitaine, de Grand-Lahou et remonterait la vallée du Bandama puis aboutirait au Bagoé avec une ramification qui conduirait à Kong, à quelques pas des mines d'or du pays Lobi[128]. L'idée est reprise en 1898 quand le comité technique des travaux publics des colonies envoya une mission de prospection dans l'arrière-pays, sous la conduite du capitaine du génie Houdaille[129]. L'objectif, c'était de se rendre compte des possibilités naturelles de la construction dudit chemin de fer. Les capitaines Thomasset, Grosson-Duplessis, le Lieutenant Macaire, le médecin Lamy, sept (7) sergents et huit (8) caporaux du régiment du génie, cinquante (50) porteurs africains et, enfin, soixante (60) miliciens font partie de la mission dirigée par le capitaine Houdaille. Pour certains investisseurs et hommes d'affaires français, le chemin de fer devrait suivre le lit du fleuve

---

[125] ANCI / 5KK 4, Colonie de Côte d'Ivoire, instructions relatives aux pièces périodiques concernant les chemins de fer et tramways de l'AOF en 1913-1914.

[126]Sémi-Bi-Zan, « La politique coloniale des travaux publics en Côte d'Ivoire (1900-1940) », ***Annale de l'Université d'Abidjan***, série I, histoire, 1974, p.p.1-358, p.129.

[127]cf. Mission Kair 1919, Rapport N°50, ANF-SOM, Affaires politiques, C.3047 citée par Sémi-Bi-Zan, article déjà cité, p.194 / ANCI / 5KK 13, archive déjà citée.

[128]***Bulletin du comité de l'Afrique française***, n° 9, septembre 1897, p.304.

[129]Houdaille (Commandant), « Le chemin de fer et le port de la Côte d'Ivoire. Organisation d'une entreprise coloniale », in ***Revue du génie militaire***, article déjà cité, 50 p. / ANCI / 5KK 1, archive déjà citée.

Comoé. D'abord, ils ont pensé, naïvement, qu'en construisant le rail le long de la Comoé, le prix de transport des produits allait baisser et cela faciliterait les différentes transactions. Mais, en réalité, cette option renfermait beaucoup d'inconvénients. Les difficultés de son financement vont retarder la concrétisation du rail et le dossier va changer de main. Le Gouverneur général Roume obtient un prêt de soixante-cinq millions à la suite de l'autorisation de la loi du 05 juillet 1903. C'est sur cette somme qu'un prélèvement de dix millions a été fait pour la construction du chemin de fer en Côte d'Ivoire[130]. Nous proposons, ici, les étapes de la construction du chemin de fer pour mieux apprécier l'évolution chronologique de l'exécution des travaux et, surtout, pour connaître les grandes régions traversées.

Tableau N° 1

Les étapes de la construction du chemin de fer de la Côte d'Ivoire

Longueur en Kilomètre	Désignation des Secteurs	Date d'exécution
82	Abidjan-Agboville	*1903-1906*
99		*1906-1910*
135	Dimbokro-Bouaké	*1910-1912*
55	Bouaké- Katiola	*1919-1924*
117	Katiola-Tafiré	*1924-1928*
70	Tafiré-Ferké	*1929*
238	Ferké-Bobo	*1929-1934*
11	Abidjan-Port-Bouet	-

Source : ANF-SOM, Agence F.O.M, C.368 / Sémi-Bi-Zan, op. cit. p.193

Ce tableau nous donne davantage une idée très nette des grandes villes ou localités traversées par le rail. Mais, lorsque nous regardons de plus près ce tableau, nous constatons que les secteurs reliés par les 99 km n'y sont pas mentionnés, de même que les années d'exécution du tronçon Abidjan-Port-Bouet. Quelle lecture pouvons-nous en faire ? Si nous pensons que les techniciens qui construisaient le rail étaient constamment sur le terrain et, donc, en contact avec

[130]Lettre de l'inspecteur général des travaux publics, à M. le Ministre des colonies. Paris, le 28 septembre 1898. À.N.F- S.O.M, trav. Publ. C.I, d.n.c

les différentes régions, comment alors comprendre le fait que ces cases ne soient pas remplies ? Nous ne disposons, certes, pas d'éléments scientifiques susceptibles de justifier cet état de fait, mais nous pourrions, peut-être, l'expliquer par une erreur d'initiation, voire, de non-concentration du technicien au moment du remplissage dudit tableau. En ce qui nous concerne, nous pouvons affirmer en toute logique que les 99 km relieraient Agboville à Dimbokro. L'avènement du train occupe une place de choix dans l'histoire du développement économique de ces régions ; elles ont connu une augmentation de leurs productions agricoles, ce qui entraînera, au même moment, une hausse de la consommation des produits européens.[131] Le rail qui arrive, en cette année 1912, dans le Baoulé-Nord, est d'abord guidé par des intérêts économiques. SEMI-Bi zan l'exprime si bien en ces termes : *« L'importance économique du centre de la Côte d'Ivoire s'était affirmée. La finalité du chemin de fer étant surtout économique et commerciale, il apparut logique de gagner le plus directement possible cette région en traversant la forêt qui, précisément en cet endroit, présentait une faible largeur. »*[132] La construction de ce rail redynamisera le circuit commercial permettant, entre autres défis, d'assurer les exportations et les importations. Mais, en vérité, le rail jouait un rôle d'évacuateur des produits africains vers la France beaucoup plus que celui de distributeur des produits importés.

En somme, l'avènement du rail en Côte d'Ivoire, tout comme dans les autres colonies de l'Afrique de l'Ouest, répondait aux besoins d'élargir le champ de l'activité économique. L'arrivée du chemin de fer à Bouaké en 1912 a eu un sérieux impact sur son développement spatial et économique, dans la mesure où le train a été le principal catalyseur du peuplement de Bouaké qui a façonné le destin de la ville.

b) Le chemin de fer à Bouaké en 1912, un véritable réseau de communication économique

Les travaux de construction du chemin de fer ont commencé le 12 janvier 1904 après la signature du décret du 6 novembre 1903. Il faut rappeler, à ce sujet, que c'est au prix de la souffrance que le rail arrive à Bouaké en 1912. Les Africains ont été le levier essentiel de la mise en place de cette infrastructure. Le 20 août 1912, le tronçon Dimbokro-Bouaké a été mis en circulation. Lors de la fête d'inauguration de la gare du train qui a eu lieu les 14 et 15 mars 1913, le commandant Thomasset, directeur du chemin de fer, n'a pas caché sa grande satisfaction quant à la qualité du travail

---

[131] ANCI / 3KK11. Colonie de Côte d'Ivoire. Note et circulaire a/s de la construction du réseau à souder aux voies ferrées de Côte d'Ivoire. 1914.

[132] Sémi Bi-Zan, article déjà cité, p.162.

accompli. Il dira ceci pour l'exprimer : *« depuis le 20 août de l'an 1912, un ruban de 314 km de voie ferrée relie Abidjan à Bouaké, il a fallu y consacrer neuf années d'un effort continu. Des luttes pénibles contre la nature et des hommes ont été soutenues, elles ont été parfois douloureuses, mais aussi quelquefois coupées de répit où nous pouvions reprendre haleine, travailler librement et nous retremper en savourant la joie d'un succès. Aujourd'hui, nous sommes au but, et par des résultats déjà acquis, nous pouvons nous convaincre que nos efforts n'auront pas été vains (...) Notre chemin de fer est appelé à avoir un rôle déterminant dans la vie et la prospérité de la colonie dont il crée l'unité économique. »*[133]

On note, à partir de ce discours d'inauguration de la gare, une réelle satisfaction morale. Mais, le commandant Thomasset reconnaît les difficultés rencontrées. Cardes luttes pénibles contre la nature et les hommes ont été soutenues, elles ont été parfois douloureuses, disait-il, en substance. Notre informateur en parle aussi avec beaucoup d'amertume lorsqu'ils pensent aux durs moments de la construction du chemin de fer: *« nos parents travaillaient très dur, ils avaient faim et, souvent, d'autres ne revenaient plus jamais à la maison. Ils mouraient là-bas au travail. Le* ***"Blôfouê"*** *(le blanc) faisait peur à nos parents qui fuyaient en brousse à sa vue. »*[134] En effet, à la lecture de ce qui précède, nous pouvons dire que les Africains étaient astreints aux travaux forcés, coupant du bois, transportant des outils et des matériaux de construction et construisant des ponts. Dans le pays baoulé comme ailleurs, des hommes, des femmes, des jeunes gens et des jeunes filles, étaient tous réquisitionnés. Si les hommes adultes et les jeunes robustes prenaient part aux durs travaux de construction, les femmes et les jeunes filles s'affairaient à faire à manger aux colonisateurs. Au sujet de ces femmes et de ces jeunes filles, notre informatrice Koffi Aya rapporte : *« elles étaient souvent victimes d'abus sexuels de la part des colonisateurs. Nos parents ne pouvaient pas agir par peur du* ***"Blôfouê"*** *dont la réaction était souvent très brutale. »*[135]

Tout compte fait, la cérémonie d'inauguration de la gare a été célébrée avec faste. Elle a été rehaussée par la présence de hautes personnalités coloniales. Il s'agit, en l'occurrence, de Monsieur William Ponty, gouverneur général de l'A.O.F et de Monsieur Le Hérissé, Député, Président de la commission de l'armée et délégué de la Côte d'Ivoire au

---

[133]ANCI, 5KK76, colonie de Côte d'Ivoire, correspondance relative à la progression et à l'arrivée du chemin de fer à Bouaké, 1911-1912-1913. cf. discours d'inauguration de la gare de train de Bouaké.
[134] Aka Koffi Félix, Entretien directif du 10 mars 1998, déjà cité.
[135]Koffi Aya alias Blé, Entretien directif du 11 mai 1997, déjà cité.

Conseil Supérieur des Colonies[136]. En effet, c'est le 5 mars 1913 que la délégation du gouvernement de l'A.O.F – ***l'Afrique-Occidentale Française*** – quitte Dakar (Sénégal) à bord du paquebot Afrique pour la Côte d'Ivoire. Après avoir séjourné à Bassam, à Bingerville puis à Abidjan, le Gouverneur W. Ponty et le Député Le Hérissé sont conduits à Bouaké le 14 mars 1913 par le lieutenant gouverneur de la colonie. À bord du train se trouvaient les différents chefs de service public et certaines notabilités africaines. Personne ne voulait se faire raconter l'événement. Les représentants de certaines tribus de la Basse Côte, du Nord et du Nord-est avaient pris d'assaut la ville de Bouaké. En effet, *« parti d'Abidjan à 7 h 40, le train spécial à bord duquel avaient aussi pris place les représentants des diverses tribus de la basse côte arrivait à Bouaké à 17 h après de courts arrêts dans les différentes gares (Azaguié, Agboville, Tiémélékro, N'dokouassikro, Dimbokro et Raviart). Il y avait foule à Bouaké, dont les indigènes des cercles du Nord (Korhogo, Dabakala, Bondoukou et Ouorodougou...) conduits par leurs administrateurs. »*[137]La journée du 15 mars 1913 a été déterminante dans l'organisation de la fête. Dès le lever du jour, le gouverneur de la colonie de la Côte d'Ivoire et les administrateurs des cercles avec, à leur tête, le gouverneur général de l'A.O.F et de Monsieur Le Hérissé se proposent de faire un peu de tourisme dans la ville. L'usine de l'Association Cotonnière coloniale (A.C.C), le village indigène et son marché sont visités. À la suite de cette visite, le gouverneur général W. Ponty se rend compte des progrès économiques réalisés. Dans l'après-midi, une réunion entre le gouverneur de la colonie, le gouverneur de l'A.O.F et du délégué, a été élargie aux administrateurs des cercles de la colonie. Il s'est agi, au cours de cette rencontre, de faire le bilan des travaux de la construction du chemin de fer et d'envisager les perspectives de la construction du tronçon Bouaké-Bobo-dioulasso. La définition de stratégies en vue du financement des futurs travaux était aussi à l'ordre du jour. Le soir, le gouverneur de la colonie a offert un dîner à ses hôtes. Plusieurs allocutions ont été prononcées en présence du gouverneur W. Ponty. On note, sur la liste, les discours du commandant Thomasset, Directeur du chemin de fer, de Monsieur Ostench, représentant de la presse locale, de Monsieur Erbé, conseiller d'administration, du gouverneur Angoulvant, celui de Monsieur le Député Le Hérissé et, enfin, le discours de William Ponty. Tous ont reconnu le rôle capital du chemin de fer dans le développement économique de Bouaké et de sa région. Le train est perçu, dans cette

---

[136]ANCI / 5KK76, archive déjà citée. / Il s'agit de la structure politico-administrative mise en place par le pouvoir métropolitain pour gérer les questions politiques et économiques de l'ensemble des pays de l'empire colonial français.
[137]ANCI, 5KK76, archive déjà citée.

logique, comme le véritable catalyseur de toute l'économie de traite[138]. La gare de Tiemélékro – dans la région de Dimbokro – est une station de transit assez animée. En plus des autochtones baoulé, on y trouve des Dioula en relation avec les populations N'gban du Baoulé-Sud et Faafouê du Baoulé-Nord. En 1912, 106 tonnes d'ignames, 52,5 tonnes de bananes, 40,5 tonnes de maïs et 5 tonnes de colas ont été acheminées de la gare vers Dimbokro et vers Bouaké. Et 119,4 tonnes d'ignames, 21 tonnes de bananes, 14,3 tonnes de maïs et 2 tonnes de cola ont été transportées en 1913 vers les localités du centre[139]. La station de Dimbokro est très animée. Les populations du Baoulé-Nord (les commerçants occasionnels baoulé accompagné de Dioula) et du pays gouro qui transitent par la route de Sinfra-Toumodi, parviennent à Dimbokro. Ici, c'est le caoutchouc qui est le produit le plus commercialisé : 354 tonnes, en 1912, et 925 tonnes, en 1913, ont transité par la station ferroviaire de Dimbokro[140]. *« En janvier 1913, la gare de Bouaké a évacué 324 tonnes de caoutchouc (...) Les tonnages suivants sont enregistrés pour les autres produits: en 1912, 3 tonnes de bananes et autres fruits, 24 tonnes de cola, 5 tonnes d'ivoire, 15 tonnes de maïs et 5 tonnes de peaux d'animaux. Et en 1913, pour les mêmes produits, on a enregistré respectivement 1,7 tonne, 31,8 tonnes, 0,5 tonne, 0,8 tonne et 2,7 tonnes. »*[141] Le tableau ci-dessous récapitule toutes ces données et aide davantage à la compréhension du phénomène commercial en montrant, particulièrement, l'importance de la station ferroviaire de Bouaké de 1912 à 1913.

---

[138] ANCI / 5KK 6, Colonie de Côte d'Ivoire, correspondance, arrêté au tarif du chemin de fer. 1917.

[139] ANCI / 5KK 10, Colonie de Côte d'Ivoire, correspondance relative au tarif du chemin de fer de la Côte d'Ivoire. 1913-1920 (avec quelques indications sur les produits agricoles transportés par le train).

[140] ANCI / 5KK 76, archive déjà citée.

[141] ANCI / 5KK 22 : colonie de Côte d'Ivoire, rapport sur les produits agricoles commerciaux et de leur tonnage transporté par le train en 1912 et 1913 (rapport du 18 septembre 1913).

Tableau N° 2

Quelques produits agricoles commerciaux et leurs tonnages transportés par le train en 1912 et en 1913 à partir de la station ferroviaire de Bouaké.

Années / *Produits*	*1912*	*1913*
Caoutchouc		324 tonnes
Bananes et autres fruits	3 tonnes	1,7 tonne
Cola	24 tonnes	31,8 tonnes
Ivoires	5 tonnes	0,5 tonne
Maïs	15 tonnes	0,8 tonne
Peaux d'animaux	5 tonnes	2,7 tonnes

Sources: Tableau réalisé par Alphonse Sekré Gbodjé à partir de quelques données d'archives. cf. ANCI / 5KK22 ; Colonie de Côte d'Ivoire, rapport sur les produits agricoles commerciaux et leurs tonnages transportés par le train en 1912 et en 1913 (cf. rapport du 18 septembre 1913)

Toutes ces données chiffrées montrent, de façon globale, non seulement, l'importance de la production agraire de la région de Bouaké traversée par le rail, mais, essentiellement, l'utilité du train dans le développement de l'économie de traite. Aussi, convient-il d'indiquer la place de la station ferroviaire de Bouaké dans le mouvement général des exportations et importations de l'ensemble du trafic ferroviaire de 1903 à 1917. À cet effet, nous partirons du tableau ci-dessous pour conduire notre analyse, à la suite de laquelle, nous pourrons apprécier le rôle économique important joué par le rail dans cet ensemble ivoirien dès 1904.

<u>Tableau</u> N° 3

Tableau des importations et des exportations 1903-1917.

Années	Importations		Exportations		Mouvement Total	
	Tonnage	valeurs	Tonnage	Valeurs	tonnage	valeurs
1903	4.689	3.637.057,00	4.335	2.805.327,00	9.024	6.442.384,00
1904	11.811	3.942.967,00	8.836	1.501.869,00	20.647	5.444.836,00
1905	13.584	4.368.865,00	6.149	852.365,00	19.733	5.221.230,00
1906	11.167	5.774.136,00	8.590	1.535.287,00	19.757	7.309.423,00
1907	12.000		14.490		26.490	
1908	23.266	7.097.706,00	17.302	4.106.406,00	40.658	11.204.112,00
1909	25.597	6.192.259,00	17.224	3.889.082,00	42.821	10.081.341
1910	28.563	7.826.793,00	13.679	5.082.427,00	42.242	12.909.220,00
1911	31.101	10.121.094,00	27.875	7.359.973,00	58.976	17.481.067,00
1912	31.259	9.869.201,00	30.906	9.046.901,00	62.165	18.916.102,00
1913	30.920	11.308.813,00	40.269	9.054.132,00	71.189	20.362.945,00
1914	29.467	8.584.669,00	39.570	6.534.262,00	69.037	15.118.931,00
1915	14.650	5.306.048,00	22.868	5.160.211,00	37.538	10.466.259,00
1916	16.948	8.716.688,00	21.084	6.746.953,00	38.032	15.463.641,00
1917	15.136		26.143		41.279	

<u>Source</u>: ANCI / 1QQ79, Colonie de Côte d'Ivoire, cercle du Baoulé-Nord, rapports économiques et commerciaux 1903 à 1917

Pour faciliter notre tâche et, surtout, aider le lecteur dans sa compréhension du tableau, nous avons essayé de construire des courbes mettant en relief, d'une part, l'évolution des exportations et importations en tonnage et en valeur monétaire et, d'autre part, le mouvement global export-import en tonnages et en valeurs. Nous voudrions, d'emblée, signaler que notre analyse et commentaire s'articuleront, seulement, autour du mouvement global des importations et des exportations en tonnage et en valeur. Ce choix nous évitera de prendre en compte les détails afin de rendre explicite notre commentaire, évitant ainsi de le rendre ennuyeux.

COURBES ÉVOLUTIVES DES IMPORTATIONS, EXPORTATIONS ET DU MOUVEMENT TOTAL IMPORT-EXPORT EN TONNAGE DE 1903 à 1917.

(Réalisées par Alphonse Sékré Gbodjé à partir des données du tableau ci-dessus).

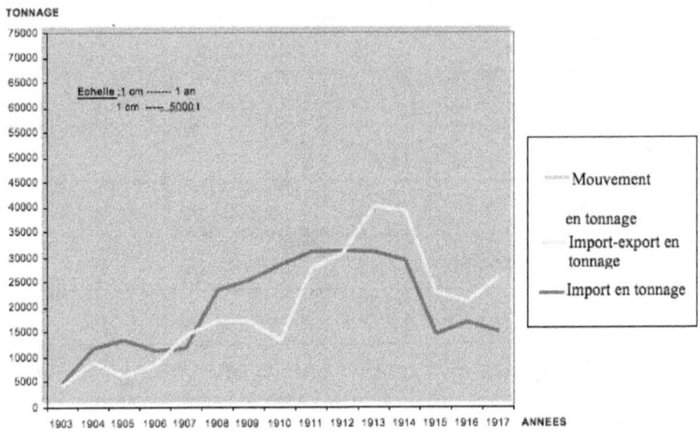

COURBES ÉVOLUTIVES DES IMPORTATIONS, EXPORTATIONS ET DU MOUVEMENT TOTAL IMPORT-EXPORT EN VALEUR MONÉTAIRE DE 1903 à 1917.

(Réalisées par Alphonse Sékré Gbodjé à partir des données du tableau ci-dessus).

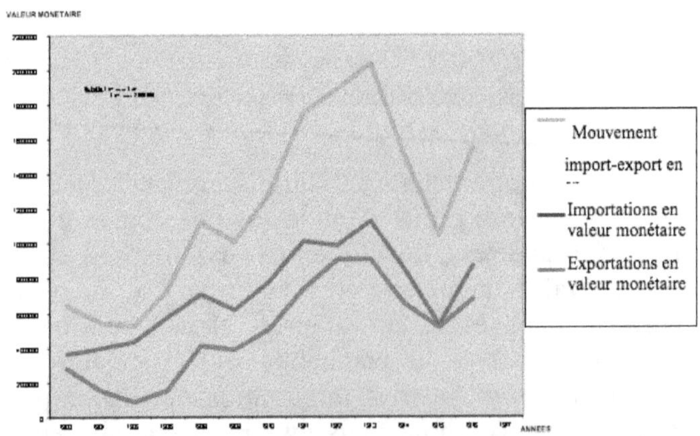

L'analyse se fera en deux volets. D'abord, elle portera sur le mouvement total des importations et des exportations en tonnage et en valeur monétaire, de 1903 à 1912.[142] Ensuite, le mouvement de 1912 à 1917. En effet, en 1903, le mouvement total des importations et des exportations de l'ensemble du trafic ferroviaire a enregistré 9.024 tonnes pour une valeur monétaire de 6.444.384 frs. En 1904, le tonnage passe à 20.647 pour 5. 444 836 frs, en 1905 et en 1906, le tonnage régresse légèrement pour se situer aux alentours de 19.700 avec une valeur monétaire comprise entre 5.000.000 frs et 7.000.000frs. Les courbes évolutives du mouvement global export-import en tonnage et en valeur monétaire expliquent davantage, par leur allure irrégulière, la chute ou la hausse de la production, ou, encore, la baisse ou la montée du cours des produits exportés ou importés.

À ce niveau, il importe de marquer une pause pour examiner et expliquer pourquoi en 1904, pour 20.647 tonnes, on a une valeur monétaire de 5.444.836,00 frs et pour 19 733 tonnes et 19.757 tonnes en 1905 et, en 1906, on a respectivement 5.221.230 frs et 7.309.433 frs (cf. tableau des importations et exportations 1903-1917). La principale explication de ces irrégularités dans les tonnages et valeurs monétaires des produits exportés ou importés se trouve dans la loi de l'offre et de la demande. En effet, l'offre monte lorsque les besoins et, donc, la demande sont supérieurs aux produits commerciaux disponibles. En d'autres termes, le prix des produits grimpe lorsque ceux-ci arrivent à manquer sur le marché au moment où la demande est forte. Par conséquent, il faut inscrire ces variations de tonnages et de chiffres monétaires dans cette logique. Les prix de vente des matières agricoles des Africains étaient inférieurs à ceux des producteurs blancs. Dès cet instant, les Africains gagnés par le découragement avaient fini par ne plus produire en quantité.

À partir de 1907, les importations et les exportations connaissent une évolution encore timide, mais sensible. De 26.470 tonnes, on passe à 40.658 tonnes en 1908, soit avec un excédent de 24.148 tonnes en un an pour une valeur de 11.204.112 frs. De 1909 à 1910, on a respectivement 42 821 tonnes pour 10.081.341 frs et 42.242 tonnes pour 12.909.220 frs. 1911 enregistre 58.976 tonnes pour 17.481.067,00 frs. Nous l'avons déjà dit, il faut expliquer le tonnage et la valeur par rapport à la loi de l'offre et de la demande sur le marché mondial. Mais, ici, on peut supposer – puisque nos sources ne livrent pas d'informations véritables à ce niveau – que l'autorité coloniale ayant compris le danger qui guettait l'économie de

[142] Sémi-Bi Zan, article déjà cité, p.193 (1903 indique la date du lancement des travaux du rail par décret du 6 novembre).

la France, du fait du faible rendement des Africains, avait, certainement, pris des mesures incitatives pour encourager les producteurs.

Quelle leçon faut-il en tirer ? Le mouvement général du trafic ferroviaire est relativement important. Il intéresse les régions d'Abidjan, d'Anyama, d'Agboville et de Dimbokro – situé dans le Baoulé-Sud –. Le véritable déclic partira de l'année 1912, date à laquelle Bouaké deviendra le terminus du rail. À cette date, en effet, on enregistre à l'échelle nationale, 62.165 tonnes pour une valeur monétaire de 18.916.102 frs. En 1913, le tonnage s'élève à 71.189 pour une valeur de 20.362.945 frs. Comment expliquer ce progrès significatif en termes de quantité du tonnage et de chiffres d'affaires ? N'y a-t-il pas un lien à établir entre ces progrès enregistrés et la nouvelle station ferroviaire du centre de la colonie ?

On ne peut qu'établir un lien logique, d'autant plus que le train a été l'un des principaux leviers de l'essor économique à Bouaké. Ces chiffres sont révélateurs de ces prouesses réalisées par la gare ferroviaire de Bouaké. En 1912, ladite station a enregistré 52.000 tonnes de produits agricoles alors que le tonnage total des gares de l'ensemble du territoire s'élevait à 62.165 tonnes[143]. En effet, Bouaké était devenue cette année, la grande station d'attraction économique et humaine. Toutes les économies rurales du pays baoulé et du nord de la colonie avaient été acheminées vers cette gare de Bouaké pour leur embarquement en France. Mais, à cause de la Première Guerre mondiale, le tonnage baissera cette année-là : en 1914, 69.037 tonnes pour 15.118.931 frs, 37.538 tonnes pour 10.466.259 frs, en 1915, et 38.032 tonnes pour 15.463.641 frs, en 1916.

En somme, on peut retenir que la ville de Bouaké, traversée par le rail, a vu son économie d'autosubsistance intégrer l'économie coloniale de type capitaliste. Dans cette même optique, le prolongement du rail à partir de Bouaké vers la Haute-Volta devait faciliter la circulation des richesses entre le Soudan et la côte. Mais, aussi, il devait permettre de disposer, en abondance, de la main-d'œuvre mossi, notamment, nécessaire au développement des cultures d'exportation. C'est ainsi que *« le 1er septembre 1923, le tronçon Bouaké-Katiola (P.K 316-371) fut ouvert à l'exploitation. Et progressivement, tronçon par tronçon, la deuxième partie du chemin de fer Abidjan-Bobo fut exécutée jusqu'en 1934. (...) Le 25 janvier 1934, il atteignait Bobo qui devait en rester le terminus provisoire jusqu'à la reprise en 1939, des travaux de prolongement vers Ouagadougou. »*[144] En plus de la présence du rail,

---

[143]ANCI / 1QQ79, archive déjà citée. cf. Tableau des importations et exportations (1903-1917). cf. Mission Coste 1937/38, Rapport N°12, Réponse du Gouverneur général de Coppet.

[144]Semi-bi Zan, article déjà cité, p.193

facteur de dynamisation de l'économie urbaine, Bouaké bénéficiera d'une gamme importante de liaisons télégraphiques et postales.

3. Le réseau télégraphique et l'économie de traite à Bouaké

Le télégraphe est un dispositif, un système permettant de transmettre rapidement et au loin des nouvelles, des dépêches. Bref, c'est un dispositif de transmission à distance des dépêches par liaison électrique ou radioélectrique, utilisant un code de signaux. Au début des années 1900, l'administration coloniale décide d'installer à Bouaké un bâtiment de La Poste et d'y étendre le réseau télégraphique. Ce qui fait de Bouaké un véritable pôle commercial. Les différentes commandes et transactions à distance se feront désormais facilement et dans le temps. Ainsi, au mois d'octobre 1904, le bâtiment de La Poste est ouvert.[145] Il s'agit, en effet, d'une administration chargée d'acheminer le courrier. Le bureau postal est ouvert au public et, la même année, la liaison télégraphique Tiassalé-Dabakala par Singrobo, Ouossou, Toumodi, Kodiokoffi et Bouaké, est inaugurée. L'année suivante, Bouaké est connectée à Marabadiassa. En 1905, le télégraphe réunit Bouaké et Beyla par Mankono, Séguéla et Touba. Et en 1907, Korhogo est reliée à Bouaké[146]. En 1910, avec la création du quartier européen et au moment de la mise en exécution, en 1914 et 1935, des plans de lotissement de la ville, tout le système de communication à distance se perfectionnera et couvrira presque tous les centres semi-urbains du Bouaké-Nord. La communication entre les commerçants européens et libano-syriens de la Côte, du Centre et du Nord, semble une réussite parfaite. Le réseau de communication va amplifier l'importance de l'économie de traite qui a lieu à Bouaké. Les échos vont atteindre les contrées les plus lointaines et attirer une population nombreuse vers le Baoulé.

---

[145] C.993. M. le Maire-B-b, ***Bouaké, sa création et son développement***, brochure publiée par la Mairie de Bouaké, p.11

[146] ANCI / BB II-47-1179 / Dossier 4690, Recueil de télégramme et enregistrements, correspondances adressées par le cercle de Dimbokro et de Bouaké au gouverneur de Côte d'Ivoire, 1909-1910.

II - ÉVOLUTION DÉMOGRAPHIQUE ET ÉCONOMIE DE TRAITE À BOUAKÉ DÈS ANNÉES 1912

« L'une des positions les plus généralement réalisées et les plus propices à la continuité du développement urbain est la position carrefour. La convergence des voies de circulation faciles se prêtant aux transports les moins coûteux, favorise le développement des marchés. »[147] Cette condition décrite par Georges Pierre, nous donne une idée précise de la situation géographique de Bouaké et, par conséquent, de son rôle dans le développement d'une économie de marché. Bouaké, située au cœur de la colonie et au croisement des principales voies de communication routière, a été très tôt prise d'assaut par les populations. Avec l'arrivée du rail dans la cité, l'afflux démographique devient important. La présence des Dioula y est très remarquable et l'économie de traite prit des dimensions considérables.

1. Un afflux démographique important avec l'avènement du rail à Bouaké

La ville de Bouaké est l'émanation de plusieurs peuples d'origines diverses. Dès sa création, en 1898, elle a été l'attraction de plusieurs Africains, européenne et Libano-Syriens. En effet, en 1898, le petit poste militaire ne comptait que 600 personnes[148]. Cependant, l'on constate une augmentation sensible de la population entre 1916 et 1936 selon les rapports de cercles et les résultats de quelques recensements effectués. En effet, les rapports de cercle des 1ers et 3ème trimestres 1913 soulignent l'importance du flux migratoire à Bouaké, l'arrivée du chemin de fer en étant le principal facteur. Ce flux migratoire est, ici, décrit par l'administrateur Quesneaux (successeur de l'administrateur Delmonte en 1913) : *« Le mouvement des voyageurs sur les diverses routes d'étapes vers le Soudan a été important. Les villages étrangers commencés en novembre dernier avant la création de la ville vont chaque jour s'accroissant. Nos prévisions d'installation sont déjà doublées, les demandes affluent et l'essor continuera longtemps encore, auprès du commerce européen dans tout le rayon d'action à plusieurs jours de marche. (...) Des arrivées me sont encore signalées qui vient grossir le chiffre de nos sédentaires étrangers. »*[149]

---

[147] Pierre Georges, ***Précis de géographie urbaine,*** Paris, PLTF, 1974, pp. 45-47.

[148] C.993. M. le Maire-B-b, ***Bouaké, sa création et son développement***, brochure publiée, déjà citée, p. 11.

[149] ANCI / IEE 29/2, cercle du Baoulé, rapport trimestriel 1913-1914.

Dans cet extrait de son rapport, Quesneaux présente le rythme de l'accroissement de la population de Bouaké dans les années qui ont suivi l'avènement du rail. Dans le même rapport, l'administrateur souligne l'intérêt que la ville représente pour les peuples du Soudan et s'inquiète, déjà, quant à la capacité d'accueil de la nouvelle cité : « *Nos efforts ont été couronnés de succès dès les premières années, Bouaké est connu au Soudan, les visiteurs de la première heure en ont goûté les avantages et il n'est pas exagéré de prévoir leur retour en plus grand nombre.* »[150]

Nous voudrions approcher, avec prudence, cette description quelque peu euphorique des mouvements des populations, faite par l'administrateur Quesneaux. Autant, on est en droit d'accorder un crédit aux dires de l'administrateur, autant on peut émettre des doutes sur la fiabilité des chiffres avancés. En effet, l'hypothèse que l'administrateur, pour bénéficier de crédit supplémentaire de la métropole, pourrait grossir les chiffres n'est pas à négliger. Aussi, les méthodes de recensement se révèlent-elles archaïques. Il était donc difficile, pour ces administrateurs, de maîtriser les données de la population africaine. Nous proposons, ici, quelques données de la population pour mieux justifier notre argumentation.

Tableau N° 4

Tableau de la population du centre urbain de Bouaké : 1898-1939

ANNEE	1898	1914	1916	1921	1924	1926	1930	1931	1936	1939
Population	600	3517	3500	3514	5000	5876	ou 10118	5129	6300	6300

Sources : * ANCI- 5DD5 VI-4172/carton 3003/-5DD7 XIII-13-202/ carton 1653
* Cangah (G.) et Ekanza (S-P), *La Côte d'Ivoire par les textes : de l'aube de la colonisation à nos jours*, Abidjan, NEA, 1978, p.125

À l'analyse de ce tableau, on note des incohérences et des contradictions dans les chiffres avancés par les sources. Pour la même

[150]ANCI / IEE 29/2, cercle du Baoulé, rapport trimestriel 1913-1914.

ville et la même année (1930), on note deux chiffres contradictoires ("5.005"[151] et "10.118" soit un écart de 5.113 habitants). Toutes ces incohérences résultent des lacunes dans le recensement des populations. La courbe démographique ci-dessous est conçue à partir de ce tableau. Elle nous permettra de mieux apprécier le flux migratoire et de reconnaître le poids de la population comme l'un des facteurs de développement de Bouaké.

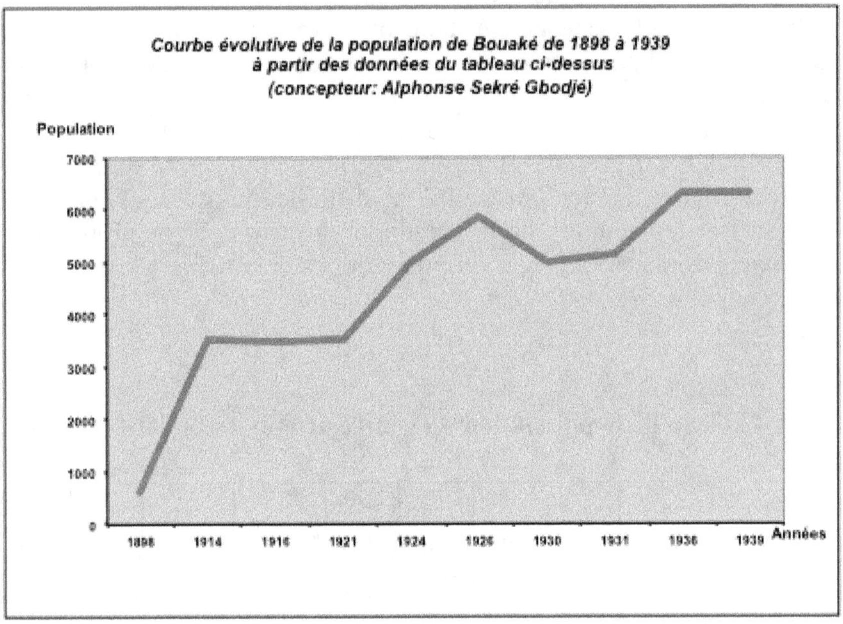

Courbe évolutive de la population de Bouaké de 1898 à 1939 à partir des données du tableau ci-dessus (concepteur: Alphonse Sekré Gbodjé)

La courbe démographique de la ville présente, dans son ensemble, une allure en dents de scie. Toutefois, lorsqu'on observe de plus près l'allure de la courbe, elle présente cinq (5) mouvements caractéristiques. De 1898 à 1914, on constate que la courbe montre un profil ascendant et symbolise une forte croissance démographique. La population est passée de 600, en 1898, à 3.517, en 1914. Elle a, donc, augmenté de seulement 2.917 individus en seize (16) ans. Comment caractériser cette augmentation ? Est-elle lente ou rapide? Pour notre part, avec un recul et une observation attentive, nous nous rendons compte que la progression

[151]Le chiffre 5005 est extrait de : ANCI. 5DD5, VI-4-127 / carton 3003

démographique est lente et cela peut s'expliquer. En effet, avant l'arrivée du chemin de fer en 1912, la ville naissante de Bouaké n'avait pas encore une grande importance et une forte représentativité au plan économique, à cause de la prédominance de l'économie traditionnelle. Mais, le train, qui atteint Bouaké, sera l'élément novateur, et la source même d'une économie de type capitaliste. Plusieurs maisons de commerce européen vont donc y être implantées, pour attirer comme le miel attire des abeilles, une population plus ou moins nombreuse (2.917 habitants) jusqu'en 1914.

De 1914 à 1921, la population de Bouaké est quasiment statique. Elle oscille, en effet, autour de 3.500[152]. Cette situation pourrait s'expliquer par les répercussions néfastes de la première guerre mondiale sur la société de Bouaké. La France, puissance colonisatrice, est engagée dans ce conflit et souhaite obtenir le soutien en ressources humaines et en vivres de son empire colonial. Les villes importantes de cet empire, dont Bouaké, contribueront, à leur manière, aux efforts de guerre. En effet, les populations, pour les besoins de la cause françaises, seront souvent réquisitionnées et commises à des tâches difficiles. Pour Djibo Sounkalo, ce comportement n'est pas de nature à favoriser le peuplement de Bouaké. Il explique, ici, le caractère redouté du colonisateur : *« pour certains indigènes, les centres urbains sont le symbole de la présence de l'homme blanc si redouté. Du coup, la ville de Bouaké devient, à l'instar des autres cités de la colonie, infréquentable. Des Africains, gagnés par la peur et la psychose, s'aventurent rarement vers la ville durant cette époque. C'est ce fait qui expliquerait cette timide croissance démographique. »*[153]

À la fin de la guerre en 1918, la relance économique est à l'ordre du jour, en occident comme en Afrique. La France, pour sa reconstruction, décide de s'appuyer sur ses colonies. En 1921, elle encourage l'initiative de Robert Gonfreville qui implante à Bouaké une unité industrielle d'égrenage de coton. À la faveur de celle-ci, la ville va de nouveau accueillir une population assez importante par rapport aux années précédentes. Ainsi, de 3514 habitants en 1921, la population atteint 5.000 en 1924 et 5.876 habitants en 1926. Cette augmentation de la population justifie l'allure sensiblement croissante de la courbe, de 1921 à 1926.

Par ailleurs, pour la même année 1930, deux chiffres indiquent l'importance de la population à Bouaké : 5.005 et 10.118 selon le tableau. Comment comprendre, à ce niveau du commentaire, qu'il y a deux

---

[152]ANCI / 1DD1, Carton 3003. Population de principales villes, 1914-1920 / 1921-1930.

[153]Djibo Sounkalo premier maire africain de la ville de Bouaké (1956-1980). Entretien directif du 10 février 1997, déjà cité.

chiffres différents pour la même année 1930 ? La réponse à cette interrogation se trouve dans les méthodes de recensement archaïque – mouvements d'entrée et de sortie des populations de la ville – utilisées à l'époque. Les statistiques étaient souvent contradictoires. En 1931, la population était estimée à 5.129. Elle ne connaîtra pas de véritable croissance jusqu'en 1936 où, le flux migratoire reprend avec 6.300 habitants, soit, une augmentation de 1117 individus au bout de 5 ans. Cette augmentation de la population explique l'allure croissante de la courbe de 1936 à 1939.

Depuis 1930, Bouaké est devenu, tout comme les autres centres urbains de la colonie, un nouveau centre d'intérêt économique. Des journées agricoles et des foires d'expositions[154]–nous y reviendrons– sont organisées par le Gouverneur Reste en 1933 et en 1934. Plusieurs personnes ont fait mouvement vers la ville pour s'y établir définitivement. Car, pour eux, Bouaké était un centre important d'affaires tourné vers le printemps de son économie.

En définitive, retenons que la ville accueille ainsi d'importantes populations d'origines diverses, grâce à son attrait et aux opportunités qu'elle offrait aux étrangers, en général, et aux Ivoiriens, en particulier. Le développement industriel avec les établissements Robert-Gonfreville, les activités commerciales, les travaux publics et le bâtiment sont, entre autres, les facteurs qui expliquent cet intérêt des populations venues notamment, du nord du pays ou du Soudan.

Parmi les populations indigènes à Bouaké, les Dioula donneront un cachet spécial au mouvement commercial. Car, originellement commerçants, ils seront l'épine dorsale de l'activité commerciale de la ville.

2. Les Dioula et l'activité commerciale à Bouaké

Le mot Dioula ou Djula désigne une population du Soudan et, aujourd'hui, de la Côte d'Ivoire. Ce sont des commerçants itinérants, issus du grand groupe Mandé. Le Dioula désigne aussi une langue nigéro-congolaise du grand groupe Mandé. Cette langue joue un rôle véhiculaire important en Côte d'Ivoire, au Mali et au Burkina-Faso. La place des Dioula dans le développement de l'activité commerciale à Bouaké a été notée par Jean Tricart. II disait, en substance, que Bouaké est la métropole du commerce dioula en Côte d'Ivoire.[155]

---

[154]Mémorial de CI, t_2, ***Op. cit.***, p.218

[155]Tricart (J), « Les échanges entre la zone forestière et les savanes soudaniennes », in ***Cahiers d'Outre-mer***, N°35, juillet septembre 1956, p.p. 209-238, p.221

Cette affirmation de Jean Tricart résume, en effet, le contenu de ce chapitre. Les Dioula, ce sous-groupe des Mandé qui, traditionnellement, sont des commerçants itinérants va faire de Bouaké leur capitale commerciale. Ils y exerçaient leurs activités marchandes. Les Daffing et Haoussa de Marabadiassa étaient en contact avec ces Dioula de Bouaké. Avant 1920, ces derniers favoriseront la mise en place d'un véritable réseau commercial dans le Baoulé. Les Dioula de Béoumi, de Sakassou, de Toumodi, de M'Bahiakro et de Tiassalé sont, en effet, en relation avec ceux de Bouaké. Ils sont vus comme de redoutables concurrents des maisons de commerce européen. D'une manière générale, les Dioula pratiquaient un commerce de détail et réalisaient de grands profits par rapport aux maisons de commerce européen (les grossistes) qui leur fournissaient les marchandises. Les maisons de commerce étaient soumises à des patentes allant de 40 à 50 F par an alors que les Dioula en étaient exemptés[156]. C'est après que les autorités coloniales chercheront à organiser un débat autour de la vente des produits européens sur les marchés indigènes de Bouaké, à partir du 13 juin 1913. Deux positions diamétralement opposées ressortent des discussions. Pour les tenants de certaines maisons européennes de commerce, il faut donner une autorisation réduite aux commerçants dioula qui ne devaient alors recevoir que quelques marchandises. D'autres, plus radicaux, estiment qu'il faut que les Dioula se contentent du colportage.

En réalité, les commerçants européens craignaient de faire faillite face à la concurrence des Dioula qu'ils redoutaient. Or, la réalité, c'est que le rôle d'intermédiaire joué par les Dioula donnait au commerce européen tout son sens et sa raison d'exister. C'est donc à juste titre que l'Africaine française qui est une société d'exploitation des produits africains accorde son soutien aux Dioula pour qu'ils continuent de vendre les articles venus de France. En effet, répondant à la circulaire N°186 du 11 mai 1913 de Monsieur Thomasset, commandant-administrateur de cercle du Baoulé-Nord interdisant aux Dioula la vente des produits européens sur le marché de Bouaké, le responsable de l'Africaine française écrivait : *« En réponse à votre circulaire N° 186 du 11 mai 1913, nous avons l'honneur de vous faire connaître que nous sommes partisans de la plus grande tolérance vis-à-vis des Dioula qui sont les seuls intermédiaires entre les maisons de commerce et la petite clientèle indigène. D'aucuns prétendent que la présence des Dioula, se livrant à la vente des articles sur la place du marché, entraînerait une forte dépréciation de ces mêmes articles mis en vente dans les boutiques européennes. Nous croyons que cette opinion est*

---

[156] ANCI/ 1QQ76, *Colonie de Côte d'Ivoire, cercle du Baoulé-Nord, Réglementation des droits de place sur les marchés 1913-1921.*

erronée, car le Dioula est, en général, un commerçant averti qui consentirait bien à vendre quelques articles à perte, mais il se rattrapera également sur d'autres. De plus, comme il a une très grande patience et qu'il connaît fort bien le caractère de ses acheteurs, il pourra développer le commerce par les nombreuses affaires de détail qu'il traitera avec les Baoulé venant au marché. (...) Les maisons de commerce y gagneront de ne plus traiter d'affaires en détail, besogne fastidieuse pour un Européen. Trouvant un intérêt à se fixer à Bouaké puisqu'il sera libre d'y commercer, le Dioula deviendra pour les maisons de la place un client de gros ou de demi-gros. Il ne se contentera pas de rester au marché, il rayonnera dans les villages environnants pour augmenter l'écoulement de ses marchandises. (...) Le client venant à la boutique par l'intermédiaire des Dioula, inutile d'aller le chercher en brousse en créant des sous-opérations. »[157]

Cet extrait du courrier du responsable de l'Africaine française en dit long sur le rôle des Dioula dans le développement de l'économie de traite à Bouaké. En effet, avec leur implication, les transactions étaient réalisées de la façon la plus commode, et la plus rapide. Les Dioula résidant à Bouaké avaient encouragé leurs frères des cercles voisins à venir sur Bouaké afin d'y accélérer le mouvement commercial tant recherché. Au cours du deuxième semestre de l'année 1919, le mouvement commercial dioula s'est amplifié et a été alimenté par certains produits des régions étrangères au pays baoulé. Par ordre d'importance, on note les palmistes, le coton, le riz et la farine de maïs apportée par les Dioula. Ces derniers faisaient descendre, de la Haute-Volta, quelques tonnes de pommes de terre vendues sur place au prix de 2frs 50 le kg[158]. En somme, on peut dire que les Dioula ont été les maîtres du commerce.

Ils étaient très actifs sur le terrain et leur présence à Bouaké a donné un cachet particulier à l'économie de traite.

3. L'importance de l'économie de traite à Bouaké

Avant de définir cette économie et de montrer son impact sur le développement de Bouaké, il serait intéressant de situer le contexte

[157]ANCI / 1QQ76, archive déjà citée. Cf. la réponse de l'Africaine française (Société d'exploitation des produits africains) à la circulaire N° 186 de Monsieur l'administrateur du cercle interdisant aux Dioula la vente des produits européens sur le marché de la ville. (Réponse du 12 juin 1913).

[158]ANCI/ 1QQ79, colonie de Côte d'Ivoire, cercle du Baoulé-Nord. Rapports économiques et commerciaux, poste de Bouaké 1915, 1919, 1921, 1923.

historique de son avènement. En effet, l'économie de traite, dans la conception occidentale, c'est une campagne d'achat, par les grandes compagnies européennes, de produits coloniaux, denrées agricoles et matières premières, notamment, pour les exporter en Europe. Du point de vue strictement africain, elle consiste en la commercialisation de diverses cultures de rente. Le continent africain regorge de produits agricoles divers et dispose d'un sous-sol riche en minéraux. Ce sont ces diverses ressources –or, ivoire, malaguette, et d'autres épices– qui font courir les occidentaux sur les côtes africaines dès le XVe siècle. En effet, l'Europe a de nouveaux besoins économiques pour alimenter son industrie. C'est pourquoi elle encourage la diversification des cultures de rente en Afrique[159]. Des campagnes d'achat de denrées agricoles et de matières premières du sous-sol sont organisées par les grandes compagnies commerciales qui les acheminent vers l'Europe. En Côte d'Ivoire, dans les centres urbains importants, dont Bouaké, se trouvent des compagnies du commerce européen.

Le contexte historique de l'économie de traite étant situé, il nous parait opportun de présenter ses caractéristiques, les méthodes commerciales utilisées et les tenants de cette économie. Cette démarche permettra de comprendre, davantage, tout le système d'organisation et de mise en place de cette économie à Bouaké.

a) Caractéristiques et méthodes du commerce de traite

L'économie de traite met en rapport les animateurs des maisons commerciales avec les commerçants locaux africains. Ce commerce a un caractère saisonnier. Il s'agit d'un ensemble d'opérations commerciales qui se déroulent sur une brève période après les récoltes. Leur durée et leur localisation dans le temps varient selon le type de produits et selon la région. Il faut dire aussi que les activités sont d'une portée réduite parce qu'elles sont relatives à la vente de marchandises dont une partie se fait à crédit. Pour ce qui est des méthodes commerciales, il est à noter que chaque communauté marchande a sa technique de transaction. Les Européens, les Libano-Syriens et les Africains avaient des formes diverses de gestion et d'organisation du système commercial. En effet, les maisons européennes de commerce disposaient d'un comptoir central au

[159]ANCI / 1RR27, Colonie de la Côte d'Ivoire, cabinet du gouverneur. Correspondance relative aux stations agricoles d'Assikasso, de Bouaké et de Soubré (1913-1922).

niveau de la colonie. Ce comptoir comportait des magasins et sa gestion était confiée à un agent général associé de la maison ou à un membre de la famille du patron.

Les succursales se présentant sous forme de factoreries étaient gérées par des agents subalternes. Connue comme une espèce de bazar, la factorerie constituait un centre important d'achat et de vente. Partenaires africains et français s'y rencontraient pour des opérations commerciales. D'un côté, l'on recevait et l'on pesait les produits locaux africains. De l'autre, l'on vendait les marchandises de traite – poudre à canon, arme, alcool, tabac, quincaillerie, pacotille, etc. –. Au niveau des factoreries, certaines habitudes étaient en vigueur. Avant toute opération de vente, on offrait des cadeaux par courtoisie. Le paysan pouvait faire goûter son produit au représentant du bazar. II fallait être certain de la qualité de la marchandise avant de la vendre ou de l'acheter.

Par ailleurs, les méthodes commerciales connaîtront des bouleversements avec l'arrivée sur la scène commerciale des Libanais et des Syriens. Ceux-ci étaient de véritables marchands ambulants et détaillants. Leur apparition se fit progressivement. D'abord, seuls, ils prirent racine et firent venir, par la suite, leurs femmes. Il s'agit, ici, d'un processus d'insertion normal de tout migrant. Il n'est donc pas propre aux Libano-Syriens. Leur situation se renforça, surtout, après la Première Guerre mondiale. C'est que ces deux peuples excellèrent dans la vente de caoutchouc et la concurrence fut très rude avec les maisons de commerce des Français. Cette concurrence tourna à l'avantage des Libano-Syriens, en raison de la panoplie de charges à supporter: hébergement des caravanes de traite et divers cadeaux. C'est en ce moment qu'ils ouvrirent des boutiques afin d'y vendre des tissus. Mais, là encore, ils devancèrent les commerçants français. Car, ils leur arrachèrent une bonne partie du commerce de détail et la clientèle[160].

De cette étude, on retiendra que le commerce de traite a revêtu un caractère saisonnier. Mais, qui aussi, les opérations commerciales se déroulaient sur une courte durée après la récolte. Les maisons de commerce, les comptoirs et les factoreries constituaient de véritables outils de développement de cette économie de traite dont il importe de connaître les véritables animateurs.

---

[160] ANCI, 1QQ76, archive déjà citée. Cf. correspondances échangées entre le gouverneur de la colonie et l'administrateur du cercle au sujet de la vente des articles européens sur les marchés de Bouaké, 1913.

b) Les animateurs de l'économie de traite

En Côte d'Ivoire, et plus particulièrement à Bouaké, l'économie de traite prend de l'importance avec l'arrivée des colonisateurs. À la naissance de la ville de Bouaké, le commerce est très timide. Mais, avec l'arrivée du train à Bouaké en 1912, puis à Bobo-Dioulasso en 1934, ce commerce s'intensifie et dépasse le cadre restreint de la ville pour s'internationaliser. Dans cette optique, un commerce important s'établit entre les peuples voisins de la région du grand centre, voire, entre le reste de la Côte d'Ivoire et Bouaké. Tous ces peuples autochtones convergent vers la ville, à l'instar des peuples allogènes venus des pays africains, d'Europe et même d'Asie. Au niveau des peuples africains qui prennent part à l'économie de traite à Bouaké, nous l'avons déjà souligné, figurent, au premier rang, les Dioula. Ensuite viennent certains peuples côtiers. C'est le cas des N'zima (Apolloniens) dont la présence a été fort remarquée dans le Baoulé-Nord. Enfin, on a les commerçants occasionnels baoulé.

Les chapitres précédents nous ont permis de mettre en relief le rôle important joué par les Dioula dans le développement de l'économie de marché à Bouaké. Nous tenons, simplement, à rappeler que ceux qui animent cette économie de traite sont, pour la plupart, des colporteurs. Il s'agit des Dioula venus, au début du siècle, du Soudan et de la cité de Marabadiassa. À côté d'eux, il y a les Sarakolé, les Toucouleur, les Tagouana, les Djimini, les Sénégalais et les Marocains[161]. Ces habiles colporteurs échangeaient le caoutchouc à Tiassalé contre des objets divers tels que les tissus, le sel, les perles, les parfums et la verroterie.[162] L'implication des Dioula, dans ce commerce, donnera de la vitalité à l'organisation de cette économie de traite à Bouaké. Les mêmes produits qui servaient à acheter le caoutchouc à Tiassalé, leur permettaient d'échanger le riz, le palmiste, la cola et, surtout, le coton.

En plus des Dioula, la présence des N'zima a été manifeste à Bouaké. Ces Bassamois se sont fortement impliqués dans le commerce de sel marin et de tissus depuis l'époque précoloniale. Ils remontaient de

---

[161] Djibo Sounkalo, Premier Maire Africain à la tête de la commune de Bouaké (1956-1980). Entretien directif du 12 avril 1998 à Cocody (à son domicile) -Thème: **Evolution spatiale et économique de la commune**. Durée: 1h 30 mn.

[162] ANCI / 1RR 110. Colonie de Côte d'Ivoire, Cabinet du gouverneur. Correspondance échangée entre le service de l'agriculture. Les sociétés de colonisation, le Gouverneur et les Administrateurs des cercles de Bouaké, Tabou, Aboisso, Bassam et des lagunes, à propos de la production du caoutchouc, de la culture du palmier, de la commercialisation de ces produits et leur carbonisation (1910-1913 ; 1923-1933).

la côte par Tiassalé avec ces produits pour gagner le Baoulé-Nord. Georges Kunny, un N'zima se serait même établi à Bouaké vers 1920 pour y développer son négoce. Nous nous gardons maintenant de commenter la présence des N'zima à Bouaké. Le chapitre suivant consacré à l'organisation et au fonctionnement du commerce de traite à Bouaké situera mieux l'importance des boutiques du commerçant africain Georges Kunny.

En définitive, l'objectif fondamental visé par ces différents peuples qui envahissent la ville est de faire fortune par la pratique du commerce. Leur présence donne, davantage, de dynamisme à l'économie de traite. Les Dioula ont été les seuls peuples africains de Bouaké à concurrencer les Libano-Syriens et les tenants des maisons de commerce européen. Leur habileté et leur art commercial avaient fini de faire d'eux des gens redoutés par les Français qui leur interdisaient de vendre des articles européens. Les Libano-Syriens, à leur tour, avaient détourné la clientèle des Français et cela avait poussé les maisons françaises à combattre ces nouveaux commerçants par la hausse des patentes ou des taxes sur les marchés. Ces mesures rentraient dans le cadre de la politique de collecte de ressources financières pour la mise en place d'un outillage économique.

III - LA POLITIQUE DE MOBILISATION DES RESSOURCES FINANCIÈRES POUR LE DÉVELOPPEMENT D'UNE ÉCONOMIE DE MARCHÉ À BOUAKÉ DÈS 1913

Avec la création du quartier de commerce européen en 1910 et à la faveur de l'arrivée du rail à Bouaké en 1912, le mouvement commercial prend son envol. L'année suivante, la quête de la personnalité juridique du nouveau centre urbain devient l'une des préoccupations majeures de l'administration coloniale. Elle juge opportun d'organiser le cadre économique à partir des ressources générées par la localité et, surtout, par le commerce de la ville. Il s'agit, en réalité, de mettre en place des stratégies de financement ou une entité administrative susceptible de générer des fonds pour le développement de la ville. Ainsi, la recherche d'une autonomie financière vis-à-vis de la métropole conduit-elle le pouvoir colonial à expérimenter une vie communale à Bouaké. Toute la politique de mobilisation des ressources financières y trouvera, donc, tout son sens. Les droits de place sur les articles européens et africains, le système des taxes et de patentes et le service de perception de l'impôt devraient permettre de créer les conditions véritables de développement d'une économie coloniale de marché à Bouaké.

Pour atteindre ces fins, la création d'une commission consultative s'imposait aux administrateurs coloniaux comme une nécessité. Car, il leur fallait un organe dirigeant pour l'expérience communale. Ainsi, cette commission consultative aurait pour rôle principal, l'organisation, la gestion morale et financière de la commune "précoce". C'est ainsi que, par arrêté du 15 janvier 1913, l'administration coloniale présente à Bouaké procède à la mise sur pied de ladite commission. Les Africains y étaient associés, mais en nombre très réduit. Seul Diaka Fall, important traitant sénégalais, chef du quartier africain "Dougouba" depuis 1906, siégea dans cette commission consultative.

Cependant, ce seul représentant noir n'avait pas de voix délibérative. Diaka Fall y était à titre figuratif. Il était un bon et docile serviteur des Français. Il ne disposait d'aucun pouvoir de décision. Sa présence au sein de la commission consultative répondait à la ruse politique des colonisateurs. C'était une manière de faire admettre aux Africains qu'ils étaient impliqués dans la gestion politique et administrative de leur localité.[163] Les autres membres de cette Commission étaient des Européens. En effet, outre l'administrateur du cercle, le médecin du service d'hygiène et le chef du poste urbain, on avait aussi quatre commerçants européens. Il s'agissait, en particulier, de messieurs Garde, Cosandey, Loriot et Verneret. Les deux derniers cités furent, par la suite, remplacés par leurs pairs, Messieurs Riroch et Robert[164].

Le 27 février 1913, un autre arrêté survint et l'agglomération fut dotée d'un budget qui comprenait en recette l'impôt de capitation de la population fixe et flottante de la ville, la moitié des patentes et licences, le produit des droits de place sur les marchés. En dépenses, le budget urbain avait, à sa charge, les dépenses d'hygiènes et de salubrité publique, l'éclairage des voies publiques, l'entretien du marché et les travaux de petite voirie.

En plus survint l'arrêté du 29 décembre 1913 qui créa une taxe de vidange et de voirie[165]. Le 29 janvier de la même année est voté le budget de l'année 1914. Celui-ci s'équilibrait en recettes et en dépenses à 17.600 frs. Quant au budget de 1913, il comprenait en recette 5.780 frs au titre des

---

[163] Cela se vérifierait aussi dans la politique internationale de nos jours, concernant, par exemple, la présidence des noirs dans les granges organisations continentales et mondiales où on se plait, malicieusement, de placer des noirs à la tête pour donner à croire à une certaine implication de ceux-ci dans la gestion des affaires de notre temps. La réflexion est tout autre.

[164] ANCI / 1EE 36 (2/1). Colonie de Côte d'Ivoire. Poste de Bouaké. Rapports trimestriels.1916-1922

[165] ANCI / 1EE 29 (2), Colonie de cote d'Ivoire. Poste de Bouaké. Rapports trimestriels, 1913-1914, 1920-1925

journées de prestation. Après quelque temps d'existence, la commission consultative constate, avec regret, que l'expérience communale a avorté. Elle n'a pas vécu longtemps, s'étant essoufflée dès 1918, soit six (6) ans seulement après expérimentation[166]. La commune ne répondait plus efficacement à l'attente des administrateurs locaux et de la métropole. Bouaké semblait ne pas être à la hauteur de ce statut juridique. Comment expliquer cette situation ? Quelles sont alors les nouvelles dispositions prises pour renflouer les caisses de l'administration coloniale ?

La première raison qui expliquerait cet état de fait est le premier conflit mondial déclenché. La France, directement impliquée dans cette guerre contre l'Allemagne, concentrera toute son énergie au front avec les forces vives de ses colonies. Du coup, tout le système colonial de production économique est mis à mal. Le gouverneur général de l'A.O.F, les gouverneurs des colonies et les administrateurs des cercles dans les colonies, sont désaxés, car, désormais, il faut faire face aux efforts de guerre. En 1914, à Bouaké, les taxes, qui permettaient d'entretenir la voirie et les sanitaires publics, sont supprimées et affectées au budget de la métropole pour faire face à la guerre. Le 9 avril 1915, par un arrêté général[167], le budget de la ville est également annulé au profit des caisses de la métropole. Toutes ces raisons expliqueraient l'émoussement de l'expérience communale de Bouaké jusqu'en 1918, date marquant la fin des hostilités. Or, l'administration coloniale locale a des besoins pressants. Il faut mobiliser, à nouveau, des moyens financiers pour les dépenses publiques urbaines. À ce sujet, Pierre Kipré fera remarquer : « *l'examen des comptes définitifs des dépenses publiques dans la colonie fait ressortir deux types de moyens financiers à la disposition de l'administration locale, pour les dépenses urbaines: les ressources ordinaires du budget et le produit des dotations extraordinaires consenties à la colonie ou aux collectivités locales par le gouvernement général auxquels s'ajoutent des contributions volontaires des populations locales* »[168].

À Bouaké, l'autorité coloniale locale donne le sentiment de se rattraper au niveau des recettes à affecter au budget urbain. Des stratégies pour renflouer les caisses de l'administration locale sont adoptées avec célérité, et la politique de relance du mouvement de l'économie de traite est accentuée. Au marché de la ville, des droits de place sur les articles européens et africains sont perçus ; des systèmes de taxes et de patentes sont conçus, et des services de perception de l'impôt créés.

---

[166]Archives de la Mairie du château/ ***Bouaké, création et développement***, brochure imprimée, déjà cité, p.30.
[167]ANCI / IEE 36 (2), archive déjà citée
[168]Kipré (P), ***villes de Côte d'Ivoire 1893-1940, t_2***, Abidjan, NEA, 1985, p.9

1. La mise en place du service de perception de droits de place sur le marché de Bouaké

Avec le nombre important des Dioula et autres commerçants africains auxquels s'ajoutent les Libano-Syriens, l'économie de traite a pris des dimensions importantes. La gestion des marchés qui, jusque-là, était confiée aux gardes de cercle nécessite, désormais, d'être regardée avec grand intérêt. L'administration locale décide alors de mettre en place une structure financière bien organisée et capable de faire payer les taxes et les patentes aux commerçants installés à Bouaké. Le 28 avril 1916, l'administrateur du cercle du Baoulé-Nord a adressé, à ce sujet, une demande d'autorisation à Monsieur le Gouverneur de la colonie résidant à Bingerville : *« l'importance du marché de Bouaké justifie amplement, me semble-t-il, la création d'un emploi de percepteur à ce marché, qui pourrait être ajouté aux emplois réservés aux brigadiers-chefs, aux brigadiers retraités et aux gardes de cercle, dont l'énumération est donnée par l'arrêté N° 1082 du 05 octobre 1914. Jusqu'à présent, la perception des taxes a été assurée, soit par un garde de cercle, soit par les interprètes (à tour de rôle), ce qui présente divers inconvénients: dans le premier cas, palabres fréquentes provenant de ce qu'un garde percepteur a toujours tendance à abuser de sa situation et à s'occuper de choses auxquelles il n'a rien à voir. Dans le second cas, un interprète est pris en permanence par le marché, alors qu'il serait nécessaire pour le service courant ordinaire qui en souffre parfois et son travail de percepteur n'est pas en rapport avec sa solde de garde, assez élevée. »*[169]

Ici, les raisons de la mise en place d'un service de perception montrent le caractère anarchique de la méthode en vigueur et du comportement peu commode des gardes de cercle et de brigadiers qui avaient la charge de la collecte des ressources financières. C'est, donc, à juste titre que l'administrateur du cercle du Baoulé-Nord proposa Monsieur Samba Penda, résidant à Bouaké, à monsieur le gouverneur de la colonie comme le brigadier-chef de 2e classe retraité. Cet agent qui, depuis le 1er mars 1915, vivait grâce à une pension proportionnelle de 200 frs, pouvait, à ce nouveau poste, toucher une solde annuelle de 400 frs. Le lieutenant gouverneur de la Côte d'Ivoire, officier de la légion d'honneur, après deux mois, répondit à son collaborateur du cercle du Baoulé-Nord pour donner son accord à la création de ladite structure financière avec, à sa tête, l'agent proposé. Le décret de création et de la nomination du collecteur des droits de place se résume en deux volets: *« -vu l'ordonnance organique du Sénégal du 7*

---

[169]ANCI / 1QQ75, colonie de Côte d'Ivoire, cercle du Baoulé-Nord, marché de Bouaké 1912-1916, N°23, Analyse au sujet de l'emploi de percepteur au marché de Bouaké, 28 avril 1916

septembre 1840, rendue applicable à la Côte d'Ivoire par décret du 10 mars 1893, ensemble le décret du 18 octobre 1904, portant réorganisation du gouvernement de l'Afrique occidental Française (A.O. F), — vu l'arrêté de ce jour (8 juin 1916) créant un emploi de perception des droits de place sur le marché de Bouaké, sur la proposition de l'administrateur du cercle de Bouaké décide -Art. 1er - pour compter du 1^er^juin 1916, le nommé Samba Penda, brigadier-chef de 2e classe, retraité, est nommé percepteur des droits de place sur le marché de la ville de Bouaké. II recevra, en cette qualité, une allocation annuelle de quatre cents francs (400frs), -Art. 2e -le secrétaire général et l'administrateur de cercle sont chargés de l'exécution de la présente décision. Bingerville le 8 juin 1916, le lieutenant gouverneur par autorisation; le secrétaire fédéral Signé Lapalud. »[170]

Par ailleurs, il faut dire que ce service créé à Bouaké et la nomination de son dirigeant, s'inscrivent dans la suite logique des arrêtés du 15 octobre 1914 réservant divers emplois aux gardes de cercle retraités et du 17 janvier 1916 portant réglementation des marchés de la Côte d'Ivoire. Quelques années plus tard, c'est-à-dire en 1925, l'allocation annuelle, qui était de 400 francs accordée au chef de service de perception de droits de place sur les marchés de Bouaké, est portée à 600 francs[171]. L'augmentation de l'allocation allouée à Samba Penda suscite bien des interrogations. Cette augmentation pourrait, soit s'inscrire dans la stratégie économique du colonisateur qui, voulant ôter tout désir de vol aux Africains gestionnaires des fonds publics, leur a accordé une prime ; soit elle pourrait s'expliquer, de notre point de vue, par le fait que, généralement, le salaire d'un travailleur augmente si son employeur est satisfait de son rendement.

On peut donc dire que la rigueur au travail de l'ex-brigadier-chef, sa conscience professionnelle et sa probité dans la gestion des affaires publiques lui ont valu cette augmentation de 200 frs d'allocation annuelle. Le gouverneur avait demandé que cette somme soit imputée au budget local[172]. Une fois le service de perception installé, l'administration locale trouva, là, un cadre juridique pour faire payer des taxes et droits de place sur les articles Européens et Africains au marché de Bouaké.

---

[170] Idem, 3e bureau N°413, nomination d'un directeur des droits de place à Bouaké, 8 juin 1916.

[171]ANCI / 1QQ75, colonie de Côte d'Ivoire, cercle du Baoulé-Nord, bureau du gouverneur, bureau N°502, analyse au sujet(A.S) du service de perception, Bingerville, le 25 mars 1925.

[172] ANCI / 1QQ75, archive déjà citée.

2. Le système de taxes et les droits de place sur les articles européens et africains

Comme nous l'écrivions dans les lignes précédentes pour les dépenses urbaines, il fallait confectionner un budget local. La perception de droits sur les articles européens et africains vendus au marché de Bouaké faisait partie des méthodes de financement des projets de développement du nouveau centre urbain. En 1910, au moment de la création du quartier de commerce européen, l'autorité coloniale de Bouaké avait pris un certain nombre de mesures pour favoriser la collecte des ressources. En effet, depuis Bingerville, le gouverneur Angoulvant va prendre un arrêté en date du 25 février 1910[173]pour exempter, pendant une période d'un an renouvelable, tous les droits de place des marchés de Bouaké. Cette mesure exceptionnelle avait pour objectif d'attirer, sur lesdits marchés, les Dioula et les colporteurs qui, fréquentant les marchés environnants, hésitaient encore à s'installer à Bouaké. Leur présence aurait permis de réunir un fonds important pour le budget local. Toutefois, il faut signaler qu'au-delà de cette exemption de droits de place, l'administration coloniale locale percevait des taxes sur les produits africains tels que le caoutchouc, l'huile de palme et la cola, vendue sur les marchés.[174]

Par ailleurs, pour mieux canaliser la collecte des recettes, le Gouverneur Angoulvant, dans le même arrêté du 25 février 1910, interdit toute création de marchés dans les villages sans autorisation préalable du chef de poste.[175] Par conséquent, l'institution d'un marché quotidien ou non devra être laissée à l'appréciation du chef de poste de Bouaké, à qui il reviendra d'émettre différentes circulaires sur la nécessité d'un approvisionnement constant des marchés qui seront choisis par l'administrateur colonial local. Cette dernière mesure qui visait à approvisionner les marchés de Bouaké reposait sur une politique restrictive, celle qui limitait la vente des produits européens aux seuls commerçants européens.

De 1912 à 1913, les Dioula et autres commerçants établis à Bouaké, manifestent le désir de vendre lesdits produits. Le chargé de l'administration générale et des affaires économiques donne, dans sa circulaire du 18 juin 1913, un avis favorable à l'administrateur du cercle du Baoulé-Nord pour autoriser la vente de ces produits: *« J'ai appris que certains commerçants installés à Bouaké auraient l'intention de demander l'autorisation de mettre en vente des produits européens sur le marché de cette localité. Bien qu'en*

---

[173]ANCI / 1QQ75, colonie de Côte d'Ivoire, cercle du Baoulé-Nord, marché de Bouaké 1912-1916,
cabinet du lieutenant-gouverneur, N° 1087, analyse sur le marché de Bouaké en 1912.
[174] Kipré (P), ***Villes de Côte d'Ivoire 1893-1940, t_2, Op. cit.,*** p.10.
[175]ANCI / 1QQ75, archive déjà citée.

principe les marchés soient uniquement destinés à la vente des produits indigènes, principalement des vivres, je suis, néanmoins, disposé à autoriser, dans une certaine mesure que je réserve d'examiner, la vente des produits européens sur le marché de Bouaké si le commerçant de l'endroit en manifeste le désir par écrit. Vous voudriez bien, je vous prie, en informer les maisons de commerce de Bouaké. »[176]

Une fois l'autorisation accordée et les articles européens vendus au marché par les Africains et autres commerçants, l'administration locale n'hésita plus à prélever des droits sur lesdits articles. La circulaire N°4506 en date du 23 juillet 1913 du chargé de l'administration générale et des affaires économiques, faisant suite à la communication de l'administrateur du cercle de Bouaké-Nord relative à la vente sur les marchés de Bouaké, précise fort bien l'importance de l'économie de traite et des droits perçus sur les produits européens à Bouaké : *« Comme suite à ma communication du 3 juillet et en réponse à vos deux lettres des 7 et 15 courants, N° 72 et 78, j'ai l'honneur de vous faire connaître que j'approuve les propositions que vous m'avez soumises. En ce qui concerne la perception d'un droit de place sur les articles européens : ce droit ne peut être autre que celui qui a été fixé par le tableau annexé à l'arrêté du 25 février 1910, soit, pour le Baoulé-Nord 0,20 franc pour emplacement avec étalage et 0,10 franc par emplacement sans étalage avec faculté pour les intéressés de se libérer moyennant paiement d'un abonnement mensuel qui pourrait être de 3 francs ainsi que vous le proposez. Les produits des recettes seront affectés au budget urbain conformément à l'article 4 de l'arrêté du 27 février dernier. »*[177] Par ailleurs, les droits de place perçus sur le marché de Bouaké de 1913 à 1916 nous permettront de mieux comprendre certaines données quantifiables.

---

[176] ANCI/1QQ75, archive déjà citée.

[177] ANCI/1QQ75, archive déjà citée (N°4506, vente de produits européens au marché de Bouaké, 23 juillet 1913)

Tableau N° 5
Les droits de place perçus sur le marché de Bouaké : 1913-1916

	1913	1914	1915	1916
JANVIER	60 F	291,30 F	196,20 F	1519,20 F
FEVRIERS	61,60 F	308,20 F	165,40 F	1666,20 F
MARS	PERCEPTION INTETERROMPUE OFFICIELLEMENT	306,20 F	182,20 F	1800,60 F
AVRIL		326,00 F	392,50 F	1444,70 F
MAI		324,80 F	597,90 F	
JUIN		910,40 F	641,80 F	
JUILLET		314,40 F	673,90 F	
AOUT		338,50 F	652,90 F	
SEPTEMBRE	238,80 F	275,30 F	639,50 F	
OCTOBRE	329,80 F	270,80 F	693,10 F	
NOVEMBRE	303,50 F	225,90 F	760,60 F	
DECEMBRE	304,30 F	198,20 F	964,80 F	
DROIT ANNUEL	1298,00 F	3500,20 F	6554,90 F	6426,70 F

Source : ANCI / 1QQ75, colonie de Côte d'Ivoire, cercle du Baoulé-Nord, rapport économique : 1913-1916

À partir de ce tableau, nous avons une idée précise de l'importance des échanges au marché de Bouaké. À l'analyse, on constate qu'au mois de janvier 1913, les droits perçus s'élèvent à 60 frs. Pour le même mois de janvier des années 1914 et 1916, les recettes atteignent respectivement 291,30 frs et 1.519,20 frs. Les droits annuels connaissent ces années-là, une progression sensible : en

1913, le taux annuel des droits perçus s'élève à 1.298,00 frs, en 1914 à 3.500,20 frs, en 1915, à 6.554,90 frs et est de 6.426,70 frs, en 1916. Cette évolution des droits sur le marché est très évidente et semble nous indiquer l'importance des échanges commerciaux qui ont lieu sur ledit marché. En définitive, nous retenons, de ce chapitre, que les éléments constitutifs d'une économie coloniale de marché ont été réunis au cours de la période allant de 1910 à 1913. L'administration coloniale, dans sa quête de personnalité juridique de la ville, a procédé à la réfection ou à l'ouverture des routes et des pistes précoloniales, mais, aussi, à la mise au point d'un système de perception de droits de place sur les marchés. Cette politique avait, entre autres, pour but de mobiliser des ressources financières susceptibles de permettre à l'administration coloniale de structurer le cadre économique et de mieux gérer les maisons de commerce implantées dans la ville.

CHAPITRE CINQUIÈME

L'ORGANISATION DU COMMERCE DE TRAITE À BOUAKÉ DE 1913 à 1921

L'année 1913 correspond à la mise en place d'une Commission consultative dont le rôle principal fut d'organiser et de gérer la vie commerciale de la ville naissante. Il s'agissait, en réalité, d'une " commune précoce " qui devait permettre une meilleure organisation et un bon fonctionnement de l'économie de marché jusqu'en 1921 où les Établissements Robert Gonfreville s'établissent à Bouaké.

I - L'INSTITUTION DE MARCHÉ COLONIAL DANS L'ÉCONOMIE DE TRAITE

Le marché, c'est un lieu couvert ou en plein air, dans lequel l'on met en vente des marchandises. C'est le lieu de rassemblement, par excellence, des commerçants et vendeurs d'articles. C'est également le lieu de plusieurs transactions commerciales. Durant la période précoloniale, il existait, dans la région de Bouaké, des centres commerciaux. Il s'agissait du marché de Diabo Satama, de Kahankro *(marché d'animaux domestiques situé au sud du Kpekplessou)*, de Gbêkêkro et le marché d'esclaves de Kotia Koffikro. Tous ces marchés de la localité ont disparu progressivement au profit du marché du nouveau centre urbain (Bouaké) qui naît avec l'arrivée des colonisateurs français.

1. Le marché indigène " Mamianou" de la ville naissante

Avant la construction des premiers marchés coloniaux, Bouaké disposait d'un marché en plein air, se situant à l'emplacement actuel de la pharmacie des savanes. Il s'appelait "Mamianou" qui signifie en langue baoulé : "je suis serré (pour dire, je suis pauvre), alors je vais au marché le moins cher". Les populations baoulé, tagouana et djimini convergeaient désormais vers "Mamianou" pour y exposer et acheter des produits vivriers, artisanaux et industriels tels que la potasse et le savon obtenu à partir de l'industrie artisanale. Le rapport économique des 1er et 3e trimestres 1913 confirme l'importance du mouvement commercial. En effet, *« les femmes indigènes approvisionnaient hebdomadairement la ville en 250 charges. (...) et aucune n'est partie sans acheter. »*[178]

En 1910, l'administration coloniale prend la décision d'ouvrir le marché européen aux commerçants indigènes – les Dioula et les Colporteurs notamment –. Cette mesure intensifiera, en réalité, l'activité commerciale des Africains. Toutefois, il convient de souligner que Tiassalé demeurait le seul grand centre commercial de toute la région baoulé. En 1912, avec l'arrivée du rail à Bouaké, le Gouverneur Angoulvant, très soucieux du développement commercial de la ville, favorisera la construction des premiers marchés coloniaux.

2. Les premiers marchés coloniaux de Bouaké

À côté du marché "Mamianou", l'administration coloniale a entrepris de construire un nouveau marché entre le village dioula et le centre urbain. À cet effet, le Gouverneur Angoulvant a alloué à l'administrateur du Baoulé-Nord deux crédits : un crédit de 600 frs pour la reconstruction du marché et un autre de 700 frs pour permettre à l'administrateur d'avoir des gratifications et des indemnités à l'occasion du déplacement des Dioula. Le rapport économique du 3èmetrimestre 1923 met l'accent sur l'importance de ce marché en construction : *« Depuis juillet, on travaille à la construction du marché ; Bouaké ne possède jusqu'alors, sous ce titre, qu'une succession de mauvaises paillotes tombant en ruine, faisant pitié. De plus, ce marché en plein centre indigène était beaucoup trop éloigné du centre européen. Le nouveau marché sur le point d'être terminé sis à mi-chemin entre le village indigène (quartier Dougouba) et le centre européen, a fort bel aspect. II peut, sans difficulté, contenir 1.000 à 1.500 personnes. Ce marché est bâti en latérite, la couverture est en tôles ondulées. Ces recettes concernent les produits indigènes. »*[179]

Par ailleurs, plusieurs télégrammes de l'administrateur Delmotte du Baoulé-Nord attestent de l'existence de ce nouveau marché de Bouaké. En effet, le télégramme n° 174 du 20 septembre 1912 annonce au gouverneur de Bingerville que la première partie du marché est achevée le 19 septembre (de la même année) et que la deuxième partie sera livrée

---

[178]ANCI/1QQ75, colonie de Côte d'Ivoire, cercle du Baoulé-Nord, Rapport économique des 1er et 3es trimestres 1913.

[179] ANCI / 1QQ75, archive déjà citée. Cf. Rapport économique du 3e trimestre 1923

à la fin d'octobre 1912. Quant au télégramme du 6 novembre 1912, il signale que le marché est terminé et que Delmotte souhaiterait, pour son ouverture, que le commerce européen s'installe d'abord. Le télégramme n° 601 du 14 décembre 1912 annonce l'ouverture dudit marché pour le 15 du même mois, tout en priant le gouverneur d'accorder des débuts gratuits et d'accéder également aux demandes de places à accorder aux commerçants. Le même jour, c'est-à-dire le 14 décembre 1912, le gouverneur accorda 250 autorisations de place sur le marché.[180]Devant l'importance numérique de la population et du mouvement commercial, le marché se retrouve brusquement exigu. D'où le vœu de l'administration coloniale de transférer le marché à l'emplacement du stade municipal. Le courrier du chargé de l'Administration générale et des affaires économiques adressé à monsieur l'administrateur du cercle du Baoulé-Nord est assez explicite : *« les avantages que présenterait le transfert dans cette ville du marché public sont importants. Cette mesure donnerait à ce centre un surcroît d'animation dont profiterait le négoce. Je vous prie, en conséquence, d'étudier cette question, d'abord avec le commerce et de m'adresser des propositions relativement aux emplacements à réserver aux nouveaux marchés. D'autre part, les rôniers qui existent en grande quantité dans votre cercle permettront d'édifier à bon compte des marchés définitifs couverts en tôle et dont le sol serait bétonné, par conséquent lavable, condition indispensable à la propreté et au bon entretien de ces constructions. Vous aurez également à établir un devis pour chacun des marchés à construire qui devront être de grandes dimensions. »*[181]

La construction de ces marchés coloniaux (marché du quartier commerce et celui qui était élevé près de "Mamianou") intensifiera les transactions commerciales à partir de 1916. L'administrateur du cercle du Baoulé-Nord, dans la lettre n° 23 adressée au gouverneur de la colonie, soutient *« l'importance des transactions commerciales sur les marchés de Bouaké justifie (...) la création d'emplois de percepteurs et aux emplois réservés aux brigadiers-chefs... »*[182]. À côté des différents marchés se sont multipliées des maisons de commerce ou des boutiques.

---

[180] ANCI / 1QQ75, archive déjà citée. Cf. Rapport économique du 3e trimestre 1923,

[181]ANCI / 1QQ75, archive déjà citée, Cf. Dossier sur le transfert du marché public N°5514, du 22 octobre 1914.

[182]ANCI/1QQ75, archive déjà citée. Cf. Dossier sur le transfert du marché public N°5514, du 22 octobre 1914.

3. Les maisons de commerce européen et leur importance

Le Gouverneur Angoulvant, très soucieux de l'avenir économique de Bouaké, affiche une volonté manifeste de redynamisation de son économie. Il définit les grandes lignes de sa politique économique en offrant des facilités aux commerçants européens et africains qui disposent des maisons de commerce à Bouaké. Cette politique encourageante permet aux différentes maisons de commerce européen de se ruer sur Bouaké et de s'y établir en grand nombre. Le commerce prend alors une dimension plus importante, répondant aux aspirations inavouées du Gouverneur et, par voie de conséquence, de la métropole. Car, après la pacification complète de la localité, il fallait songer à l'exploitation économique du pays : « *On doit contraindre les populations (africaines) à produire des denrées exportables et les obliger à venir vendre leurs produits aux commerçants (européens) établis dans un poste administratif.* »[183]D'où l'établissement des maisons de commerce européennes partout où se trouve l'administration coloniale. L'installation de ces maisons et des factoreries se faisait, en effet, selon une certaine répartition géographique. Toutefois, leur établissement obéit aux exigences économiques, aux activités et aux intérêts de chaque maison de commerce. Ainsi, au Sénégal et au Soudan français, ce sont les maisons bordelaises qui se sont adjugé une place de choix. On peut citer, par exemple, les maisons Devès, Chaumet et compagnie, Chavanel, Maurel et Prom, Delmas, Rabaud et compagnie, Buhan, Tessières,[184] etc. Toutes ces maisons de commerce détenaient le monopole de l'économie de traite. Au niveau du golfe de Guinée, ce sont : les maisons marseillaises comme société de moyenne taille – *Mante et Borelli* –, – *la Société Coloniale française de la côte de Guinée* – , – *Le Comptoir commercial français*. À cela, il faut ajouter deux grandes firmes, à savoir la C.F.A.O. – *Compagnie française de l'Afrique de l'Ouest* – et la S.C.O.A – *Société Commerciale de l'Ouest africain* –.

La C.F.A.O. succéda en 1887 à la Compagnie du Sénégal disparue de la côte occidentale d'Afrique en 1881. La S.C.O.A., quant à elle, remplacera, en 1906, la maison Ryff et Roth qui a disparu en 1889. Chaque société exerçait son activité dans un domaine bien défini. La S.C.O.A. était active en Guinée et en Côte d'Ivoire. Elle avait six comptoirs principaux et 24 factoreries réparties dans quelques pays de l'Afrique de l'Ouest.[185]

---

[183] Kipré (P.), ***Op.cit.*** pp.96-97
[184] ANCI / V-29-30. Carton 52-68.
[185]ANCI / V.29-30. Carton 52-68, archive déjà citée.

Par ailleurs, les maisons de commerce européennes ou boutiques qui sont autorisées, dès 1912, à Bouaké, sont au nombre de huit. II s'agit des factoreries des commerçants européens Tessières et Gard, de COHEN FRERES, du C.G.F.A. (Comptoir Général Financier Africain), Caloust, F.A.O. (France Afrique de l'Ouest) A.C.F.K. (Agence de la Compagnie Française de Kong) et S.B.C.A. (Compagnie Bordelaise des Comptoirs Africains). Le rapport économique de 1923 qui renferme la liste de ces différentes maisons stipule que certaines maisons comme –Africaine Française, Devès et Chaumet– ont été également autorisées à s'établir à Bouaké. Toutes ces maisons étaient installées dans le quartier européen.

En 1924, le nombre des maisons de commerce devient très important. De nouvelles factoreries s'y ajoutent. II s'agit de l'U.C.A.O. (Union des Commerçants de l'Afrique de l'Ouest), C.F.A.O. (Compagnie Française de l'Afrique de l'Ouest), G.F.C.I. (Compagnie Française de la Côte d'Ivoire), C.I.C.C.I. (Compagnie Industrielle et Commerciale de la Côte d'Ivoire), et les Héritiers de Tessières Bouaké. Toutes ces factoreries vendaient des produits finis provenant des usines occidentales ou locales. L'importance et le nombre croissant des maisons de commerce à Bouaké ont été un indicateur du développement économique. Des chiffres d'affaires de quelques établissements commerciaux de 1930 à 1937 permettent également de comprendre la place de ces maisons dans l'économie de Bouaké. En effet, de 1930 à 1937, la Société de Commerce Ouest Africaine (S.C.O.A) a réalisé un chiffre d'affaires annuel de 2.000.000 frs; la C.F.A.O en a réalisé 4.190.000 frs ; l'Africaine française, 1.500.000 frs ; la C.F.C.I, 2.500.000 frs et les héritiers de Tessières Bouaké 3.000.000 frs[186].

En somme, il faut retenir que ces maisons de commerce ont joué un rôle important dans le développement du marché à Bouaké. À côté de ces dernières, les boutiques des commerçants africains et Libano-Syriens ont également constitué le soubassement du dynamisme commercial de la ville.

4. Les boutiques des commerçants africains et libano-syriens à Bouaké

Les commerçants africains et libano-syriens ont joué un rôle important dans le développement économique da la ville, rivalisant même d'ardeur avec les marchands européens. En 1905 et, peut-être, bien avant, Bouaké comptait des boutiques appartenant à des Africains. Le Sénégalais Diaka Fall, le Marocain Shérif Ali et son frère Shérif

[186] ANCI / QQ VI-33-84 / Dossier 3561, déjà cité.

Amza étaient tous de grands traitants africains à Bouaké. Ils avaient des magasins de ventes de produits divers. Quelques Mandé avaient également ouvert de petites boutiques dans la ville.[187] Il s'agissait, notamment, des Dioula colporteurs et des Apolloniens venus du Sud, spécialistes dans la vente de pagnes, de tissus, de pacotilles et autres articles sur les marchés. La présence de ces Apolloniens ou N'zima à Bouaké est, surtout, matérialisée par le commerçant Georges Kunny[188] qui s'était installé dans la ville où il exerçait son métier. Nos sources sont presque muettes sur les boutiques des autres Africains (Sénégalais notamment). C'est pourquoi, nous avons décidé de mettre l'accent sur l'activité commerciale de ce jeune Bassamois qui, dès 1920, dispose de boutiques à Bouaké et, de 1934 à 1939, à Mankono et dans le Worodougou. Pourquoi ce jeune commerçant N'zima décide-t-il de s'établir au cœur du pays baoulé alors que sa région, le Sud, est une zone très riche, du point de vue commercial, et très connue pour être une région à économie de plantation ? À partir de quand Kunny s'installe-t-il à Bouaké ? Les débuts de Kunny à Bouaké sont confus, du point de vue chronologique. Il est, donc, difficile de situer dans le temps et avec exactitude, son établissement à Bouaké. Tous ceux qui l'ont connu et servi affirment qu'il s'y est installé avant 1920. Son choix de Bouaké pourrait s'expliquer par la position stratégique de cette ville perçue comme un carrefour commercial entre les pays dioula du Nord et les peuples côtiers. La renommée commerciale de Kotia Koffikro, avait atteint les milieux des affaires du sud côtier et de Tiassalé. À côté du commerce des esclaves, qui se tenait dans le fief du chef Kotia Koffi, se développait un trafic important de pagnes, de tissus et de pacotille. Le Baoulé-Nord devenait ainsi, après la région de Tiassalé, la deuxième région économique de l'hinterland, à partir de la côte. C'est donc à juste titre que Georges Kunny décide de s'établir à Bouaké où il meurt en 1966. La plupart des documents laissés à Bouaké par Kunny concernent la conduite de ses affaires commerciales. En 1914, Georges Kunny, à la tête d'une caravane, arrive à Tiassalé où il vend des pagnes et de la pacotille. Avant 1916, il aurait manifesté son désir d'atteindre le cœur du

---

[187]ANCI / 3MI, Monographie du cercle du Baoulé-Nord, 1911, archive déjà citée, p.7

[188]George Kunny est né vers 1888 à Grand-Bassam d'une famille N'zima (Apollonien) de commerçants spécialisés dans le commerce de sel et des tissus. Il serait mort à Bouaké en 1966 à l'âge de 78 ans. George Kunny a grandi auprès de ses deux cousins (Elogne et Gnoan dit Bright) à Bassam où ces derniers l'initient au commerce à longue distance. Jeune et vigoureux, Kunny manifeste son véritable intérêt pour le commerce.
C'est ainsi qu'il n'hésitait pas à accompagner ses grands frères à écouler leurs marchandises dans les pays ébrié, adioukrou, agni et baoulé.

pays baoulé. Mais, ce sont plutôt les années 1930 qui seront décisives pour le jeune N'zima.

En effet, à partir de 1930, Dieudonné François Reste est nommé gouverneur général de la Côte d'Ivoire. Il est surnommé *« l'homme des routes. »* Il va créer ou réhabiliter les routes reliant les centres de commercialisation aux zones de production et de ramassage. C'est à la faveur de ces œuvres que Kunny réussit à se déplacer régulièrement. Au début, le jeune N'zima détient le monopole des échanges entre les maisons de commerce installées dans la ville (S.C.O.A., Unicomer, C.F.C.I...) et les villages environnants la ville de Bouaké. Il implante, de 1934 à 1939, des entreprises commerciales dans le pays baoulé à Bouaké, à M'bahiakro, à Tiébissou et même à Mankono. Il gère la maison-mère avec son épouse tandis que les succursales sont confiées aux étrangers qui perçoivent une commission sur la vente des marchandises. Le commerçant apollonien vendait des tissus, du sel, de la poudre, des armes, de l'alcool et du tabac dans ses boutiques. Il n'était plus question de faire des va-et-vient entre Bassam et Bouaké. Car, Kunny achetait la plupart de ses produits dans la ville avec les maisons européennes et les expédiait à ses agents de l'intérieur. Sa boutique de Mankono occupait une position stratégique pour l'achat des produits du Worodougou, à savoir : le coton, la noix de cola et les palmistes.[189]Bref, Georges Kunny, cet homme d'affaires ivoirien a su marquer, de son empreinte, la vie commerciale du Baoulé-Nord, voire, de la haute Côte d'Ivoire. Il a réussi, grâce à son génie et à son sens pragmatique en matière d'affaires, à se faire une place importante dans la vie économique de Bouaké. Il existait une ambiance d'émulation entre les différents acteurs commerciaux, c'est-à-dire, entre les Dioula, les commerçants français, les Libano-Syriens détenant les boutiques dans la ville et le jeune Georges Kunny.

Peuples du Moyen-Orient, les Libano-Syriens sont passés maîtres dans l'art commercial. Commerçants itinérants, ces Arabes aimaient s'aventurer dans des contrées lointaines, souvent méconnues. Le goût du métier et la quête permanente des régions propices – une situation sécuritaire, des possibilités d'affaires, un cadre juridique fiable – guideront leurs pas parce que favorables à l'action commerciale. Dans certaines villes de la Côte d'Ivoire, et plus particulièrement à Bouaké, leur présence a été constatée à partir de 1905. Mais, la plupart des écrits sur leurs activités commerciales dans la ville ne fournissent pas d'informations particulières. Toutefois, les noms des commerçants Kamal Ben Youssouf et Faouzzi Rael reviennent très souvent. Ces Libano-

[189]ANCI / PP 136, Colonie de Côte d'Ivoire, rapport sur le marché du service des douanes, décembre 1929.

Syriens y tenaient des magasins de tissus et de divers produits en provenance du Moyen-Orient et de l'Europe (des perles et des bijoux notamment). Ces arabes excellaient dans le négoce et avaient même, grâce à leur habileté dans la façon d'attirer et de négocier le prix des articles, provoqué la faillite de certaines factoreries européennes à partir de 1923[190]. Car, la quasi-totalité des clients indigènes ne fréquentaient que leurs boutiques et celles de Georges Kunny. En effet, ils étaient prompts à accueillir avec amabilité le client, mais, surtout, prenaient leur temps pour marchander avec lui jusqu'à ce que l'article soit payé. Il en était différemment des Européens qui, en fixant le prix sur chaque produit, le rendait difficilement négociable. C'est la raison pour laquelle, après avoir constaté le ralentissement des activités commerciales des Français, l'autorité métropolitaine essayera de réorganiser le marché à Bouaké dans l'espoir d'un repositionnement des maisons de commerce européen.

II - L'ORGANISATION DU MARCHÉ À BOUAKÉ

En 1913, le nombre des commerçants européens, dioula, Sénégalais et Libano-Syriens devient importants et le volume de produits commerciaux, significatifs. La concurrence entre marchands européens et africains s'avère rude et en défaveur des premiers cités, dont le négoce, risquent de tomber en faillite devant l'esprit d'entreprise et d'ingéniosité des Dioula. Aussi, les Européens se lancent-ils dans une sorte de "protectionnisme" qui ne dit pas son nom. Ils s'arrogent le privilège de la détention exclusive du commerce de gros et relèguent les Dioula au rang de simples détaillants. Cette mesure visait, en réalité, à imposer leur hégémonie économique aux Africains.

1. Le commerce de gros et de détail

Le circuit de distribution des marchandises en qualité suffisante était détenu par les grandes maisons de commerce ou boutiques des Européens. En effet, lorsque les produits manufacturés ou les marchandises arrivaient de l'Europe par navire, ils étaient réceptionnés par les grands négociants européens qui se chargeaient de les livrer au détail aux Dioula et autres marchands occasionnels. Déjà, à partir du 11 novembre 1912, le quartier Dougouba, ce gros bourg commercial

[190]ANCI / 1QQ79, Colonie de Côte d'Ivoire, cercle du Baoulé-Nord, rapports économiques et commerciaux 1910-1923.

comptait 231 cases[191]. Les commerçants venus de divers horizons s'y rencontraient pour des transactions lui donnant une animation certaine. Au niveau des anciens marchés situés près du poste militaire se localisaient les maisons de commerce. Les Libano-Syriens et, surtout, les Dioula, servaient de courroie de distribution desdits produits qu'ils vendaient sur le marché de Bouaké ou dans les villages environnants.

Le commerce de détail s'oppose, d'emblée, au commerce de gros. Contrairement au dernier type cité, le commerce de détail désigne le circuit de distribution des denrées alimentaires et certains produits manufacturés par petites ventes. À partir de 1913, ce type de commerce gagne du terrain et s'impose véritablement comme une activité commerciale occupant un nombre impressionnant de commerçants occasionnels. Le rapport économique de 1913 confirme cet état de fait : *« le nombre de ces petits détaillants augmente de jour en jour, parmi eux se glissent d'anciens boys ou manœuvre sans travail, dont le casier judiciaire n'est pas toujours vierge, et qui attendent ainsi en gagnant 3 ou 4 sous par jour, soit de trouver une nouvelle place, soit l'occasion de commettre un larcin. »*[192]Plusieurs produits étaient vendus dans les marchés, mais, surtout, dans des concessions privées et aux abords des voies. Le même rapport économique de 1913 rapporte que de tous les produits commerciaux, le sel occupait une grande place sur le marché de Bouaké.

En effet, dans un grand nombre de concessions commerciales de Bouaké, se trouvaient des commerçants uniquement occupés à servir et à vendre au détail le sel contenu dans de gros sacs. Ce type de commerce se fait, généralement, à l'intérieur des concessions, soit des Africains, soit des Européens qui y exploitent les petits commerçants. Les grandes voies publiques et les rues de la ville étaient également assiégées par les détaillants. Cependant, prétextant qu'une certaine anarchie était en train de miner le domaine de la vente au détail, l'administration coloniale décide d'y apporter des solutions. Des mesures, souvent arbitraires, sont, donc prises à l'encontre des commerçants africains dont l'esprit d'entreprise est redouté par les marchands dont les magasins accueillent désormais très peu de clients. À la suite de l'article 7 de l'arrêté du 16 mai 1913 qui pose le problème des patentes à payer par les propriétaires des magasins, des

[191]ANCI / 1QQ75, Colonie de Côte d'Ivoire, cercle du Baoulé-Nord, Marchés de Bouaké 1912-1916, N°177, lettre relative à l'installation des maisons de commerce et boutiques à Bouaké.

[192]ANCI / 1QQ76, Colonie de Côte d'Ivoire, cercle du Baoulé-Nord. Correspondances échangées entre le gouverneur de la colonie et l'administrateur du cercle A/S de la vente des articles européens, sur les marchés de Bouaké, 1913 : voir sous fiche A/S de l'organisation des commerçants de détail (circulaire à M. les commerçants).

boutiques ou des comptoirs qui accumulent plusieurs professions, industries ou commerces du même tableau, s'ajoute l'arrêté 66A du 17 janvier 1916 qui stipule en son article 7: *« dans les localités pourvues d'un marché, il est interdit à toute personne de vendre sur la voie publique, à moins d'autorisation spéciale du commandant de cercle et sous réserve de s'acquitter par mois et d'avance, la taxe d'abonnement la plus élevée en vigueur dans la circonscription. »*[193]

Cet arrêté va sonner comme le début des malheurs des commerçants africains. En effet, le rapport économique de 1913 stipule que tout marchand indigène installé dans une concession européenne pour le compte du propriétaire doit être muni, outre l'autorisation écrite du propriétaire de la concession, d'une autorisation spéciale du commandant de cercle et doit s'acquitter, soit de la patente, soit de la taxe d'abonnement mensuel la plus élevée du marché. C'est-à-dire, pour Bouaké, 6 frs par mètre carré, payable d'avance. Bref, toutes ces conditions vont émousser l'ardeur des détaillants africains, voire, des Libano-Syriens qui commercialisaient toutes sortes de produits africains et européens.

2. Les produits commerciaux et leurs foyers de production

La ville de Bouaké, avec son marché, était considérée comme le grenier de la région du centre de la Côte d'Ivoire. Son marché était rempli de produits africains et européens de toutes sortes.

a) Les produits africains

Dans les principaux centres urbains de l'intérieur comme Gagnoa, Tiassalé, Daloa, Agnibilékro, Dimbokro, Toumodi, Korhogo, et Bouaké, certains produits de traite comme l'igname, le manioc, le taro, le riz et le maïs ont fait l'objet de plusieurs transactions. Il s'agit aussi de certains produits de cueillette et de ramassage et de produits artisanaux. À ces produits traditionnels, viennent s'ajouter des nouveautés liées à l'évolution sociale et économique des populations et aux nouveaux besoins de l'économie de marché à Bouaké. Les cornes et les peaux d'animaux et les carapaces vendues à Bouaké. À ces produits, s'ajoutent

[193] ANCI / 1QQ76, Colonie de Côte d'Ivoire, cercle du Baoulé-Nord. Correspondances échangées entre le gouverneur de la colonie et l'administrateur du cercle A/S de la vente des articles européens, sur les marchés de Bouaké, 1913 : voir sous fiche A/S de l'organisation des commerçants de détail (circulaire à M. les commerçants).

le bois de teinture rouge, l'ivoire et l'or de la région de Tiassalé, de Toumodi et de Dimbokro. De tous ces produits, l'or était, de loin, le produit le plus dominant de la traite. Le Baoulé-Nord ne dispose pas de réserve aurifère. L'or qui circule au marché de Bouaké provenait, en grande partie, des régions de Toumodi, Dimbokro, Yamoussoukro et Tiébissou, des localités du Baoulé-Sud. Dans ces zones, l'or se rencontre parfois même à fleur du sol. Mais, souvent, c'était par les mines de 20 à 40 pieds qu'il s'obtenait, surtout, dans la région de Kocoumbo.

Le lieutenant de Vaisseau Desnouy, dans la ***Revue maritime et coloniale*** en date de 1886, confirme l'importance de l'or dans l'économie de traite à Bouaké et à Bassam. Les Bambara du Soudan transitaient par Bouaké avec de l'or en provenance des régions d'Alépé, de Tiassalé et des "plaines baoulé". Cet or était le plus beau et le plus pur[194]. À côté de ces produits africains circulaient ceux qui venaient de l'Europe.

b) Les articles européens

La gamme de produits européens est impressionnante dans les centres urbains importants. À Bouaké, on a les produits d'origines diverses: anglaise, américaine, française, hollandaise... Tous les produits rivalisent aussi bien par leur variété que par leur qualité. Il s'agit des fusils, des poudres, des parures, des bracelets, des objets de toilette, des meubles, de la quincaillerie et des boissons[195]. Chez les peuples africains, posséder un fusil était un signe extérieur de noblesse et de puissance. Cette arme, par sa rapidité et son efficacité dans l'action de défense et de chasse au gibier, avait fini par remplacer la lance, l'arme traditionnelle africaine. En 1843, les fusils et les poudres anglais étaient, de loin, les plus sollicités. Mais, à partir de 1885, il y a eu un progrès sensible dans la vente des armes françaises.

Toutefois, il faut reconnaître que les populations africaines restaient attachées aux poudres anglaises, américaines et, plus tard, belges, eu égard à leur prix largement abordable et à leur meilleure qualité. En effet, le kilogramme de la poudre anglaise coûtait 1,15 frs alors que de 1830 à 1845, le kilogramme de la poudre française valait 1,45 frs. Cette poudre était chère et de qualité nettement inférieure parce que contenant moins de salpêtre et plus de charbon. Ainsi, pour maintenir de bonnes relations commerciales avec les populations de l'intérieur, les

---

194 Desnouy (Lieutenant de vaisseau), « Les Établissements français de la Côte d'Or », in ***Revue maritime et coloniale***, série 4, 1886, pp.449-529, p.465.

195 ANCI / 1QQ76, archive déjà citée.

Français étaient eux-mêmes obligés de vendre la poudre anglaise[196]. Mais, à partir de 1860, la vente des armes anglaises s'émoussera au profit des Françaises. À l'intérieur du pays, les Français interdisent la vente des armes anglaises et ne proposent que les armes de fabrication française aux populations qui, ne pouvant pas avoir accès facilement à la côte, se trouvaient dans l'obligation d'acheter les fusils français. La prolifération des armes à cette époque était due aux guerres d'Appolonie et aux guerres d'Ashanti qui ont lieu de 1840 à 1873[197]. Au total, le "Tawer", le "London"et le "fusil à pierre 1817"constituaient la gamme des armes à feu qui circulaient sur la côte et à l'intérieur du pays. À ces fusils, s'ajoutent les objets de parures tels que les coraux, les perles, les bracelets en argent, en bronze, en aluminium, en fer et en acier. Les manilles servaient de parures pour les pieds et les bras. Les eaux de Cologne et les vinaigres aromatisés pour la toilette des femmes africaines, les peignes en argent, en ivoire, en bronze, en cuivre jaune ou rouge, en corne... se vendaient au marché de Bouaké.

Les fauteuils, les chaises et les tabourets de toutes tailles, les miroirs et les glaces étaient des objets de prestige qui, souvent, enjolivaient les salons. La gamme des produits s'allonge : des objets de quincaillerie, les boissons (le Gin, le rhum blanc en barriques, les liqueurs en caisse, du vermouth, l'anisette de Bordeaux, des sirops de couleurs variées), les produits laitiers, le beurre, l'huile de coton et d'autres marchandises à coût réduit. Le tableau suivant présente quelques produits importés.

---

[196] Desnouy (Lieutenant de vaisseau), ***Op., cit***, p.450.

[197]Arthur Verdier, ***trente-cinq années de lutte aux colonies (côte occidentale d'Afrique),*** Paris, André Joseph 1896, pp. 19-21.

Tableau N° 6

Le prix des marchandises de première nécessité vendues dans les magasins de Bouaké et de Bassam (concepteur du tableau : Alphonse Sekré Gbodjé à partir de données d'archives)

PRODUITS IMPORTES	LE PRIX DE VENTE PAR Kg
Produits laitiers	1,50
Lait condensé	2,50
La Sardine en boite	5,50
Pâté en boite	9,50
Beurre Isigny grande boite	10,50
Beurre Isigny petite boite	5,50
Sucre raffiné	Néant
Café de la colonie	2,50
Savon anglais en barres	1,25
Savon blanc, en barres "le furet"	1,25
Savon noir en morceaux "le coran"	1,25
Farine de froment	Néant
Huile de table	Néant
Huile de coton	Néant

Source: 1QQ79 / colonie de Côte d'Ivoire, cercle du Baoulé-Nord, Rapports économiques et commerciaux : 1915 ; 1919 ; 1921 ; 1923.

Par ailleurs, les cotonnades bleues, rouges et blanches constituaient l'essentiel des étoffes. Mais, de plus en plus, les populations de l'intérieur exigeaient des tissus de soie en pièce commune, unie ou à fleur de couleurs variées; les foulards avec des couleurs de disposition variées que les femmes nouaient à la tête étaient vendus aussi bien à Bouaké que dans d'autres villes. Des percales de toutes nuances étaient prisées pour leur utilité religieuse[198]. En effet, les Faafouê aimaient se vêtir à demi nu d'un tissu de percale blanche, symbole de sainteté et de pureté pour mieux implorer la clémence des ancêtres ou pour l'adoration de certaines divinités locales ou familiales.

[198]ANCI / 1QQ71, Colonie de Côte d'Ivoire, cabinet du gouverneur. Participation de la Côte d'Ivoire aux concours, foires et exposition de Bordeaux, Bruxelles, Londres, Lyon, Paris, Marseille : 1919-1921.

Que retenir à ce stade de la réflexion ? La longue énumération des marchandises européennes permet de saisir, au mieux, le sens de la politique économique, des contacts qui ont eu lieu entre les Européens et les Africains de la côte et de l'arrière-pays. Les populations du Baoulé-Nord, avides de produits de prestige importés d'Europe, se montraient parfois cupides. Ces années de fascination devant les produits importés et la facilité dans leur acquisition avaient, peu à peu, conduit les peuples du centre et ceux de la basse côte à délaisser ce qui faisait, naguère, leur force : leur courage et leur esprit de créativité.

Par ailleurs, la demande de plus en plus importante des marchandises européennes, d'une part, et des produits africains par les fabriques européennes, de l'autre va entraîner la suppression de la monnaie « indigène » et l'introduction des billets de banque dans le commerce de traite à Bouaké.

III - DE LA MONNAIE PRÉCOLONIALE À L'INTRODUCTION DES BILLETS DE BANQUE DANS L'ÉCONOMIE DE MARCHÉ JUSQU'EN 1921

La monnaie est, de toute évidence, l'un des éléments-clés de tout système économique. À l'époque précoloniale, au-delà du système de troc, ont existé des monnaies dites spécifiques : l'or et les cauris qui sont les monnaies universelles. Toutes ces monnaies précoloniales étaient, à la fois, aliquotes, fongibles et fiduciaires. C'est-à-dire qu'au-delà de leur valeur usuelle, ces monnaies servaient à faire d'autres choses – réparation d'un tort fait à quelqu'un –. De plus, elles étaient mesurables, convertibles et inspiraient une certaine confiance. Mais, malgré toutes ces assurances, l'administration coloniale a jugé utile de les supprimer afin d'introduire dans le système d'échanges des billets de banque.

1. La monnaie « indigène » dans l'économie urbaine de Bouaké

Deux types de monnaies précoloniales ont servi dans les transactions dans le Baoulé-Nord. La première catégorie de monnaies dites spécifiques regroupe la manille, les perles d'aigri et les sombés. Toutes ces monnaies avaient des fonctions économiques et sociales. Elles étaient convertibles et comptabilisables. La manille était une monnaie courante dans l'ensemble de la colonie; elle n'y était pas une monnaie de référence. Il s'agit des anneaux à base d'alliage de bronze et de zinc. Les populations du sud et, surtout, de l'ouest de la Côte d'Ivoire (en pays Bété, Dida et Gouro) en fabriquaient un autre type, mais en s'inspirant de celles qui étaient importées de Liverpool, de Nantes et de Manchester par les commerçants européens. La manille au XIXème siècle était utilisée sous forme de bracelet, mais, aussi, comme une monnaie dans l'achat des produits africains.

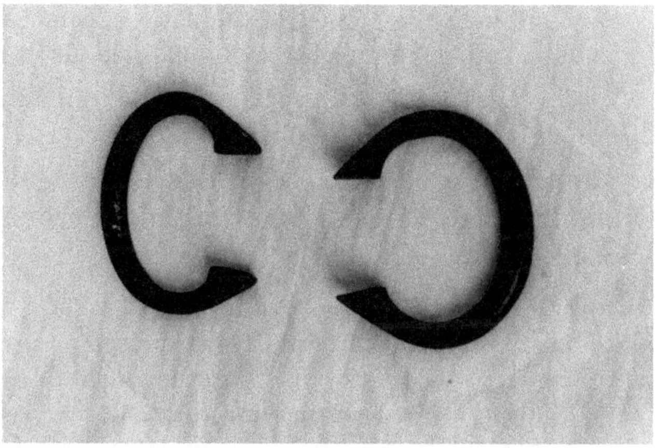

Titre: La Manille, monnaie traditionnelle africaine
Source : Photo prise par Alphonse Sekré Gbodjé

À côté de la manille, on a le sombé et les perles d'aigri. Le sombé est d'origine soudanaise. C'est une barre de fer, longue de 24 cm qui servait initialement dans l'agriculture. Quant aux perles d'aigri, elles étaient utilisées comme des colliers. Mais, au-delà de ces fonctions sociales, les sombés et les perles d'aigri servaient de monnaies dans les transactions locales, tout comme la manille.

La deuxième catégorie de monnaies précoloniales est constituée de l'or et des cauris qui sont des monnaies universelles. À ce titre, ils étaient utilisés dans les transactions importantes à caractère mondial. L'or était extrait dans le sud de la colonie et dans le centre en pays Akan : Dimbokro, Kocoumbo, Yamoussoukro, Toumodi[199] etc... Quant aux cauris, ils provenaient de la mer Rouge par la route du Nord. L'or et les cauris entraient, en réalité, dans le commerce extérieur tandis que la

[199] Étienne (P.), « La diffusion de l'économie monétaire et la transformation des rapports sociaux chez les Baoulé », in ***Cahiers d'ORSTOM***, Abidjan, ORSTOM, S A, 1976, pp. 1-16, p.14.

manille, le sombé et les perles d'aigri, dans le commerce local. Toutes ces monnaies ont été utilisées dans le commerce de marché à Bouaké. Mais, plus tard, l'administration coloniale de l'Afrique-Occidentale Française décidera que toutes les monnaies précoloniales soient purement écartées du circuit commercial au lieu et place des billets de banque. Cette mesure qui visait à inscrire le commerce local dans la dynamique de l'économie universelle a été mal accueillie par les commerçants et hommes d'affaires africains. Pour eux, ce n'était qu'une mesure injuste et discriminatoire. En réalité, elle cachait une nouvelle forme d'exploitation économique des Africains dont la monnaie a été injustement qualifiée de « monnaie indigène. »

2. La suppression de la « monnaie indigène » et l'introduction de billets de banque dans l'économie de marché à Bouaké

Dans les lignes précédentes, nous avons présenté le système monétaire de l'époque précoloniale en cours dans la colonie. La manille, le sombé, les perles d'aigri, l'or et les cauris étaient des monnaies locales ou universelles. Au-delà de leurs fonctions sociales, elles avaient une dimension économique. Le rapport économique de 1915 confirme l'existence desdites monnaies sur l'ensemble de la colonie: *« La manille, le sombé et autre monnaie en cuivre en forme de bracelet étaient en circulation en Côte d'Ivoire. »*[200]Mais, contre toute attente, la circulation de la manille a été interdite par le conseil d'administration et des politiques économiques en sa séance du 27 mars 1915. On lui substitua la monnaie divisionnaire et de billon. La mesure de substitution a été envisagée parce que la manille était une monnaie interdite dans la colonie par les Européens, même si un autre type était fabriqué par certains Africains[201].

Le souci d'équité a, donc, motivé cette compensation monétaire qui faisait l'affaire des Européens et non des Africains. Car, en réalité, il n'était pas question de convertir ou d'échanger les manilles contre cette nouvelle monnaie. Or, certains indigènes disposaient encore d'importantes quantités de manilles et de cauris chez eux. Lorsque nous avons interrogé Félix Zamati sur la présence des sacs de manilles chez lui, il nous confia : *« les Blancs, en interdisant ces monnaies de nos parents, n'ont pas cherché à les*

---

[200]ANCI /V-33-31/1QQ42 (rapport économique) colonie de Côte d'Ivoire, cercle du Baoulé-Nord : 1910-1919, interdiction de la circulation des monnaies indigènes (manille et sombé).

[201] ANCI /lEE 36 (2/1), archive déjà citée.

convertir; Il n'y a eu aucun mécanisme de conversion des monnaies indigènes en billets de banque. Les monnaies à supprimer n'ayant pas d'équivalence, nos parents étaient désaxés, ne sachant plus à quoi s'en tenir. C'était toute la richesse de ma famille qui devait repartir à zéro pour acquérir les billets de banque introduits dans le système commercial de l'époque coloniale. »[202] On peut, dans ce contexte, affirmer que la conséquence immédiate a été la réduction du pouvoir économique des Africains.

Quant aux sombés et autres monnaies métalliques de fabrication purement africaine, elles n'avaient aucune valeur intrinsèque et commerciale ; elles durent être systématiquement supprimées et retirées de la circulation. Dans le pays gouro en contact avec le Baoulé-Nord et avec Tiassalé, le vœu de la suppression des sombés est émis par le capitaine Faussat, commandant de cercle. En effet, dans sa réponse au télégramme N° 26BB du gouverneur de la colonie, Faussat suggère au gouverneur de prendre un arrêté interdisant, d'une manière absolue, l'usage des sombés. D'abord, pour permettre la circulation des billets de banque et, ensuite, pour mettre fin à la vaste escroquerie organisée par les commerçants dioula sur les marchés.

À propos de la suppression du sombé, voici, du reste, les raisons qu'il avance: *« les Dioula, en effet, principaux acheteurs du caoutchouc et des colas récoltés par les autochtones déterminent à leur gré le cours des sombés (...). Les Gouro et les Baoulé qui ne se sont pas encore familiarisés avec notre monnaie et qui pour la plupart ne font aucune différence entre la pièce de 0,50 et celle de 1,00 qu'ils refusent, sont obligés d'acheter et de vendre selon le bon plaisir des Dioula, c'est-à-dire de prendre et d'accepter les sombés au cours fantaisiste des Soudanais. Pour payer l'impôt, les Gouro vont apporter des sombés que les chefs des postes ne pourront écouler ; car cette monnaie se trouvera dépréciée. Il m'apparaît donc qu'il convient d'interdire l'usage des sombés pour hâter l'emploi exclusif de notre monnaie, plus commode, et laquelle présente, en outre, l'avantage d'avoir une valeur fixe et de rendre par conséquent impossible des variations de cours au préjudice des autochtones. »*[203]

Ce vœu, émis le 5 janvier 1913, sera entendu deux ans plus tard. En effet, en mai 1915, un arrêté pris par le conseil d'administration des affaires économiques, et soutenu par la direction de la chambre de commerce de Côte d'Ivoire, a interdit, non seulement, la fabrication des sombés, mais, également, leur circulation[204]. Cette mesure visait aussi

---

[202] Zamati Félix, patriarche et propriétaire terrien à Sékourililié Sous-préfecture de Lakota. -Entretien directif déjà cité.

[203] ANCI/V-33-31/1QQ42, colonie de Côte d'Ivoire, cercle des Gouro 1910-1919

[204] ANCI/1QQ42/V-33-31, archive déjà citée.

toutes les autres monnaies métalliques africaines. Pour l'administration coloniale, si ces monnaies ont été tolérées pendant longtemps, c'est parce qu'elle ne disposait pas de quantité suffisante de monnaies légales devant les remplacer.

Nous proposons ici les articles 1er et 3ème de l'arrêté récusant la circulation de la monnaie non légale. Leur contenu et teneur permettront de mieux comprendre l'esprit d'hégémonie de la métropole: *« -Article 1er : À compter du mois de mai 1915, la fabrication et la circulation des sombés et de toutes autres monnaies métalliques indigènes sont interdites dans la colonie. — Article 2e : toute monnaie indigène visée par l'article 1er trouvée en circulation après la date susvisée sera confisquée sans préjudice des poursuites à exercer : - En ce qui concerne les Européens et Assimilés, en vertu de l'article du Code pénal - En ce qui concerne les indigènes, en vertu de l'article 19 du décret du 16 août 1912 (poursuite devant les tribunaux de cercle). - Article 3e : le présent arrêté sera enregistré et communiqué partout au besoin, Bingerville le 27 mars 1915, par autorisation, le secrétaire général P. Lapalud. »*[205] Ce n'est qu'à la suite de cet arrêté que le conseil d'administration et des affaires économiques de la colonie va décider de l'introduction des billets de banque dans le système économique. Cette initiative qui bouleverse les habitudes commerciales des Africains est soutenue par une forte propagande allant dans le sens de faire accepter aux populations africaines la nouvelle monnaie. L'indignation et l'indiscipline traduisent le refus des Africains de renoncer à leurs monnaies. En effet, la B.A.O (Banque de l'Afrique occidentale) est chargée de l'émission des billets de banque. Avec un capital de 6.000.000 frs, elle siège à la rue La Bruyère, n° 38, de Paris. La *Bancafric* sise à Grand-Bassam en est la succursale[206].

À partir de 1934, la circulation des billets de 5 frs est effective dans le Baoulé-Nord. La note de l'administrateur du cercle des Tagouana adressée à Monsieur le Gouverneur de la Côte d'Ivoire (Bingerville) révèle ce fait : *« les billets de cinq (5) francs circulent aisément dans les agglomérations les plus importantes du cercle, surtout chez celles qui comptent des éléments dioula et commerçants. Une partie des paiements de l'agence spéciale est effectuée en billet, le tiers de l'allocation mensuelle aux familles de tirailleurs est payé en monnaie fiduciaire. »*[207]

Quant à l'administrateur commandant du cercle du Baoulé-Nord, il invite tous les chefs de poste du cercle à profiter de toutes les occasions pour entretenir les Africains de l'importance des billets de banque, de la

[205] ANCI/1QQ42/ V-33-31, archive déjà citée.
[206] Idem,
[207] Ibid. Cf. la réponse de l'administrateur du cercle des Tagouana au circulaire N°304. du 14 septembre 1916 relatives à l'extension de la monnaie fiduciaire.

nécessité de leur circulation afin de les amener à accepter toutes les coupures de la banque de l'A.O.F. Les billets de banque viennent, en effet, bouleverser l'ordre monétaire ancien marqué par une certaine prédominance du sombé et de la manille dans les divers échanges entre les populations africaines. C'est la raison pour laquelle leur acceptation apparaît comme un acte douloureux. C'est à ce titre que l'administrateur du cercle d'Ouorodougou dira, dans sa réponse, au télégramme n° 289 du gouverneur de la Côte d'Ivoire à Bingerville que la persuasion sera difficile chez les Africains dont beaucoup acceptent la pièce de deux (2) francs avec méfiance[208]. Il est, donc, clair que les Africains, méconnaissant la nouvelle réalité financière, se refusent d'y adhérer. Les administrateurs de cercle chargés d'appliquer certaines mesures et décisions du gouverneur de la colonie se sont vite rendu compte de cette évidence. De plus, ils réalisent même que sur le terrain, les billets de banque sont falsifiés et leur circulation fait l'objet d'une vaste escroquerie.

L'administrateur du cercle d'Ouorodougou, dont les populations sont en relation commerciale avec les marchés de Bouaké, signifie ses inquiétudes au gouverneur en ces termes: *« ... Je crains d'autre part que la circulation de ces coupures n'ouvre la porte à des escroqueries en nombre de la part d'indigènes plus intelligents, mais prêts à tout pour la satisfaction de besoins créés lors des époques de proscriptions commerciales, au détriment de populations ignorantes et incapables de discerner un billet de banque d'un autre morceau de papier »*[209].

En réalité, la méconnaissance des billets de banque par les populations africaines avait conduit au rejet de tout système bancaire. Mais, la direction de la BAO et le gouverneur de la colonie vont, à travers les administrateurs de cercle, prendre certaines mesures qui ne laisseront, comme choix aux colonisés, que l'utilisation systématique de la nouvelle monnaie.

3. Le rejet des billets de banque par les « indigènes »

La suppression de la monnaie africaine par l'administration coloniale et l'introduction des billets de banque dans l'économie capitaliste à Bouaké sont jugées discriminatoires et injustes par les commerçants africains. Dans une partie de la colonie, notamment, dans le Baoulé-Nord et dans le pays

[208]ANCI /V-33-31/1QQ42, archive déjà citée. cf. **La note de l'administrateur de l'Ouorodougou au gouverneur de la colonie.**

[209]ANCI /1QQ42/ V-33-31, archive déjà citée. cf. **La note de l'Administrateur de l'Ouorodougou au gouverneur de la colonie.**

Sénoufo, les Africains acceptent difficilement cette nouvelle monnaie. En effet, les billets de banque sont méconnus des Africains. Ils en ignorent la valeur et ne sont même pas certains qu'ils en aient. Les avantages à en tirer sont, en effet, moins perceptibles et les marchands africains n'entendent pas composer avec ces papiers qu'on leur propose comme monnaie.

Au-delà de ces inquiétudes diverses, les populations de la colonie ont exprimé leur crainte quant à la manipulation et à la conservation des billets de banque. Ils craignent de les salir ou de les déchirer pendant les échanges. L'administrateur du cercle de Grand-Lahou dans son adresse à monsieur le gouverneur de la Côte d'Ivoire en date du 15 décembre 1914, présente toutes les craintes des colonisés. *« L'indigène en général apprécie peu le papier-monnaie qu'il n'aime pas conserver chez lui par crainte exagérée du feu, des méfaits des rats, cancrelats, etc. en réalité les opérations commerciales des autochtones sont peu importantes et s'ils possèdent du papier, ils s'empressent de le changer dans les maisons de commerce à la première occasion. »*[210].

Cette situation n'est pas de nature à faciliter les choses et tout semble pratiquement ne pas aller dans le sens souhaité par l'administration coloniale. D'où certaines mesures incitatives pour amener les commerçants africains à accepter les billets de banque dans leurs différentes coupures.

4. Les mesures incitatives et l'utilisation des billets de banque dans les transactions commerciales

« Je vous rappelle à nouveau que vous devriez profiter de toutes les occasions qui se présentent pour faire disparaître de leur esprit cette crainte et les amener à préférer l'emploi de la monnaie fiduciaire à la monnaie d'argent. »[211]Le gouverneur de la colonie de Côte d'Ivoire, dans son adresse de septembre 1916, aux administrateurs de cercles, semble être très inquiet et préoccupé par la situation de crise de confiance monétaire qui règne dans son fief. Son adresse n'est rien d'autre qu'une interpellation de ses proches collaborateurs de la côte comme de l'intérieur du pays à tout mettre en œuvre pour l'acceptation et la circulation effective des billets de banque dans les milieux africains. En effet, la place des Africains dans l'économie de marché à Bouaké est déterminante. Ils constituent, non seulement un

[210]ANCI /1QQ42/ V-33-31, archive déjà citée., **cf. réponse de l'administrateur du cercle de Grand-Lahou au gouverneur de la colonie A/S de l'acceptation des billets de banque AOF de 5 francs par les indigènes.**
[211] Idem

véritable marché de consommation de produits européens, mais aussi les principaux collaborateurs des marchands français. Le cas des Dioula est illustratif à cet égard. Ce sont eux les principaux agents commerciaux, intermédiaires entre les Européens et les populations africaines. C'est pourquoi le refus des billets de banque par les Africains fragilise le système commercial à Bouaké et dans les villes importantes de la colonie. On comprend alors pourquoi les Européens brandissaient aux Africains les billets de banque dont l'utilisation, selon eux, était la seule voie capable de leur ramener la stabilité économique.

Le gouverneur de la colonie, dans cette logique, n'hésitera pas à inviter les administrateurs de cercle à se référer au manuel des palabres pour lever toute incompréhension au sujet de la question monétaire : *« dans le Manuel des palabres, vous trouverez des indications claires et à la portée des indigènes, sur la façon de reconnaître la valeur des billets, ainsi que sur les avantages qu'ils procurent pour les transactions, pour les transports de numéraires et surtout pour le paiement de l'impôt, qu'il sera toujours agréable à l'administration de percevoir en billets de banque. »*[212]Après cette déclaration, le gouverneur s'est voulu long dans les explications allant dans le sens de la dissipation des craintes des Africains, relatives aux difficultés de conservation des papiers-monnaies. En effet, les Africains ont eu l'habitude de transporter leur argent noué au coin de leur pagne. Il s'agit, surtout, des femmes. Or, il arrive fréquemment que le pagne se dénoue et qu'elles perdent leur argent. C'est pourquoi le gouverneur suggère que les commerçantes ou commerçants africains mettent argent et *papier-monnaie* dans des boites métalliques ou dans des bourses en cuir. Ainsi, les Africains éviteraient de perdre leurs sous, tout en se gardant de froisser les billets et de les mettre hors de service.

Par ailleurs, le gouverneur conseille de soutenir les différentes techniques de fabrication d'instruments de conservation et de moyens de transport d'argent qui ont cours dans la basse et la haute Côte d'Ivoire. Dans la première région citée, les hommes portent, presque toujours, des ceintures auxquelles il est facile d'attacher une petite boîte ou un porte-monnaie alors que dans la haute Côte d'Ivoire, les colporteurs, en particulier, ont l'habitude de fabriquer de petits sacs en cuir plat qu'ils portent suspendus au cou et dans lesquels ils mettent leur argent. Ces techniques et moyens de port devraient inspirer les populations

[212]ANCI V-33-31/ 1QQ42, Colonie de Côte d'Ivoire, cercle du Baoulé-Nord. Introduction des billets de banque et propagande en faveur de leur circulation en Côte d'Ivoire. **cf. L'adresse du gouverneur aux administrateurs de cercle A/S de la circulation fiduciaire.**

commerçantes du Baoulé-Nord afin d'éviter de salir les billets de banque, de les déchirer ou de les voir ronger par les rats.

L'administration coloniale va au-delà de ces simples indications pour proposer une mesure beaucoup plus concrète qui rassure davantage les Africains dans l'utilisation pratique des billets de banque. En effet, les populations africaines doivent désormais comprendre que les billets, même déchirés, conservent encore toute leur valeur et qu'elles peuvent les présenter aux caisses publiques qui les échangeront. À cet effet, dira le gouverneur de la colonie, les comptables des différents cercles devraient accepter tous les billets en mauvais état afin de les transmettre à la banque[213].

Bref, l'intention des autorités coloniales est de faire comprendre aux commerçants et à l'ensemble de la population africaine, comment grâce à l'usage des billets de banque, il leur sera facile de conserver les sommes importantes dont ils pourraient disposer. II s'agit, souvent, des sommes volumineuses, lourdes et difficiles à cacher dans la terre comme par le passé. Avec la monnaie fiduciaire, les Africains pourraient conserver, dans de petites boîtes métalliques, des sommes considérables, à l'abri des voleurs et de l'incendie[214]. L'injection des billets de banque dans le commerce de traite à Bouaké pourrait donc être salutaire pour les indigènes.

Conclusion partielle

Au total, que faut-il retenir de cette deuxième partie de l'étude ? Ou encore, quels sont les résultats qui mettent en relief l'intérêt et la portée historique du sujet ? Avant tout commentaire, il serait opportun de dresser le tableau des faits et évènements qui ont marqué la période étudiée. Nous avons essayé de réfléchir à la question de la présence des colonisateurs français et du développement d'une économie coloniale de marché, de 1898 à 1921. L'historique et le contexte général de la venue des Français en Côte d'Ivoire nous ont permis de comprendre les mobiles réels de la création du poste militaire de Bouaké en 1898, poste duquel naîtra le pôle économique dont nous analysons l'histoire. En 1910, la politique coloniale de transformation et d'aménagement du tissu urbain de la ville naissante se renforcera et se consolidera avec la création du quartier de commerce européen.

213 ANCI /V-33-31/1QQ42, archive déjà citée.
214 ANCI /PP 601, Colonie de Côte d'Ivoire, mouvement général des monnaies en Côte d'Ivoire, statistiques générales du mouvement monétaire : 1914 -1919, 1920 – 1931.

En 1912, Bouaké devient le terminus du chemin de fer. À partir de ce moment, la ville est prise d'assaut par d'autres peuples du pays –les Apolloniens notamment–, par les Soudanais, les voltaïques, les Sénégalais, les français et par les Libano-Syriens ; le train est le principal catalyseur du dynamisme commercial. Désormais, les produits commerciaux en provenance du Soudan et de la région de Bouaké sont récupérés à partir de la station ferroviaire de Bouaké pour être acheminés vers la côte. De même, le train, en remontant jusqu'à Bouaké, transporte les produits importés de l'Europe. Aussi notons-nous qu'entre 1912 et 1913, une série de maisons de commerce européen qui, en réalité, sont des compagnies de commerce s'installent à Bouaké. Toutes ces compagnies donneront, en effet, un cachet particulier à l'économie de traite en cours dans le quartier européen.

L'intérêt et la portée historique de cette étude pourraient résider ici. Ce quartier, qui a longtemps servi de commerce européen à Bouaké, a survécu à l'usure du temps. Ses bâtiments et maisons qui ont servi de lieu de négoce à cette époque existent encore. Certains servent toujours de boutiques et d'autres de bâtiments administratifs – c'est le cas des locaux de la Mairie du château situés derrière le Palais de carnaval et toutes les boutiques actuelles qui longent la rue de commerce –. L'existence de ce quartier de commerce européen est l'une des réponses à une de nos hypothèses relatives à l'avènement de la ville marchande. De nouveaux besoins commerciaux et industriels apparaissent avec le développement des activités de Gonfreville. Les relations commerciales entre les producteurs des produits de cru et les commerçants de la ville vont prendre des proportions importantes et l'on peut constater une certaine vitalité économique au niveau du centre urbain de Bouaké dès 1921.

Troisième partie

Développement et rayonnement du centre économiques de bouaké : 1921-1939

L'année 1921 est une date fondamentale dans l'histoire économique de Bouaké. Plusieurs éléments constitutifs d'une économie industrielle et de marché identifient cette date. En effet, c'est l'année où l'industrie Robert Gonfreville s'implanta à Bouaké. Elle y est perçue comme un véritable élément catalyseur et régulateur de l'économie industrielle naissante et du mouvement commercial: transformation de produits agricoles – notamment le coton –, mouvement de population en quête d'emploi vers l'usine et commercialisation des produits industriels. C'est aussi l'année où les structures des premiers marchés coloniaux construits en 1913 ont été renforcées afin que plusieurs maisons de commerce s'y installent. À cela, s'ajoute la multiplication des ‘‘marchés ruraux’’ et des ‘‘comptoirs de brousse’’ installés par les Européens et les Dioula, afin de mieux exploiter les ressources économiques des zones rurales et écouler les produits de ces campagnes vers le marché urbain. Bref, dès 1921, la ville de Bouaké et sa région vont connaître un mouvement économique particulier. Grâce à l'avènement de l'industrie Gonfreville, l'activité commerciale s'intensifie dans la ville. Le flux démographique devient relativement significatif, car, de 600 habitants en 1898 – date de la création du pôle économique –, on passe à 3514 habitants en 1921[215], et le mouvement commercial gagne en intensité, embrassant l'ensemble du pays baoulé et, au-delà, les contrées lointaines du territoire ivoirien.

Cette dynamique économique va s'observer jusqu'en 1929 où elle s'émousse brusquement, à cause de la crise économique mondiale. En effet, l'économie de marché est affectée; partout, les prix des produits commerciaux importés qui sont de première nécessité grimpent exagérément, et l'activité commerciale à Bouaké décline. Ainsi, l'industrie naissante se trouve en difficulté malgré les efforts de restructuration et de modernisation de l'outillage industriel par monsieur Robert Gonfreville. La crise affectera également le tissu social, surtout, la couche la plus défavorisée. L'insécurité, c'est-à-dire le banditisme et la prostitution, favorisés par la pauvreté et la misère accentuée sont les maux qui rongent la société de Bouaké... C'est le désespoir chez certains citadins qui n'hésitent pas à migrer vers les zones forestières de l'Est, et du sud-ouest à économie de plantation. Mais, dès 1931, le gouverneur Dieudonné François-Reste conçoit une politique de sauvetage de l'économie de traite. Il s'active à élaborer des plans et méthodes de sortie de crise économique: Bouaké et sa région vont bénéficier, à l'instar des autres régions du territoire ivoirien, de certaines mesures incitatives pour accroître la production économique.

Les résultats de cette politique seront très manifestes dans la région de Bouaké. Car, l'on constatera une augmentation de la production

[215] ANCI /5DD5 VI-4172/Carton 3003.

agricole qui fera rapidement de Bouaké l'un des principaux greniers de produits vivriers et le deuxième poumon économique de la Côte d'Ivoire après Abidjan. Mais, malheureusement, la Deuxième Guerre mondiale viendra encore freiner ce dynamisme économique retrouvé dès 1939.

CHAPITRE SIXIÈME

LA DYNAMIQUE ÉCONOMIQUE DE BOUAKÉ : 1921 - 1929

Dès 1921, on note à Bouaké le renforcement de l'outillage économique. Aux structures artisanales de production existantes, s'ajoute désormais l'unité industrielle Robert Gonfreville de type moderne. À partir de cet instant, le marché urbain connaît une animation particulière avec la prédominance des produits industriels jusqu'en 1929.

I - MISE EN PLACE ET RENFORCEMENT DE L'OUTILLAGE INDUSTRIEL DES 1921

Les activités de type artisanal persistaient encore jusqu'en 1921, date à partir de laquelle l'administration coloniale a jugé nécessaire de moderniser le tissu industriel.

1. La persistance de l'artisanat dans l'économie urbaine

En 1912, nous sommes à 48 ans de l'indépendance de la Côte d'Ivoire, et force est de constater qu'aucune structure industrielle moderne n'est installée dans la colonie. Le fait n'est pas fortuit. C'est le choix de la puissance métropolitaine. La France n'entendait pas, en effet, développer, dans sa colonie, des structures industrielles. La Côte d'Ivoire, à l'instar des autres pays de l'empire colonial français, devait servir de "mamelles" en restant exclusivement le grenier de matières premières, et non un pôle industriel, susceptible de rivaliser, à l'avenir, avec l'industrie française. Telles sont les raisons de la persistance de l'artisanat dans l'économie urbaine à Bouaké.

À côté de l'agriculture d'autosubsistance, l'artisanat de fabrication de la potasse était perçu comme une activité secondaire, mais non moins importante. L'artisanat a marqué, de son empreinte, la vie sociale et économique des populations de la région de Bouaké. La machette la houe et la daba sorties des forges sont de véritables outils de production agricole. Les statues ou autres représentations en bois servaient souvent pour les besoins religieux et mystiques. La valeur et la portée historique, voire, économique de l'activité artisanale, sont aujourd'hui manifestes. Car, après l'indépendance de la Côte d'Ivoire en 1960, l'artisanat s'est solidement enraciné dans la ville. La menuiserie, la maçonnerie, la plomberie et la vannerie prennent une place importante avec le nombre croissant de la population citadine. Toutefois, à Bouaké, on note un début d'implantation de quelques entités industrielles. Il s'agira de l'A.C.C. – Association Cotonnière coloniale – et de l'établissement Robert Gonfreville.

2. Le tissu industriel urbain modernisé dès 1921

La région du Baoulé-Nord et la zone septentrionale de la Côte d'Ivoire se prêtaient bien à la culture du coton. L'administration coloniale entendait tout mettre en œuvre pour exploiter ce produit. À l'A.C.C – ***Association Cotonnière Coloniale*** – qui n'est rien d'autre qu'une "usine" d'égrenage, s'ajoute l'E.R.G – ***Établissement Robert Gonfreville*** – en 1921. Cet établissement a le mérite d'être cité ; il est la marque visible de cette industrie urbaine, qui est caractérisée par l'utilisation de la machine permettant de transformer la matière première et susceptible d'absorber un salariat qui vend sa force de travail au propriétaire des moyens de production.

L'A.C.C. est une entreprise française. Elle est régie par la loi du 1er juillet 1901 et déclarée le 15 février 1903[216]. Avant 1914, cette association a implanté plusieurs entités d'exploitation textile à Dimbokro, Bouaké, Bouaflé, Vavoua, Zuénoula, Dabakala, Bondoukou, Odiénné, Séguéla et Korhogo. Il s'agit, dans l'ensemble, des égreneuses de transformation du coton brut pour la consommation locale.

L'unité d'égrenage de Bouaké était, quant à elle, implantée précisément à l'endroit actuel où se situe le bâtiment des travaux publics. Le bâtiment de "l'usine" était en banco et les ateliers se trouvaient au sein du local. L'ex-garage administratif où les travaux publics ont à présent installé leurs ateliers était le garage construit par les sociétaires de l'A.C.C. Tout le matériel de l'égreneuse y était transféré et gardé. Djibo Sounkalo confirme l'existence de cette unité d'égrenage : *« j'ai vu de mes*

---

[216]Mairie de Bouaké, C.993.M, le Maire-B-b/***Bouaké, sa création et son développement***, p.11.

yeux la case vétuste qui servait de local à l'entreprise, mais qui, au moment de ma prise de fonction à la tête de la commune en 1956, n'existait plus. »[217]

De 1926 à 1928, "l'usine" d'égrenage a reçu de nouvelles machines en renforcement de son matériel. Cette action de l'A.C.C visait à développer la production et l'achat du coton par la France. Car le bon fonctionnement des unités de filatures métropolitaines en dépendait. En 1919, l'A.C.C. avait égrené 35 à 40 tonnes de coton.[218] Ce rendement était satisfaisant pour la métropole et était perçu comme un appel aux opérateurs économiques pour investir à Bouaké. C'est pourquoi, dès 1921, il a été fondé une société en commandite, la *H.A.C.C.I. – Havraise Agricole et Commerciale de la Côte d'Ivoire –*, Gonfreville et Cie. Cette société naquit, en effet, sur l'initiative de Robert Gonfreville, un ancien fonctionnaire français en poste en Côte d'Ivoire depuis 1912[219].

Le premier ensemble industriel important de filature, de tissage, d'impression et de confection du coton implanté à Bouaké, a été l'usine Robert Gonfreville du nom de son fondateur qui s'installe à Bouaké aussitôt qu'il arrive en Côte d'Ivoire en 1912. Il réalise que Bouaké présente des possibilités et des avantages pour la culture et la production du coton. En même temps, il remarque que le traitement du coton se faisait de façon artisanale et anarchique. C'est ainsi qu'il eut l'idée de remplacer ce travail artisanal, peu rentable et moins rationnel par une infrastructure industrielle de fabrication des fils et tissus.

Ainsi donc, à partir de 1921, monsieur Robert Gonfreville fait venir de France, un lot de matériels d'occasion comprenant une locomobile, une égreneuse de coton, une carde, deux continus à filer, un métier à retordre, un ourdisseur et son centre, quatre métiers à tisser. Toute cette gamme de matériels va permettre à cet opérateur économique d'implanter son industrie sur un vaste domaine de 16 ha, au nord de la ville, en bordure de la voie ferrée.

En 1925, l'usine prend un élan nouveau. Robert Gonfreville, ayant réuni des capitaux plus importants, n'hésita pas à mettre en place une nouvelle installation industrielle sur le site. Cette installation comprenait des matériels très performants, à savoir *« deux machines à vapeur de 200 à 50 CD (Candela : unité d'intensité lumineuse) quatre égreneuses, une presse ; une ouvreuse ; cinq assortissements de carte, huit continus à*

[217]Djibo Sounkalo (1er Maire africain à la tête de la commune de Bouaké 1956-1980). Entretien directif du 12 avril 1998 à Cocody-Abidjan- thème : évolution spatiale et économique de la commune Durée: 2 h 30 mn.
[218] Mairie de Bouaké, C.993.M. Le Maire-B- I. a/, brochure déjà citée, p.13.
[219]Kipré (P.), ***Op. cit.***, t_2, p.26.

filer (ensemble 1.632 broches), deux métiers à retordre, un ourdisseur et son centre ; dix-neuf métiers à tisser. »

De 1926 à 1929, deux grands bâtiments industriels furent construits. Dès lors, Gonfreville pouvait être considérée comme la plus importante structure manufacturière de la colonie. Toute la production de coton du Baoulé-Nord, des régions de Katiola, de Mankono, de Séguela et de Korhogo, est dirigée vers Gonfreville pour son traitement. Les premiers résultats furent encourageants. Car, durant cette période, l'usine utilisait 300 tonnes de fibres par an, soit 900 ou 1.000 tonnes de coton brut. La production de coton cardé et mèche (1.100 tonnes), de fils divers et de tissus est considérable. Et la vente de ces produits ne pose pas de problème. Une partie est écoulée en France et une autre, vendue sur le marché de Bouaké et dans la sous-région. Les établissements Robert Gonfreville connaissent alors une prospérité remarquable et donnent un souffle nouveau à l'économie de Bouaké. Mais, cet élan va s'évanouir avec la crise des années 1930 et, surtout, avec la mort de monsieur Gonfreville en 1933.

Madame Gonfreville, succède à son mari et décide de poursuivre l'œuvre. Son dynamisme et son esprit des affaires permettent à l'usine de reprendre normalement ses activités à partir de 1936. En conséquence, l'entreprise prit le nom de "Société de veuve Robert Gonfreville". En 1938, des modifications et améliorations techniques furent opérées pour renforcer le matériel industriel et le capital de l'entreprise atteint les 4.000.000 frs[220]. Dès lors, l'établissement Robert-Gonfreville s'impose et domine les autres usines d'égrenage de Korhogo et de Dimbokro qui produisent respectivement 110 et 130 tonnes de coton égrené par an contre 700 tonnes pour Gonfreville. Le ramassage du coton et de certains produits agricoles dans les campements et villages intensifieront les relations commerciales entre les citadins et les ruraux.

II-LES RELATIONS COMMERCIALES "VILLAGES - VILLE" AVANT 1929

Le village est une petite agglomération rurale, susceptible de contenir plusieurs milliers d'habitants, mais dont l'activité est essentiellement agricole. C'est aussi le cadre de développement des valeurs traditionnelles.

---

[220]ANCI /QQVI-25-65, Dossier 3705, Colonie de Côte d'Ivoire, copie de correspondances échangées avec le service de l'agriculture au sujet des prochaines séances de la chambre d'agriculture et d'industrie de la Côte d'Ivoire : 1931-1932 ; 1936-1937-1938.

L'introduction générale de la thèse a déjà donné une large définition de la ville. Mais, pour éclairer davantage le lecteur, nous rappelons que la ville est une agglomération importante et différente du village, sous le rapport de la superficie et du nombre significatif de sa population qui exerce, en majorité, des activités non agricoles. En effet, la ville se définit à partir de ses structures socioprofessionnelles et culturelles: les structures administratives, l'industrie, le commerce, les écoles et les centres de santé. La ville, dans l'esprit de certaines personnes, est le centre de décisions sociopolitiques et économiques par excellence. De là, l'idée très répandue selon laquelle la ville est le centre qui régit toute la vie de la communauté villageoise. La thèse de la subordination ou de la dépendance du village vis-à-vis de la ville n'est pas admise par tout le monde. Nous pensons plutôt qu'il faut parler de complémentarité, à défaut, d'interdépendance entre les deux entités spéciales.

En effet, le mécanisme du système marchand entre les habitants des villages autochtones et les citadins est complexe. Il faut arriver à sa compréhension, par l'analyse de certaines modalités pratiques d'intervention des citadins dans le monde économique rural ou, inversement, celle des ruraux dans la vie urbaine. Dans le cadre de l'étude sur Bouaké et sa région, plusieurs éléments peuvent permettre de saisir la nature et les mécanismes de ces relations commerciales: le nombre croissant des marchés ruraux et comptoirs de brousse, les produits vendus à la ville et les articles ramenés de la ville par les campagnards, les animateurs communs du commerce entre villageois et citadins et les détenteurs du pouvoir socio-économique au niveau de ce type de relations[221].

1- Le commerce "indigène" et les "comptoirs de brousse"

Le commerce africain de l'époque précoloniale a été le sous-bassement de l'économie coloniale urbaine à Bouaké et ailleurs dans les autres villes importantes de la Côte d'Ivoire. À partir des années 1912 et 1913 avec l'implantation des maisons de commerce européen à Bouaké et la création des premiers marchés coloniaux, le nombre des marchés ruraux de la région et des ''comptoirs de brousse'' s'est accru et a atteint un chiffre significatif dès 1921, avec la création de l'industrie Robert Gonfreville. En effet, à côté des marchés de Kotia Koffikro et de Gbêkêkro, d'autres marchés, dont l'importance paraissait s'accroître, ont existé. Il s'agit, en effet, des marchés africains au sein de la ville même de Bouaké, des

[221]Ancey (G.), ***Bouaké : sa couronne et région ; une analyse de relation de voisinage ville-campagne. Essai d'interprétation,*** Thèse de doctorat, Abidjan, ORSTOM, 1971, 378p., p.201.

marchés de Bamoro situé sur la route de Korhogo, de Diabo et Gottoro sur la route de Mankono, d'Assikro sur la route de Sakassou. Ces différents marchés ont été des centres de commerce assez importants. Mais, à côté d'eux, on notait que chaque village disposait d'au moins une place commerciale où se faisaient les échanges à la descente des champs.

Par ailleurs, pour mieux canaliser le mouvement commercial et, surtout, la masse des produits commerciaux des campagnes vers la ville, les Européens et leurs intermédiaires dioula ont créé des "comptoirs de brousse". Pour faciliter l'écoulement des produits de traite des campagnes vers la ville et inversement, des "comptoirs de brousse" ont été installés. II s'agit des lieux de collecte et de vente situés hors de la ville, sur les voies ou pistes qui mènent dans aux de production de produits du cru. Mais, aussi, dans chaque village se trouvait presque toujours un comptoir de brousse. C'est le cas de Diabo et d'Assirikro, de Trainou, de Tano-Sakassou, Nimbo, Kouassiblèkro... Tous ces comptoirs de brousse étaient en relation avec les marchés et maisons de commerce de la ville. Les Dioula mandatés par certains grossistes français ou agissant à leur propre compte faisaient des navettes sur les pistes reliant la ville au comptoir de brousse. La campagne, de manière générale, peut être considérée comme "la mamelle" des habitants de la ville. C'est, en effet, le lieu de production par excellence des produits agricoles alimentaires acheminés chaque jour dans les comptoirs de brousse et des comptoirs vers la ville. Bref, l'existence de ces comptoirs a été un facteur déterminant de la dynamique commerciale de Bouaké. Ils constituaient le dépôt de produits africains ou européens et, par conséquent, le trait d'union entre la ville et le village. Dans presque tous les marchés ruraux sus-cités, plusieurs produits d'origine africaine étaient exposés. On y vendait du manioc, du maïs, des ignames, du riz en paddy, des arachides, des piments, du bois de chauffe, du sel, des colas, du tabac, des œufs, des volailles, des pagnes de fabrication artisanale.

SCHÉMA :

DES PRODUITS COMMERCIAUX DU CIRCUIT « VILLAGES – VILLE » (Concepteur : Alphonse Sekré Gbodjé)

VILLAGES ENVIRONNANTS	VILLE (BOUAKE)
Manioc	Savon
Igname	Alumettes
Maïs	Huile
Riz en paddy	Vinaigre
Arachide	Boite de conserve
Piments	Gin
Bois de chauffe	Sirops
Sel (potasse)	Miroirs
Colas	Cadenas
Tabac	Serrures
Volailles	Couteaux
Pagnes de fabrication artisanale	Grillages en fil de fer
	Marmites
	Casseroles
	Louches
	Cuvettes
	Lames en fer

Les Dioula, à cette époque, étaient des acheteurs intermédiaires de ces produits. Ce sont eux qui les acheminaient vers les marchés africains ou coloniaux de la ville. Les marchandises étaient transportées sur la tête par les paysans ou leurs épouses. Les pisteurs et certains intermédiaires commerciaux étaient également chargés du transport des produits achetés vers Bouaké.

Par ailleurs, de la ville vers les campagnes, plusieurs articles ou produits de fabrication européenne sont acheminés. Les principaux articles sont *: « les tissus de toutes sortes de couleurs, les produits, d'épicerie – savon, allumettes, amidon, huile, vinaigre, boite de conserve, sardines... – , les boissons – Gin, les sirops... – , la bimbeloterie – miroirs, petites glaces à trois faces – , la quincaillerie – cadenas, couteaux, serrures, grillage en fil* *de fer, marmites, casseroles, louches, cuvettes, lame de fer pour coupe-coupe, fer pour pioche... – Les parfumeries, la pharmacie – permanganate, santal, quinine, iodoforme...– et la lingerie.* » Les populations (baoulé, sénoufo ou tagouana des campagnes) qui fréquentaient, à la fois, tous ces marchés ruraux et ceux de la ville pouvaient se procurer ces articles en provenance de l'Europe. Toutefois, les Dioula, les pisteurs, les intermédiaires commerciaux et les agents des maisons de commerce, installés à Bouaké, étaient, tous, de principaux acteurs commerciaux.

2. Les principaux animateurs du commerce entre villageois et citadins

Les relations commerciales entre les campagnards et les citadins étaient, en quelque sorte, gérées et coordonnées par des pisteurs, des intermédiaires commerciaux et agents salariés des maisons de commerce européen sises à Bouaké. Il s'agit d'une certaine catégorie de personnes parmi lesquelles se trouvent, pour la plupart, de jeunes Baoulé, certains boys et agents retraités en quête d'une nouvelle situation financière. Leur apport a été, en effet, déterminant dans la dynamique commerciale de Bouaké.

a) Les pisteurs

Les pisteurs sont des guides ou des accompagnateurs qui ont la maîtrise parfaite d'une région ou d'un lieu donné. En effet, le métier de pisteur à Bouaké était pratiqué par la plupart des jeunes baoulé, autochtones de la région. Ils connaissaient parfaitement toutes les pistes et tous les chemins qui mènent d'un village à un autre, ou encore, d'un comptoir de brousse à un autre. Ils étaient, au début, les guides des traitants-acheteurs dioula, intermédiaires entre les producteurs des campagnes et les marchands français installés à Bouaké. Mais, avec l'évolution de l'activité commerciale, certains Dioula, dont les affaires étaient en faillite, se sont convertis en pisteurs. Ils avaient fini par maîtriser les chemins et pistes conduisant jusqu'au plus petit espace de production des produits de l'économie de traite. La présence et la place efficiente de ces acteurs de la vie économique du Baoulé-Nord ont été signifiées dans le rapport économique de 1916 : *« les pisteurs sont indispensables; comment des indigènes de Korhogo ou de Séguéla venant de leur propre initiative vendre le caoutchouc ou tout autre produit à Bouaké, pourront-ils chercher dans une ville qui ne leur est pas familière et où ils sont désorientés, sans marché indigène, les meilleures conditions de vente ? Cela leur est impossible. Il leur faut un stationnement au marché du village dioula, des palabres et de longues dissensions pour se renseigner auprès des Dioula et des pisteurs, d'où la nécessité de ces derniers. »*[222] . Avec l'installation des Établissements Gonfreville à Bouaké en 1921, l'activité des pisteurs gagna en intensité, car il fallut approvisionner l'industrie en coton et le marché urbain en produits agricoles. Les jeunes baoulé, en quête d'une indépendance économique, servaient de pisteurs et en même temps d'agents de sécurité. Pour le service rendu, le pisteur recevait de la part de l'accompagné un cadeau. Notre interlocuteur Djibo Sounkalo énumère, ici, l'ensemble des cadeaux que pouvait recevoir le pisteur : « *on pouvait lui offrir par exemple un article européen: des boîtes de conserve, du savon, du sucre, du tabac, du sel, des pipes, du pétrole, des produits de toilette pour femmes... Le plus souvent, ces produits étaient remis aux Dioula par une maison de commerce européen pour les échanger contre acheter des produits africains. Obtenir et disposer des produits européens étaient une source de motivation pour les pisteurs.* »

En effet, il faut noter qu'à Bouaké, le marché se trouvait loin de la ville. Par conséquent, les paysans ne maîtrisaient pas l'emplacement de certaines factoreries. Il était presque impossible à ces paysans de se présenter directement devant telle ou telle maison de commerce. C'est pourquoi ils avaient toujours recours aux pisteurs qui recevaient un petit paquet du produit vendu : deux ignames, trois tubercules de manioc, quelques poignées d'aubergines ou de gombo... Ce « salaire » du pisteur n'était pas fixé par une loi commerciale conventionnelle. Tout dépendait du paysan qui vendait ses produits, c'est lui qui déterminait la nature et le montant. Cette façon de procéder entraînait d'incessants conflits entre commerçants accompagnés et pisteurs, eu égard à l'ingratitude des uns et des autres. À côté des pisteurs se trouvaient des agents travaillant au compte des maisons de commerce européen. Ils sont chargés d'établir le contact entre ces maisons et les vendeurs de produits africains.

b) Les agents attitrés des maisons de commerce à Bouaké

Un groupe d'intermédiaires chargés de négocier au préalable le prix des produits aux Africains pour le compte des factoreries ou des maisons de commerce était constamment avec les pisteurs sur les routes ou sur les places des marchés. Ces négociateurs et démarcheurs étaient tous des

[222]ANCI 1QQ76, Colonie de Côte d'Ivoire, cercle du Baoulé-Nord, Réglementation des droits de place sur les marchés de Bouaké : 1913-1921. cf. La fiche A/S des détaillants et des pisteurs (29 décembre 1916)

employés des commerçants français. Mais, ces agents ne maîtrisaient pas tout le système de communication commerciale. Car, plusieurs individus, supposés jouer le rôle des intermédiaires commerciaux sans aucun avis d'une firme, détournaient les producteurs, soit au marché, soit sur la route, par simple persuasion ou intimidation. La circulation des produits et leur prix étaient fixés, au gré de ces derniers qui n'hésitaient pas à commettre un larcin, profitant de la naïveté de certains commerçants africains. Pour mettre fin à une telle situation, l'administration coloniale a pris un arrêté en janvier 1916. Il était désormais interdit d'aller au-devant des producteurs retenir les produits apportés, les achats comme les ventes devant tous être faits au marché public et dans les maisons de commerce, bien entendu.[223]. Cette mesure juridique visait à alléger le travail des agents attitrés des maisons de commerce. Car, ils avaient eux-mêmes du mal à tirer profit de leur métier tout en empêchant les producteurs de s'exposer à la ruse de certains individus, supposés être des intermédiaires commerciaux. La mesure d'interdiction sera accentuée, surtout, après 1921, avec la naissance d'une véritable industrie urbaine à Bouaké.

En somme, il est à retenir que le système et tout le mécanisme du commerce entre les comptoirs de brousse, les villageois et les citadins, ont été gérés par les pisteurs, les salariés des maisons de commerce et par les Dioula, détenteurs du pouvoir économique à Bouaké.

3. Les populations détentrices du pouvoir économique à Bouaké

À Bouaké, avec l'arrivée des peuples soudanais et la présence des colonisateurs français, l'ancien ordre économique et politique a été sérieusement bouleversé. En effet, de l'économie d'autosubsistance, on est passé à l'économie de marché, et du pouvoir coutumier on est passé au pouvoir politico-administratif. Dans ce contexte nouveau, et vu le caractère composite de la population bouakéenne, il était opportun de définir la place de chaque peuple à l'heure de l'intégration à l'économie mondiale de marché. En d'autres termes, quels sont les pouvoirs nouveaux et quels en sont les détenteurs dans ce contexte marqué par une économie coloniale urbaine ? Telles sont les questions auxquelles nous essayons d'apporter des réponses afin de comprendre davantage le dynamisme économique de la ville de Bouaké. D'une manière générale,

[223]ANCI /1QQ76, Colonie de Côte d'Ivoire, cercle du Baoulé-Nord, Réglementation des droits de place sur les marchés de Bouaké : 1913-1921. cf. La riche A/S du circulaire à MM. Les commerçants au sujet des pisteurs et des intermédiaires commerciaux. Arrêté 66A, 17 janvier 1916.

les Baoulé n'ont pas une culture marchande. Si certains d'entre eux ont réussi à s'adonner aux activités commerciales urbaines, c'est à juste titre pour accommoder leur vie au nouveau contexte de l'économie de marché. Sinon, le pouvoir économique au niveau urbain leur échapperait.

Par ailleurs, si, aujourd'hui, l'unanimité est faite autour du caractère marchand de la ville de Bouaké, nous l'avons déjà dit, c'est, en grande partie, à cause de la forte communauté dioula et Libano-Syrienne qui y a longtemps exercé des activités commerciales. En effet, la forte présence des Dioula et leur poids économique à Bouaké ont été un facteur déterminant dans le développement de la ville. Le tableau de recensement du 11 août 1921 ci-dessous, confirme cette prééminence des populations dioula. Elle donne la mesure du cosmopolitisme précoce de la ville.

Tableau N° 7

Recensement de la population de Bouaké du 11 août 1921.

Groupes humains	Effectifs	%
Français	44	1,22 %
Anglais	1	0,02 %
Syriens	3	0,08 %
Arabes (Libanais)	1	0,02 %
Sénégalais citoyens	16	‘’
Libériens	1	0,02 %
Fantis	1	0,02 %
Ashantis	40	1,11 %
Apolloniens	22	0,61 %
Baoulé	500	13,95 %
Dioula	2800	78,14 %
Gardes	154	4,29 %
Total	3.585 au lieu de 3.581	100 %

Source: Schéma directeur d'urbanisme de Bouaké, rapport d'analyse et de synthèse, ministère de la construction et de l'urbanisme, BCEOM-Ivoire-Urbaconsult, août 1983, p.36.

« Si de telles estimations laissent dans l'ombre plusieurs données. (Nature de l'installation de nombreux clandestins qui ne sont pas pris en compte [...], distinction entre Mandingue de l'actuel Mali et Mandingue de Côte d'Ivoire), elles nous donnent toutefois la mesure du phénomène comme en 1926; ce sont surtout les cercles du Nord et de l'Ouest qui alimentent les courants migratoires les plus spectaculaires. Le cas du Baoulé apparaît aussi mieux éclairé jusqu'en 1926, sans pour autant que Bouaké cesse d'être une grande région de passage depuis les années 1921-1926. »[224]. Les données du tableau éclairent très nettement sur la prédominance des Dioula sur les autres peuples. En effet, sur 3 585 habitants en 1921, le nombre des Dioula était estimé à 2 800, soit 78,14 %. Les citadins baoulé au nombre de 500 représentent, à peine, 13,95 % de la population totale. Les Français, les Anglais, les Syriens, les Libanais, les Sénégalais, les Libériens, les Fantis, les Ashantis, les Apolloniens et les Gardes – soldats indigènes chargés de la sécurité publique, du maintien de l'ordre – sont représentés dans des proportions encore marginales.

En effet, à partir de ces groupes humains, on peut affirmer que Bouaké se présente comme une cité cosmopolite où autochtones et allochtones, majoritairement composés de Dioula, cohabitent. Ainsi, un regard sur la structure démographique de la ville permet immédiatement de réaliser que la communauté dioula a presque entièrement phagocyté les autres peuples et, surtout, les autochtones baoulé, et l'on a l'impression de se retrouver à Gao ou à Tombouctou, ces grandes cités marchandes de l'empire du Mali. La population dioula va croître dans des proportions importantes en 1926. Le tableau ci-dessous, issu du recensement de la population de Bouaké qui a eu lieu le 1er juillet 1926, l'atteste fort bien. Il dégage l'importance numérique de cette population soudanaise. En effet, les Mandé s'évaluent à 3374, soit à 75,49 % de la population globale estimée à 4469. Les Baoulé s'élèvent à 872, soit à 19,51 %, les non-Africains à 93, soit à 2,08 %, et les militaires indigènes dont on ne précise pas l'origine ethnique sont au nombre de 130 soit à 2,90 %.[225].

---

[224] Kipré (P), ***Villes de Côte d'Ivoire (1893-1940)***, t_2, ***Op. cit.***, P.156.
[225]ANCI /SERIE D, XIII-44 107 /1939 (124) et XIII-26-10/69 (166).

Tableau N° 8

Population de Bouaké en 1926 (recensement du 1er juillet 1926).

Mandé		Baoulé		Non Africains		Militaires indigènes	
Dafing	411	**Bros**	205	**Français**	84		
Bambaras	152	**Dons**	265	**Anglais**	3		
Mossi-Haoussa	948	**Faafouê Gossan**	276	**Suisse**	1		
Malinké	436	**Pepressou**	60	**Syrien**	1		
Toucouleur	622	**Faafouê**	66	**Belge**	4		
Sénoufo	805						
Total :	3374	**Total :**	872	**Total :**	93	**Total :**	130

Source: ANCI /5DD5. VI- 4-127/carton 3003.

Ces chiffres doivent, toutefois, être approchés avec prudence, car les opérations de recensement, à cette époque, étaient faites de façon archaïque. Toutefois, il nous montre, à travers ce tableau, de façon plus ou moins précise, l'apport des Dioula et autres populations non -Baoulé dans le développement de l'économie de traite. On assiste, partout, à une prolifération sans précédent des quartiers dioula : Dar-es-Salam, Dougouba, Djambourou, Sokoura, Odjénékaurani et Dioulabougou, etc. Ce sont, tous, des quartiers qui grouillent de monde à cause de leurs boutiques, magasins et marchés. Les tenants de ces maisons ou marchés étaient incontestablement les Dioula. Ils étaient les grands animateurs de l'économie de traite à Bouaké et à Tiassalé. En effet, issus d'une société fortement marchande, les Dioula mettront leurs talents à profit dans le commerce à longue distance qui se faisait entre le Soudan et la côte à travers les villes comme Tiassalé, Dimbokro, Bouaké et Korhogo. Ils étaient les proches collaborateurs des négociants européens et les intermédiaires entre les maisons de commerce des Français et les producteurs africains des produits de cru. Ce commerce permettra aux Dioula de faire fortune.

À ce stade de nos recherches, nous ne disposons pas de documents statistiques mettant en relief la masse monétaire accumulée par tel ou tel Dioula. Notre argumentation concernant la richesse de ces dernières repose, donc sur le fait qu'aujourd'hui le nombre des Dioula de Bouaké propriétaires de grosses villas, de véhicules de transport et de grands magasins de produits divers est devenu très significatif. II s'agit, là, des signes extérieurs de la richesse, même si cela ne revêt pas un caractère scientifique. L'accroissement du commerce dioula à partir de 1919 et l'importance de la fortune (non quantifiée) de certains commerçants ont été consignés dans les rapports économiques du cercle du Baoulé-Nord, de 1915 à 1923[226]. Les commerçants français s'étaient même rendu compte du génie des Dioula dans les transactions et les accusaient d'être à l'origine de la faillite de certaines de leurs maisons de commerce.

En somme, le Dioula de Bouaké, comme celui d'une autre contrée, apparaît comme le grand gestionnaire et le bénéficiaire du commerce de traite qui seront à la base du rayonnement de Bouaké en Côte d'Ivoire et dans la sous-région ouest-africaine.

III - LE RAYONNEMENT ÉCONOMIQUE DE BOUAKÉ EN CÔTE D'IVOIRE ET DANS LA SOUS-REGION OUEST - AFRICAINE JUSQU'EN 1929

De 1921 à 1929, l'économie de Bouaké connaît une remarquable vitalité et marque, de manière décisive, l'économie nationale et sous-régionale, voire, l'économie métropolitaine. Le nombre relativement significatif des structures industrielles de production de l'industrie Gonfreville et certains résultats industriels obtenus confortent cette position. En effet, à partir de 1921, le rayonnement de la ville rejaillit sur l'ensemble du pays baoulé et du territoire ivoirien; Bouaké était devenue un véritable centre d'attraction économique et un pôle de distribution ou de diffusion de ressources économiques et de richesses. Au-delà de cette fonction nationale, l'impact économique de Bouaké sur les pays comme

[226]ANCI /1QQ79, Colonie de Côte d'Ivoire, cercle du Baoulé-Nord, Rapports économiques et commerciaux du Baoulé-Nord, poste de Bouaké : 1915, 1919,1921, 1923.

le Soudan, la Haute-Volta, le Niger et la Guinée, est considérable[227]. À cela, il faut ajouter les avantages énormes que la France tire de son industrie installée dans la ville

1-Les Baoulé dans l'économie urbaine dans les années 1920

Après l'établissement des unités Robert Gonfreville en 1921, Bouaké, à l'instar des autres villes, s'organise autour de certaines données humaines et naturelles pour propulser son économie ; la ville devient un important pôle d'attraction économique. Le nombre significatif de ses maisons de commerce, de ses industries et, surtout, l'animation de ses marchés, font courir plusieurs personnes du Baoulé. Les villages situés dans le périmètre immédiat de la ville subiront une nette influence de l'accroissement excessif du tissu urbain et, surtout, de l'impact de l'économie urbaine. Il s'agit de Mandanou[228], d'Angouatanoukro (pris en étau entre Air-France et Kennedy), de Prikro-Ahougnasou, de Koliakro (petit village situé en face de la SICOGI sur la voie de l'Université) et Trainou (petit village du pont-bascule). En effet, pour bénéficier des avantages que la cité offre, certains chefs coutumiers et leurs populations ont accepté d'intégrer très rapidement la plate-forme de l'économie urbaine. Dans cette optique, les petits marchés ruraux de ces sites villageois, immédiats ou lointains, vont perdre leur animation habituelle au profit du marché central de la ville.

Par ailleurs, les populations des sites villageois environnants et le périmètre urbain sont également assujettis à l'influence économique de la ville. Leur objectif immédiat est de tout mettre en œuvre pour intégrer leurs villages au périmètre urbain. C'est dans cette logique que les villages d'Assekro, Konankankro, Kotia Koffikro, Konankro et Attenkro, subiront l'influence de la ville. Désormais inclus dans le périmètre urbain, ces villages vont bénéficier de certaines infrastructures socioéconomiques et culturelles – électrification, adduction d'eau... –.

Mais, le volet le plus important, c'est la participation des populations de ces villages à la mobilisation des ressources financières et, par conséquent, au développement de l'économie urbaine. Certains villageois, convertis en citadins, se font employer dans des maisons de commerce et dans les unités industrielles de la place. Toutes ces activités ont permis à une frange

[227] Anotonetti (R.), « La Côte d'Ivoire porte du Soudan », in ***L'Afrique Française***, 1921, pp.4-9, p.6.

[228] « Mandanou » signifie en Baoulé "forêt de bananier". Ce fut un minuscule village qui se situait à l'emplacement actuel de la gendarmerie de Bouaké, plus précisément en face de la cité forestière occupée par les étudiants.

importante de la population d'améliorer son économie domestique pour le bonheur de la famille. Les femmes se rendaient presque tous les jours à pied au marché de la ville avec des paniers et des corbeilles chargés de vivriers sur leur tête. Le soir, après la vente, elles pouvaient ramener à la maison quelques articles achetés dans des boutiques ou certains produits nécessaires pour la cuisine à la maison. Les échos de la dynamique commerciale de la ville dépasseront le cadre restreint du site urbain pour atteindre tout le territoire faafouê, à savoir le **Fali**, le **Kpekplessou**, le **Gossan** et le **N'dranoua** avant de parvenir aux autres territoires non faafouê comme le **Ouarebo**, le **Sa**, le **N'zikpli**, le **Don**, et le **Dro**. Les pays Tagouana, Djimini et Djamala, situés un peu plus au nord du Fali et de Kpekplessou, vont eux aussi intégrer le mouvement du commerce urbain.

Aussi convient-il de noter que tout le Baoulé-Sud en contact avec le pôle économique de Tiassalé était également attiré par la situation économique rayonnante de Bouaké. Certains commerçants de Toumodi, de Yamoussoukro et de Tiebissou remontaient sur Bouaké pour prendre part au commerce. Bouaké étant l'une des portes d'entrée au Soudan, l'on y trouvait le beurre de karité et certains animaux sur pied comme les bœufs. Ces produits, en provenance des pays situés au nord de la Côte d'Ivoire, étaient prisés par les Baoulé. Dans ces circonstances économiques, il fallait s'y rendre pour se procurer toutes les gammes souhaitées de ces produits.

Cette étude donne la mesure de l'importance capitale de Bouaké dans la vie des Baoulé. Toumodi, Yamoussoukro, Sakassou, Tiebissou et M'bahiakro, étaient considérées comme des villes satellites de Bouaké ; leurs marchés étant encore à l'état embryonnaire. C'est pourquoi Bouaké sut attirer plusieurs Baoulé qui y ont fait mouvement de 1921 à 1929 et s'y sont établis définitivement. La vitalité des affaires économiques de la cité explique cette présence des populations baoulé en quête d'un emploi rémunéré. L'influence économique de Bouaké s'étendra sur l'ensemble du territoire ivoirien. Presque toutes les régions du pays sont reliées à Bouaké et intègrent son mouvement commercial. En effet, l'importance de la population de la ville, de ses unités industrielles et de ses maisons de commerce fera d'elle le deuxième centre économique du pays après Abidjan.

2. Le poids économique de Bouaké dans l'ensemble ivoirien

Cette étude devra, dans ses grandes lignes, permettre de comprendre l'importance économique de Bouaké dans l'ensemble ivoirien. En effet, Bouaké est perçue comme la deuxième ville économique du pays après Abidjan. Il importe, donc, de relever le dynamisme et la vitalité de celle-ci, afin de mieux mesurer la portée de cette place. Pour y parvenir, nous proposons de montrer, à travers la genèse de la situation économique, les mécanismes du phénomène commercial à Bouaké. La création d'un quartier de commerce européen à Bouaké, en 1910, sera à la base de l'accélération du mouvement de certains immigrants dont la réputation en matière de commerce n'a de secret pour personne: Malinké, Guinéens, Sarakolès, Toucouleurs et Sénégalais, regroupés sous l'appellation parfois de Dioula. Ainsi prise d'assaut, la ville de Bouaké est rapidement transformée en une agglomération civile, politique et, surtout, commerciale.

Mais, c'est avec l'arrivée de la voie ferrée en 1912 que Bouaké amorce son essor qui la portera progressivement au rang de deuxième ville du pays, surtout, dans les années 1920 et 1930. Ville ferroviaire, Bouaké présente un espace urbain assez homogène et organisé selon un plan directeur. La voie ferrée sépare la ville en deux ensembles distincts : au sud, la ville européenne et commerçante, et, au nord, la ville africaine. Construite et occupée de façon relativement dense, à l'instar des villes de Dimbokro et d'Abidjan, Bouaké bénéficie d'une infrastructure urbaine achevée : voirie, adduction d'eau, centrale et réseau électrique, éclairage public, communication téléphonique, etc. Par ailleurs, les diverses branches du secteur tertiaire : commerce, transport et services rassemblent la fraction majoritaire de la population de Bouaké. Ces activités mettent la ville en relation avec les autres régions du territoire ivoirien.

Djibo Sounkalo met en exergue le poids commercial de Bouaké dans cet ensemble territorial ivoirien, à partir des différents circuits commerciaux qui convergeaient, à cette époque précoloniale, vers la ville : *« on a d'abord un circuit central qui part des zones côtières, principalement de Bassam, Grand-Lahou, et de Sassandra, vers Bouaké en passant par le pôle économique de Tiassalé, et par les centres tels que Toumodi, Yamoussoukro et Tiébissou. À travers ce premier circuit qui avait déjà servi à l'époque précoloniale, l'on transportait le sel marin et divers articles importés. Un circuit secondaire de l'est qui reliait Bouaké au pays agni par Bongouanou et Agnibilékro transportait certains produits agropastoraux importés du Soudan par Bouaké (le bœuf, le beurre de karité). À l'inverse, les pagnes traditionnels agni et la poudre d'or étaient acheminés vers le Soudan par Bouaké. Un dernier circuit secondaire de l'ouest reliait Bouaké au pays bété, notamment, la région de Daloa où la production de la cola était importante. »*[229]

De leur région d'origine, les Soudanais gagnaient Daloa en passant par Bouaké, et ils repartaient chez eux après avoir échangé leurs produits

[229] Djibo Sounkalo, entretien directif du 12 mars 1998. (cf. Thème: Les routes du commerce dioula à Bouaké), entretien, déjà cité.

contre la cola. Le mouvement commercial semble avoir été particulier et amplifié au cours des années 1920 selon le rapport économique de 1921 : *« On ne connaît pas en Côte d'Ivoire d'année aussi prospère que la campagne 1921-1924. Au début de 1919, le commerce européen restait limité à Bouaké où les firmes sont installées. Aucune opération principale ou secondaire n'existait en dehors du chef-lieu de cercle. Aucun des trois centres de Béoumi, de Tiébissou et de M'Bahiakro ne possédait de boutiques. Aujourd'hui en 1921, ces maisons européennes nouvelles sont installées à Bouaké, dont trois sociétés importantes à gros capitaux. »*

Cet élan commercial s'expliquerait, certes, par l'avènement du rail à Bouaké, mais aussi, par la fin de la Première Guerre mondiale. En effet, il convient de rappeler qu'inaugurée le 15 mars 1913, la Gare de Bouaké apparaît comme une plaque tournante dans le trafic ferroviaire. Le tableau ci-dessous permettra, à titre indicatif, de comprendre, après comparaison, la place de Bouaké dans le trafic ferroviaire[230].

Tableau N° 9

Tableau comparatif des expéditions des gares ferroviaires (concepteur: Alphonse Sekré Gbodjé à partir des données des sources indiquées)

Ville / Année	Bouaké	Agboville	Dimbokro	Katiola	Abidjan
1914	6.631, 9 t	6.040 t	2.446 t	852,61 t	
1926	14.919,12 t	8.237,79 t	14.816,18 t	937,98 t	
1930	8.436 t	7.525 t	6.034 t	7.05 t	24.643 t

Sources : ANCI /1QQ : Dossiers 5014-VI-16-234 : Rapport sur la situation économique, commerciale : 1932.

En 1914, les expéditions globales du poste de Bouaké se chiffraient à 6.631,9 tonnes alors que celles d'Agboville, de Dimbokro et de Katiola

[230]ANCI /1QQVI-16-234, Dossiers 5014, rapport sur la situation économique et commerciale, 1932.

s'élevaient dans l'ordre à 6.040 tonnes, 2.446 tonnes et à 852,61 tonnes. En 1926, les expéditions sont en hausse. Agboville enregistre 8.237,79 tonnes, Dimbokro 14.816,18 tonnes, Katiola 937,98 tonnes et Bouaké 14.919,12 tonnes. En 1930, Abidjan expédiait 24.643 tonnes, surclassant Bouaké avec 8.436 tonnes, Agboville avec 7.525 tonnes, Dimbokro avec 6.034 tonnes, et Katiola avec 705 tonnes. Une lecture de ce tableau fait voir la place importante de Bouaké dans le groupe des villes du chemin de fer.

La dynamique commerciale de la ville se situe aussi au niveau des recettes, car, la gare de Bouaké se distingue et montre, davantage, l'importance de ses échanges avec les autres régions du territoire ivoirien. Le tableau suivant nous donne une idée précise des recettes réalisées en 1923 à la Gare de Bouaké et dans les autres villes importantes de l'époque telles qu'Abidjan, Dimbokro et Agboville.

Tableau N° 10

Des recettes totales des gares du train (RAN) réalisées du 1er janvier au 30 octobre 1923

Nom des gares	Montant de la recette
Bouaké	922.824,05 frs
Abidjan-Lagune	833.328 frs
Dimbokro	345.201,80 frs
Agboville	259.180,35 frs
Abidjan-Ville	235.558,35 frs

Source : ANCI. V-29-30/carton 52-68 ; JOCI, 1924, p. 186

À travers ces données chiffrées, l'on se rend bien compte que Bouaké surclasse les autres gares ferroviaires avec une valeur de 922.824,05 frs. Les stations d'Abidjan-Lagune et Abidjan-Ville recueillent, dans l'ordre, 833.328 frs et 235.558,35 frs. Si ces deux chiffres peuvent être additionnés, ils donneraient 236.391,672 frs pour l'ensemble du territoire d'Abidjan. À partir de ce tableau, on s'aperçoit que la ville de Bouaké vient juste après Abidjan dans l'ordre d'importance. Cette vitalité commerciale repose sur un nombre significatif de maisons de commerce implantées à Bouaké.

En 1924, le nombre de maisons de commerce s'élevait à onze (11), entraînant la hausse du chiffre d'affaires de quelques établissements commerciaux.[231] Dans le tableau suivant, se trouvent réunis quelques chiffres montrant cette importance.

Tableau N °11
Les chiffres d'affaires de quelques Établissements Commerciaux à Bouaké au cours de l'année 1929-1930

Nom de sociétés	Chiffres d'affaires annuelles (en frs)
SCOA	2.000.000
CFAO	4.190.000
Africaine française	1.500.000
Héritier de Tessières Bouaké	3.000.000
Compagnie française de la C.I	2.500.000
Compagnie Industrielle et Commerciale de C.I.	1.343.000

Source : ANCI. V-29-30/carton 52-68

Toutes ces maisons ou sociétés de commerce implantées à Bouaké ne sont que les filiales des grandes structures installées à Abidjan. Le chiffre d'affaires de ces maisons dépasse 5.000.000 frs, alors qu'il n'avoisine guère 1.000.000 frs pour les négoces installés dans les cités comme Dimbokro et Agboville.[232]

De cette étude, Bouaké est perçue, non seulement, comme l'un des tout premiers greniers des produits de traite, mais, aussi, comme le deuxième véritable poumon économique de la Côte d'Ivoire. Car, toutes

[231]Castella (P.) et Baillon (D.), ***Note de synthèse sur l'économie de la ville de Bouaké***, Abidjan, ORSTOM, Sciences humaines, vol. III, N° 7, 1970, 91 p., p.34.

[232]ANCI /Dossier V.29-30, carton 52-68.

les sociétés commerciales de la capitale ont leurs succursales installées à Bouaké où elles réalisent le plus gros chiffre d'affaires après celles d'Abidjan. De sorte que son influence économique se répercute également sur certains pays de la région ouest-africaine.

3. La place de Bouaké dans l'économie de certains pays ouest-africains jusqu'en 1929

Cité carrefour, Bouaké a toujours bénéficié de la convergence des courants d'échanges commerciaux et humains. Plaque tournante de toutes les civilisations de l'Afrique de l'Ouest, la ville est la plus cosmopolite du territoire national après Abidjan. En effet, métropole régionale en pleine expansion, Bouaké se présente, en réalité, au cœur de la Côte d'Ivoire, comme un « port sec » pour les pays comme le Soudan, la Haute-Volta et le Niger. Les usines (A.C.C. – Association Cotonnière Coloniale – et Robert-Gonfreville), les multiples dépôts de marchandises, les boutiques et les marchés importants donnent cette image de « port sec » à la ville. À l'époque coloniale, le transport automobile n'était pas encore développé. II était donc difficile de parcourir de longues distances. Cependant, il existait quelques rares camions qui, de Bouaké, remontaient l'ancienne route non bitumée et poussiéreuse de Korhogo pour, certainement, se rendre au Soudan. Ces camions et le train qui, déjà en 1912, étaient à Bouaké jouaient à cette époque, le rôle de "navires" comme les bateaux sur l'Atlantique. Ville ambitieuse, Bouaké fonde son avenir sur le développement actif de son commerce et l'implantation soutenue de ses nombreuses entreprises. Dans les années 1920, le rayonnement économique de Bouaké, déjà, dépasse les frontières de la Côte d'Ivoire pour être ressenti dans les pays limitrophes qui sont, notamment, de grands foyers d'où provient le plus gros lot d'immigrés de Bouaké.[233]

En 1924, le mouvement commercial atteint des proportions considérables. Les unités Gonfreville deviennent plus performantes, compétitives et la consommation des produits demande un marché élargi à la sous-région et à l'Europe. Il ressort de cela que le commerce à Bouaké a connu une certaine vitalité. Ceci, grâce à certains facteurs, dont l'industrie. En effet, dans les années 1920 et au début des années 1930, des produits industriels ont constitué les principaux éléments commerciaux du trafic international. La France et les pays de la sous-région ouest-africaine étaient en relations commerciales avec Bouaké. La quasi-totalité des produits

---

[233] Castella (P.) et Baillon (D.), ***Note de synthèse sur l'économie de la ville de Bouaké***, Abidjan, ORSTOM, vol. III, N° 7, 1970, 91 p., p.35.

fabriqués par Gonfreville était acheminée en France pour aider à son développement. Mais, les pays comme le Soudan, la Haute-Volta, le Niger et la Guinée, vont, eux aussi, absorber une grande partie de la production.

En effet, détenant le pouvoir économique à Bouaké, ces immigrés constituaient une force productive et une source de revenus pour leurs familles et pour leur pays d'origine. En d'autres termes, la survie des économies domestiques, voire, nationales de ces pays, dépendaient, en grande partie, de la fortune acquise par leurs ressortissants vivant à Bouaké et dans le reste des villes de la Côte d'Ivoire. Dans ce cas, la majeure partie de ces immigrés constituait une véritable vache à lait pour leur pays d'origine, dans la mesure où la quasi-totalité de leurs investissements provenait, de façon générale, des villes de la Côte d'Ivoire et, en particulier, de Bouaké. De ce constat, se dégage la portée historique et économique de la Côte d'Ivoire et, partant, de Bouaké dans les économies sous-régionales. Mais, malheureusement, le rayonnement de Bouaké à l'instar de celui des autres villes importantes du pays, s'émoussera à cause de la crise économique de 1929.

CHAPITRE SEPTIÈME

LA CRISE DES ANNÉES 1930 ET LA RÉCESSION DE L'ACTIVITÉ ÉCONOMIQUE À BOUAKÉ

L'élan de prospérité économique amorcé à Bouaké depuis plus de dix ans maintenant va s'émousser progressivement avec le déclenchement de la crise de Wall Street en octobre 1929, pour s'éteindre brusquement en 1930 suite à l'effondrement des grands marchés de l'Europe. Pour mieux appréhender les effets de la crise au niveau de Bouaké, il faut tenir compte de ce contexte général mondial et particulier qui prévalait dans l'ensemble des villes de la colonie ; la dépression économique de 1929 ayant été longtemps perçue sous l'angle des rapports entre la puissance colonisatrice et sa colonie. Il est, donc, clair que la crise qui secoue la métropole est aussi une crise ivoirienne. Dans ce contexte de rapports coloniaux, la crise d'abord commerciale servira de catalyseur à une crise des structures de l'économie urbaine. C'est, donc, à juste titre que Jean-Noël Loucou écrivit : *« les investissements publics ne compensent pas le tarissement des investissements privés. La régression du commerce extérieur entraîne un fléchissement des recettes budgétaires. Les dépenses publiques affectées à des travaux d'équipement sont réduites. Par exemple, les dépenses urbaines passent de 39,5 % des dépenses des travaux publics en 1931 à 8,1 % en 1932. Elles ne dépasseront plus les 20 % en 1937. »*[234] Seulement, il faut reconnaître qu'à cause des modes de production économique différents en France et en Côte d'Ivoire, la crise présente des caractères différents à Bouaké et dans les villes importantes : la chute des prix des produits d'exportation, la faillite de certaines maisons de commerce et de certaines unités industrielles et, enfin, le recul de la masse monétaire des banques de l'Afrique-Occidentale française dans la colonie.[235]

---

[234]Loucou (J-N), ***La Vie politique en Côte d'Ivoire de 1932-1952***, Thèse pour le doctorat de 3e cycle, Aix-en-Provence, Université de Provence, 1976, 608 p., p. 64.

[235]Braibaint (P.), ***La crise économique de 1929 en Côte d'Ivoire. De la crise économique de 1930 à la veille de l'indépendance***, Thèse pour le doctorat de 3e cycle, Paris, EHESS, 1983, 310 p., p.101.

I - LA CRISE DE 1929 ET L'ÉCONOMIE DE MARCHÉ À BOUAKÉ

Pour mieux comprendre l'impact de la crise sur la vie agricole, industrielle, commerciale et sociale de Bouaké, il serait intéressant de rappeler brièvement les origines du « Krach de Wall Street » en octobre 1929.

1. Bref rappel historique des origines de la crise des années 1930

La crise boursière qui se déclenche en octobre 1929 aux États-Unis d'Amérique prit très rapidement un caractère mondial. Elle fut longue et atteignit son paroxysme lorsque la production tomba au plus bas niveau en Grande-Bretagne en 1931, en Allemagne en 1932, aux États-Unis en 1933 et en France en 1935.[236] Le poids et l'envergure des pays touchés par la crise (USA, Grande-Bretagne, Allemagne et France), le caractère impitoyable et généralisé de celle-ci, amèneront les économies des pays africains, par ailleurs très étroitement liées, et intégrées au contexte de l'économie mondiale, à être touchées et forcément ébranlées. Plusieurs facteurs lointains et proches ont favorisé le déclenchement de la crise boursière de 1929. On peut citer, entre autres, le contexte difficile de reconversion économique des années vingt et la responsabilité des États-Unis. Amorcé le 24 octobre par un volume anormalement fort de transactions, et, surtout, le 29 par une chute prononcée des cours, le krach de Wall Street est particulièrement violent. C'est le détonateur immédiat de la crise. Dans les grandes villes des États-Unis et, notamment, à New York, l'atmosphère devient morose et l'inquiétude gagne le milieu des affaires. Dans ce contexte, les ordres de vente s'amplifient et prennent un tour catastrophique à la séance du 24 octobre. C'est le « jeudi noir », durant lequel douze millions d'actions sont offertes sans trouver de preneurs. Dès cet instant, les cours chuteront d'heure en heure. Malgré l'intervention qui se veut rassurante des plus grandes banques américaines, l'effondrement des valeurs boursières va se poursuivre jusqu'en 1932.[237]L'économie américaine, alors très puissante, avait, sous sa domination, toutes les économies du monde. C'est pourquoi la grande dépression qui l'affecte se répercute directement dans le monde. Mais, par quels mécanismes la crise va-t-elle parvenir jusqu'aux extrémités de la planète?

---

[236]Berstein (S) et Milza (P), ***Histoire de la fin du XIXe siècle au lendemain de la Seconde Guerre mondiale,*** Paris, Hatier, 1988, 229 p., p.105

[237] Régis Bénichi et Bertin-Maghit (J.P), ***Op. cit.***, p.227.

Si l'on admet que le séisme a son épicentre à New York, la première onde de choc atteint l'ensemble des États-Unis dans les mois qui suivent. Les pays dominés, vendeurs de matières premières, à commencer par l'Amérique latine très dépendante du marché américain, sont touchés, dès 1930, par la chute brutale du volume et du prix de leurs exportations.[238] En effet, la crise traversa, comme un courant électrique, toute l'Europe où elle sévit également comme une plaie béante. Jacques Néré, dans son ouvrage, ***la crise de 1929*** mettait déjà en exergue le caractère inhibant de la crise en Allemagne où le gouvernement devait faire face à un déficit budgétaire de 850 millions de Marks.[239] Mais, c'est surtout à partir de 1931 que la crise se fera véritablement sentir en Europe et dans le reste du monde, car la production atteignit son plus bas niveau en Grande-Bretagne en 1931. Dans la même année, la plus grande banque d'Autriche, le *« Kredit Austalt de Vienne »* étaient accusés de cessation de paiements: en 1932, la production allemande est sévèrement réduite comme celle des États-Unis en 1933 et de la France en 1935.[240] À partir de ces pays d'occident, et par le biais des courroies de transmission économiques, la crise affecta les continents africain et asiatique.

Au sujet de la propagation de la crise en Afrique, Alioune Diatta dira : *« Cette crise en métropole affectait les colonies avec la chute des prix des produits d'exportation – café, cacao, palmiers à huile, coton... – . Face à cette crise qui sévit à la fois à la métropole et dans les colonies, l'intervention métropolitaine s'avéra primordiale pour le redressement de la France qui au demeurant restait lié à celui des colonies, en un mot, de l'empire français. »*[241]

Le Japon, la Chine et la plupart des pays asiatiques, dont les économies sont très dépendantes des échanges internationaux, sont sévèrement affectés. Du fait de la crise de Wall Street, ces pays se retrouvent dans l'incapacité de payer leurs importations par des exportations équivalentes, et, par conséquent, se voient dans l'obligation de réduire leurs activités économiques. La généralisation de la crise sera alors totale.

Par ailleurs, c'est le lieu de signaler que le continent africain, qui est soumis et dominé par les puissances impérialistes, ressent, lui aussi, douloureusement les effets de la crise, car l'Europe, affamée de matières premières industrielles et désorientée, du fait du « Krash de Wall Street », cherchera à se refaire une santé économique. Elle se mettra, dans cette

---

[238] Ibid., p.228.
[239] Jacques Néré, ***la crise de 1929***, ***Op. cit.***, p.92.
[240] Berstein (S) et Milza (P), ***Op. cit.***, p.229.
[241]Diatta Alioune, ***La législation sur la main-d'œuvre indigène en Côte d'Ivoire***, 1925-1940, Paris, Université de Paris VIII, 1977, 231 p., p.9.

logique, à continuer de piller les richesses naturelles et humaines du continent.

Alioune Diatta, dans son ouvrage intitulé : ***La législation sur la main-d'œuvre indigène en Côte d'Ivoire*** dénonce davantage cette exploitation abusive des ressources économiques de l'Afrique: *« au lendemain du premier conflit mondial, les besoins se font sentir en métropole en vue de la reconstruction des maisons, des usines, des régions françaises dévastées, il fallait remettre en état les voies ferrées, les poteaux de lignes télégraphiques ; il y avait un manque criard de charbon. Pour remédier à cela, la métropole devrait faire recours à ses colonies (...) II devient dès lors urgent de définir une politique cohérente pour une meilleure exploitation de ses colonies: mettre en place une infrastructure routière, ferroviaire, portuaire destinée à l'exploitation de la main-d'œuvre indigène dont l'emploi, pour être rentable, doit être réglementé à partir de 1925. »*[242]

Semi-Bi Zan, intervenant dans le même sens, dira : *« L'emploi des ressources coloniales, la mise en valeur méthodique des ressources, l'exploitation rationnelle des sols et des sous-sols coloniaux apparaissent désormais comme une nécessité vitale. »*[243]À l'instant de tous les pays, la Côte d'Ivoire n'est pas épargnée. Les grandes cités ivoiriennes d'alors : Abidjan, Grand-Bassam, Sassandra, Dimbokro, Daloa, Korhogo... sont, comme Bouaké, affectées sérieusement par la crise.

2. Le recul de l'activité commerciale à Bouaké

« La mauvaise conjoncture n'est pas due à un recul des exportations par rapport aux importations : le taux de couverture reste généralement positif, signe d'exploitation économique d'une colonie qui n'offre que des produits bruts. Elle n'est pas due non plus à de mauvaises récoltes dans un pays essentiellement agricole. C'est l'effondrement des cours des produits d'exportation, le recul des rapports des paysans et le ralentissement des achats effectués traditionnellement par ces derniers qui sont dénoncés et rendus responsables de la grave dépression économique des années 1930. » En effet, pour Pierre Kipré, la stagnation de l'activité économique à Bouaké n'est pas le fait d'un mauvais rendement des produits d'exportation. D'ailleurs, la production est restée manifestement améliorée, surtout, après la crise économique de 1920 -1921. Les années 1923-1929 ouvraient alors des

---

[242] Diatta Alioune, ***Op. cit.***, p.9.

[243] Semi-Bi Zan, ***La politique coloniale des travaux publics en Côte d'Ivoire : 1900-1940***, Thèse pour le doctorat de 3e cycle, Paris, Université de Paris VII, 1973, 386 p., p.52.

perspectives nouvelles pour une économie forte et dynamique, en dépit du léger ralentissement de 1927-1928. Dans tous les centres urbains de la colonie, dont Bouaké, comment expliquer que la baisse du volume commercial constaté, dès 1929, puisse perdurer jusqu'en 1935, avant qu'une véritable politique de redressement soit mise en place?

Plusieurs auteurs comme Coquery-Vidrovitch (C.) et Braibant (P)[244] se sont penchés sur la question et ont donné diverses réponses. Les positions sont tranchées. Il s'agit de l'appréciation objective de l'idée qu'on se fait des Africains. Soit qu'on leur reconnaisse une valeur marchande, soit qu'on la leur dénie. En effet, pour certains Européens, la crise est à mettre au compte des Africains qui n'ont aucune notion en matière de gestion économique. À cette vision occidentaliste, s'oppose une, africaniste, celle qui justifie le recul des activités commerciales par l'attitude arbitraire de la puissance colonisatrice dans sa politique mal menée des prix des produits d'exportation et d'importation ; les prix des produits africains étant, en effet, inférieurs aux prix des produits européens. Mais, également, cela se justifie par l'image péjorative qu'on se fait des Africains.

Quelle lecture faisons-nous de ces positions qui justifient la baisse de l'activité économique chez les Africains? Notre analyse sur les causes de la crise de 1929, et ses effets à Bouaké, rejoins la position africaniste qui, selon nous, se montre un peu réaliste. En effet, s'il est difficile de denier à la société africaine tout entière son caractère marchand, il est, cependant, aisé de comprendre ou de reconnaître les relations historiques douloureuses qui ont toujours existé entre l'Afrique et l'Europe impérialiste. Victimes des mesures arbitraires et injustes, les producteurs africains cesseront de produire, du moins, ralentiront leurs productions par découragement et par dépit. Agissant dans ce même ordre, presque tous les animateurs de l'économie amoindriront leurs activités à l'intérieur et à l'extérieur du pays. Le mouvement cyclique des prix s'est accentué en 1939, avec son corollaire de dépréciation des prix des matières premières d'exportation ainsi que la faillite des maisons de commerce européen.

a) Le marché de Bouaké dans le mouvement cyclique des prix au niveau de la colonie

Le marché général de la colonie de Côte d'Ivoire s'est enlisé dans un mouvement cyclique des prix qui sont tantôt à la hausse, tantôt à la

---

[244]Braibant (P), « L'Administration coloniale et le profit commercial en Côte d'Ivoire pendant la crise de 1929 », in ***Revue française d'histoire d'Outre-mer***, Paris, N° 232-233, 1976, pp.555-572.

baisse. Il s'agit d'un cycle assez complexe à interpréter, du fait du manque de données statistiques fiables, couvrant la période étudiée. Toutefois, il convient de souligner, ici, que l'ouvrage de Pierre Kipré[245] nous a été d'un grand apport à ce niveau de l'étude. Il constate que de 1910 à 1929, la colonie a vu alterner de brèves périodes de 7 à 8 ans qui sont tantôt des périodes de bas prix, tantôt de hauts prix. Il s'agit, là, selon lui, d'un phénomène classique des mouvements intra décennaux. En se fondant donc sur la valeur monétaire des exportations et des importations ivoiriennes depuis 1910, on dira que les années 1927-1935 représentent dans l'histoire économique de la colonie, une période d'instabilité des prix jamais égalée.

Par ailleurs, au-delà même de ce prix, il faut aussi reconnaître que le phénomène est le même pour les différents prix pratiqués dans les différentes agglomérations. Le prix est, en effet, fixé en fonction de la valeur du produit commercialisé. Mais, là encore, il n'y a aucune logique dans la fixation du prix parce que pour le même produit, le prix varie d'une ville à une autre. Le rapport économique du deuxième semestre 1932 est assez explicite à ce niveau: *« Quant aux apports de produits, ils varient suivant les cours pratiqués selon les humeurs du colonisateur. C'est ainsi que les peaux de singe noir, de vogue passagère affluèrent sur la place (marché de Bouaké) au grand dam de l'espèce, dès qu'elles furent payées plus de 10 francs. C'est ainsi qu'actuellement les factoreries achètent des centaines de tonnes de riz à 700 frs l'une et des quantités de maïs à 0,15 frs le kilo, et le coton qui se paie 1franc le kilo ou 0,5 frs d'un centre à un autre. »*[246]

Bref, c'est dans ce contexte cyclique de prix que le marché de Bouaké intégrera l'économie nationale et internationale elle-même caractérisée par la baisse des prix des exportations.

---

[245]Kipré (P.), ***Op. cit.***, t_2, p54

[246]ANCI /1 QQ79, colonie de Côte d'Ivoire, cercle du Baoulé-Nord, Rapport économique du 2e semestre 1932

b) La chute des prix des produits d'exportation à Bouaké

À Bouaké, le marché est en difficulté. Le prix de certaines matières premières, en particulier du le coton prend un sérieux coup. Les produits vivriers sont également touchés. Cette situation d'une économie boiteuse obéit au contexte défavorable qui prévaut dans toute la colonie de 1910 à 1939. Durant cette période, on note une alternance de hausse et de baisse des prix. Les grands centres commerciaux de la colonie sont tous embarqués dans ce mouvement. En vérité, ce mouvement des prix de produits commerciaux était propre à la métropole. La Côte d'Ivoire, comme les autres colonies françaises, subissait la chute des cours. Très soumise et particulièrement liée à la France, la colonie ne pouvait pas éviter cette situation de baisse des prix.

Mayebe Kemounbaye, dans son ouvrage intitulé : ***Les prix des denrées d'exploitation en Côte d'Ivoire de 1920 à 1958***, essaie d'élucider cette situation de relation économique : *« Leurs activités commerciales (parlant des compagnies commerciales françaises) de 1929 à 1932 ont montré que les marges bénéficiaires se sont portées de 785 frs en 1930 à 817 frs et 802 frs par tonne en 1931. Les paysans (africains) ont sévèrement subi la crise en 1930... »*[247]Bref, il est à noter que la crise des opérateurs économiques français est surtout, celle des Africains, animateurs de l'économie locale.

À la fin de 1929, les activités commerciales sont très importantes à Bouaké. La vente du coton y représentait 66 % de l'ensemble de la vente de la colonie. Aussi les prix du coton en vigueur à Bouaké servaient-ils de référence dans la fixation des prix sur les autres marchés du cercle de Bouaké. Pour cela, les différents prix étaient imposés à Bouaké et sa région par l'extérieur. Les rapports de l'administrateur Khorol le soulignent fort bien : *« les prix du coton (principale culture d'exportation de Bouaké) sont dépendants de ceux du Havre qui, à leur tour, sont liés à ceux de New York en raison de la valeur du coton. »*[248]

Dès 1931, le coton et les autres produits de traite sont très mal vendus à Bouaké et plongent l'Établissement Gonfreville dans une situation critique. Cette situation est élucidée par le rapport du 3ème trimestre 1932 dont nous proposons un extrait : *« La situation*

[247]Kemounbaye (M.), ***Les prix des denrées d'exploitation en Côte d'Ivoire de 1920 à 1958***, mémoire de maîtrise, Abidjan, Université de Cocody, 1983-1984, 134 p., p.67.

[248] ANCI /1 RR 11-859, colonie de C.L, cercle du Baoulé. Ferme cotonnière de Bouaké, Rapport annuel du 14 avril 1933 fait par le Directeur de la ferme. J. Koroi, conducteur des travaux agricoles.

économique et commerciale est restée sensiblement au même niveau que celle du trimestre écoulé: les cours des produits n'ont guère connu les fluctuations et les cotations extrêmement basses ne permettent pas d'augurer dans un avenir proche, une reprise sensible des affaires. Les prix pratiqués ne favorisent guère les transactions et la crise économique ne cesse d'avoir d'importantes répercussions dans les affaires commerciales qui enregistrent une mévente très significative à l'importation. Il est traité peu d'affaires rémunératrices et la modalité des prix surprend l'indigène et a toujours pour conséquence la raréfaction des produits. La campagne cotonnière s'est clôturée avec un prix d'achat de 0,45 frs environ le kg de coton, et le prix des palmistes a oscillé entre 0,30 frs et 0,15 frs le kg. »[249].

À partir de ce rapport, on constate que la situation économique n'est pas au beau fixe. Le coton et les palmistes, les deux principaux produits d'exportation sont mal cotés. Dès lors, le pessimisme gagne les populations quant à l'avenir économique de Bouaké et de sa région. Dans le même temps, les produits vivriers connaissent une situation similaire. En effet, avant la crise de 1930, on achetait trois (3) ignames à 0,50 frs. Mais, dès 1932, quatre (4) ignames coûteront 0,50 frs. Cette situation a causé un sérieux préjudice aux paysans africains, surtout, aux Baoulé qui avaient l'igname comme principal produit économique. Le mécontentement général gagne les campagnes, les paysans s'insurgent contre cette politique métropolitaine. Cette attitude des Africains est explicitée dans le rapport politique du 3e trimestre 1932 : *« ... De leur côté, des indigènes se plaignent de la baisse excessive des cours des produits et formulent le vœu que le taux de l'impôt soit sensiblement revu à la baisse en 1933. Le Baoulé est, parmi les indigènes, l'un des plus lourdement imposés, étant donné que ses principaux produits, sources de revenus (coton, palmiste, riz, ignames) ne sont plus cotés qu'à des prix extrêmement bas. »*[250].

Au total, retenons que la chute des prix des produits commerciaux africains a ébranlé l'économie des peuples de Bouaké. Au même moment, et là est le paradoxe, les produits européens connaissent une hausse de prix sur le marché.

---

[249] ANCI /1QQ 79, cercle du Baoulé, Rapport économique du 3e trimestre 1932, déjà cité.

[250] Idem,

c) *Le comportement des prix des produits d'importation européenne.*

Le déséquilibre entre l'offre et la demande globale des biens et services européens disponibles sur le marché de Bouaké devient, de plus en plus, un fait avéré. Et l'on observe un phénomène économique qui se traduit par la hausse généralisée des prix de produits européens. Le rapport économique du deuxième semestre de 1932 dénonce un peu cette politique inflationniste de la métropole en vigueur dans la colonie. En effet, *« les denrées alimentaires devenues rares ont atteint des prix inconnus (0,45 frs le kilo d'ignames). Les tissus manufacturés s'élèvent eux aussi à des taux qui les mettent hors de portée des bourses indigènes. Le Baoulé s'explique difficilement cette dernière hausse. »*

La conséquence immédiate, c'est que, désormais, le Baoulé continuait d'utiliser ses « tissus indigènes » et les pagnes d'écorces commencent à réapparaître au grand jour.

Par ailleurs, cette situation d'inflation est aussi décrite par Pierre Kipré qui fait remarquer la baisse relative des prix des produits alimentaires tels que le riz, le sucre, le sel, les boissons alcoolisées, les tissus, les vêtements et les matériaux de construction, de 1931 à 1934.[251] Mais, dès la fin de 1935, et surtout, à partir du deuxième semestre de 1936, tous les produits importés connaissent une rapide remontée des prix. Car, en France, le taux de croissance économique atteint son plus bas niveau, du fait du Krash de Wall Street en octobre 1929, à New York.

En définitive, si en 1932, le gouverneur par intérim, Raoul Joseph Bourgine[252] avoue son impuissance devant la détérioration des prix des matières d'exportation de la colonie, il faut aussi reconnaître que les prix des produits importés connaissent, à l'inverse, une hausse qui a inévitablement ébranlé le fonctionnement des maisons de commerce à Bouaké.

---

[251] Kipré (P.), ***Villes de Côte d'Ivoire 1893-1940, t_2, Op. cit.***, p.67.

[252] Bourgine Raoul Joseph, secrétaire général de Reste devient le gouverneur de la colonie par intérim le 3 mars 1931 pendant l'absence du gouverneur François Dieudonné Reste.

d) La crise et la faillite des maisons de commerce de Bouaké

Comme effet immédiat de la crise économique de 1929, on note la faillite de certaines maisons de commerce à Bouaké. Les difficultés se multiplient et les Européens, tenant ces maisons, se trouvent dans l'obligation de fermer ou de réduire le personnel employé. Il s'agit d'une situation triste qui affecte, non seulement l'économie métropolitaine, mais aussi, la situation économique des employés africains. Désormais, c'est la pauvreté, la misère, le désespoir et le chaos chez bon nombre d'indigènes, employés des maisons de commerce. Plusieurs sources nous donnent, à ce niveau, des informations objectives. En effet, selon un document daté de 1932 et qui renferme une liste des commerçants de Côte d'Ivoire, il y a eu neuf (9) cas de maisons de commerce en faillite, dont un seul cas à Bouaké.[253] À ce propos, il s'agit, pour nous, d'une information partielle. Car, nos sources ne disent plus rien sur le nombre des maisons établies dans le pays après cette date – à cause du mauvais état des archives, certaines feuilles se sont envolées –. Cet état de fait est préjudiciable à l'étude. Nous pouvons, cependant, faire un commentaire des données en notre possession.

En effet, le chiffre d'une maison de commerce en faillite à Bouaké en 1932 intrigue et suscite des interrogations. Il est difficile de comprendre que, sur une vingtaine de maisons de commerce environ (cf. chapitre 3, tome I, deuxième partie de la thèse) installées à Bouaké depuis 1912, 1913 et 1924, une seule soit affectée par la crise et frappée de fermeture, alors que la crise se montre sévère dans les centres urbains, paralysant, au passage, l'économie. C'est pourquoi nous disons que le chiffre même de neuf (9) maisons de commerce tombées en faillite pour l'ensemble ivoirien, et une seule, pour toute la ville de Bouaké, ne traduisent pas la réalité, du fait de l'importance et du nombre significatif desdites maisons. Car, très souvent, l'optimisme poussait certains marchands européens à se nourrir d'un sentiment de supériorité à l'égard des commerçants africains malgré les effets de la crise.

Par ailleurs, la faillite de ces maisons est également décrite par monsieur Raoul Bourgine, gouverneur intérimaire de la colonie : *« les maisons de commerce, moins nombreuses ces dernières années, ont dû réduire leurs frais généraux, supprimer un grand nombre de factoreries et remplacer nombre de leurs employés européens par les boutiquiers*

[253] ANCI /1QQ32- V29-24, liste des commerçants installés en Côte d'Ivoire, déclarés en état de faillite, de liquidation judiciaire ou ayant un concordat au cours des années 1928, 29, 30 et 31.

indigènes. »[254] Cette lecture de la faillite des maisons de commerce est inquiétante et laisse entrevoir un désarroi dans le milieu du négoce urbain. En effet, la dissolution et la cessation d'activités des entreprises, notamment commerciales, de la colonie sont un fait avéré. Car 26 % des 163 entreprises que comptait la colonie entre 1927 et 1936 ont été déclarées en faillite ou en liquidation judiciaire, et 17 % seront purement dissoutes. Ainsi, les années 1927, 1931 et 1934 sont les années où la crise désormais généralisée touche les régions en causant des faillites et des dissolutions. Pierre Kipré précise cet état de fait dans son ouvrage sur les villes de Côte d'Ivoire. Il écrit : *« dans le cas de faillites et dissolutions, on voit que 1928 est l'année qui connaît le moins de cas, mais de 1929 à 1932, le nombre d'entreprises en difficultés a augmenté constamment ; la plupart d'entres-elles (27 sur les 35 de 1929 à 1933) sont des entreprises essentiellement commerciales ou bien des entreprises faisant surtout du commerce (boutique ; transaction sur produits locaux et accessoirement une petite plantation près de la ville) ; le reste est constitué d'entreprises d'exploitation forestière. »* Face à la gravité de la crise, le gouverneur entreprend une politique de refondation des entreprises commerciales dès 1934. Il s'agit des entreprises agricoles. On retiendra pour la région du centre, deux créations nouvelles d'usines d'égrenage à Bouaké et trois à Dimbokro.

En définitive, il faut retenir qu'au-delà des données statistiques illustrant notre étude, la répartition spatiale des entreprises, au niveau des villes, n'est pas systématique. Elle est, en effet, fait selon de grands ensembles territoriaux, c'est-à-dire, selon les cercles administratifs. C'est pourquoi il est difficile d'apprécier, de façon spécifique, les données scientifiques des maisons en faillite de chaque ville. Cette situation lamentable des maisons et entreprises de commerce était fonction de la dégradation du système monétaire dans l'ensemble de la colonie.

e) Le recul de la masse monétaire en Côte d'Ivoire, son impact sur le marché de Bouaké

L'institut d'émission de la monnaie pour l'Afrique-Occidentale Française est la B.A.O. – Banque de l'Afrique de l'Ouest –. La colonie de Côte d'Ivoire était déjà perçue comme un des principaux pôles économiques de l'A.O.F – Afrique-Occidentale Française– grâce à ses ressources économiques très variées. C'est pourquoi plusieurs succursales ou agences de la B.A.O y ont été installées afin de permettre la diffusion rapide de la masse

[254]Le gouverneur par intérim, M. Bourgine de la colonie, cité par Kipré Pierre, ***Villes de Côte d'Ivoire 1893-1940***; t_2, Abidjan-Dakar, 1985, p.65.

monétaire. En 1905 est installée la succursale de Grand-Bassam; celle de Grand-Lahou, l'est en 1908 et celle d'Assinie en 1911. Mais, la circulation monétaire y était bien plus faible qu'au Sénégal, parce que les formes anciennes de l'échange et de la monnaie traditionnelle avaient profondément marqué la société ivoirienne qui avait du mal à s'en défaire. La conséquence immédiate, c'est le recul de la masse monétaire dans l'ensemble de la colonie et la fermeture des agences bancaires. Le cas de la succursale de Grand-Bassam est illustratif à plus d'un titre. Le directeur, ayant constaté l'épuisement des fonds mis à sa disposition, écrivit au gouverneur de la colonie le 15 avril 1928 pour alimenter sa structure. II s'agit d'un télégramme dont nous présentons ici le contenu : *« comme suite à notre conversation d'hier, nous avons l'honneur de vous faire connaître que nous avons câblé ce jour à notre siège comme suit : épuisement imminent coupures cinq obligeraient trésor sortir écus qui disparaîtront Gouverneur demande de plus gros envoi possible vignettes cinq verserait écus câblez chiffre en route et chiffre immédiatement. »*[255].

Une agence de la B.A.C ouvre, par ailleurs, ses portes à Abidjan au moment où elle devient en 1934 la capitale de la Côte d'Ivoire. Mais, du fait de la crise économique de 1929, la banque d'Abidjan va connaître des difficultés dans la distribution de la masse monétaire dont le volume s'était fortement réduit. En effet, le recul de la masse monétaire en circulation est observé dans toute l'Afrique-Occidentale Française. De 1930 à 1932, la masse monétaire passe de 618 millions à 394 millions et l'essentiel de cet argent circule, surtout, au Sénégal. En 1934, au moment où la banque de l'Afrique occidentale injecte de nouveaux fonds, la masse monétaire en circulation en Côte d'Ivoire atteint, à peine, 72 millions et 56 millions en 1936. Cette situation générale n'est pas faite pour favoriser l'activité commerciale dans les grands centres administratifs de l'intérieur comme Dimbokro, Bouaké et Korhogo... L'économie y est au ralenti à cause de l'absence des billets de banque. Les populations ne savaient plus à quel saint se vouer, d'autant plus que l'administration coloniale avait interdit la circulation de la monnaie indigène[256].

En définitive, il est à retenir que de New York à Bouaké en passant par le Havre (en France), la crise affecte tous les secteurs d'activités économiques et, surtout, la jeune industrie de Bouaké[257].

---

[255]ANCI /QQ VI-33-84/Dossier 3561, Colonie de Côte d'Ivoire, Rapport trimestriel au sujet de la situation économique et bancaire en Côte d'Ivoire, 1928-1931.

[256]ANCI /V-33-31, 1QQ42, source déjà citée (cf. fiche a/s de l'interdiction de la circulation des monnaies indigènes (manille et Sombé).

[257] ANCI /1QQ V-33-3I, archive déjà citée, (cf. Rapport économique du 4ème trimestre 1932).

II - L'IMPACT DE LA CRISE DES ANNÉES 1930 SUR L'INDUSTRIE NAISSANTE DE BOUAKÉ

L'industrie de type moderne est présente à Bouaké, de façon remarquable, en 1921 avec l'établissement des unités de l'industrie Gonfreville. Pourquoi avoir attendu 28 ans après l'érection du territoire en colonie française (10 mars 1893) avant de songer à y implanter des industries? Bien évidemment, de petits ateliers de traitement du coton avaient été installés dans certains centres urbains, dont Bouaké par l'A.C.C. Mais, il faut l'avouer, ces industries étaient encore à l'état rudimentaire. La restructuration et le fonctionnement de ces entités industrielles ont été freinés par la crise financière mondiale de 1929. Comment justifier les difficultés de l'industrie naissante de Bouaké ?

1-Les raisons de la crise industrielle à Bouaké

Cette question a été déjà abordée implicitement dans les lignes précédentes lorsqu'il était question de décrire la chute des prix des produits d'exportation. En effet, le bon fonctionnement de l'industrie locale est tributaire du contexte de stabilité de l'économie mondiale; le financement de certaines industries étant lié à la bonne santé du marché international. C'est-à-dire, au cours des produits exportés ou importés. Les établissements industriels installés à Bouaké sont touchés par la crise de Wall Street. Tout semble paralysé et l'économie de la ville connaît des moments difficiles. La chute des prix des produits commerciaux exportables engendrée par la crise des années 1930 cause un sérieux préjudice à l'industrie.

En effet, les paysans, découragés par la dépréciation des prix des produits de base comme le coton brut, le palmiste, le caoutchouc, le riz et le maïs pour la région du Baoulé, n'ont plus la volonté de produire. Par conséquent, le marché local se trouve en difficulté et cela pose le problème d'approvisionnement des industries locales en matières premières. Désormais, les Africains, face à la chute brutale des prix de leurs produits d'exportation, choisissent le parti de : « consommer africain ». Cette politique qui commande que les Africains consomment leurs propres productions, exaltant le goût du local, avait fini par s'imposer. Ne disposant pas d'assez de moyens financiers, les Africains préféraient s'acheter des produits artisanaux et agricoles ayant des prix relativement acceptables. Du coup, les produits finis comme les tissus et les fils de coton, sortis des industries, sont concurrencés par les produits locaux (les pagnes baoulé notamment).

Devant cette situation, l'administration coloniale tentera, en vain, de prendre des mesures interdisant les produits artisanaux sur le marché. Elle va aussi échouer dans sa tentative d'inciter les paysans à produire en qualité et en quantité suffisante du coton pour maintenir le bon fonctionnement de l'usine Robert Gonfreville. Mais, malgré tout, celle-ci voit sa production diminuer.

2. Les difficultés de la jeune industrie de Bouaké

Les raisons sus-citées nous permettent de comprendre, davantage, les problèmes que connaît l'industrie naissante de Bouaké. Mais, pour mieux approcher ces difficultés, il faut, surtout, les inscrire dans le contexte général de l'industrie coloniale. En effet, dans certaines régions de la colonie, on avait une baisse systématique de revenus des usines qui, du reste, avaient du mal à écouler leurs productions déjà modestes. Autrement dit, les entités « industrielles » fonctionnaient selon le prix du marché local. En période de baisse des prix, les producteurs stockaient leurs productions non vendues en vue de les remettre sur le marché au moment de la hausse des prix.

De 1930 à 1935, les difficultés des entreprises industrielles s'étaient accentuées. Les chiffres d'affaires et les recettes avaient atteint un niveau inquiétant. Toutes les petites unités étaient en difficulté. C'est avec peine qu'elles faisaient face à la conjoncture. À partir de 1933, les Établissements Robert Gonfreville étaient durement frappés par les répercussions de la crise de 1929. En effet, la crise commerciale était profonde et, on le voyait, elle gagnait, de proche en proche, tous les secteurs d'activité économique. Elle plaçait aussi les villes au cœur de la grande dépression, du fait de la baisse des prix des produits locaux et, surtout, à cause du rétrécissement du marché intérieur ; les ruraux n'achetaient plus assez de produits importés dans les boutiques tenues par les Européens[258]. L'usine Robert Gonfreville, qui était la plus « grosse unité manufacturière » de Bouaké, après avoir mesuré la gravité de la situation, tenta de trouver d'autres voies pour redynamiser son activité industrielle et commerciale. Madame Gonfreville qui prit les rênes de l'entreprise après le décès de son mari adopta une attitude beaucoup plus réaliste et rationnelle. Comme solution alternative, elle tenta de diversifier les activités de son usine pour lui éviter la faillite. Ainsi, s'occupa – t — elle, désormais, non seulement, de l'égrenage, du tissage (de la filature, du

---

[258]Castella (P.) et Baillon (D.), ***Note de synthèse sur l'économie de la ville de Bouaké***,Abidjan, ORSTOM, Sciences Humaines, vol 111, N°7, 1970, 91p., p.37.

pressage, de la teinture des tissus et de la vente de tissus, toutes choses faisant partie du mode classique de fonctionnement de son entreprise), mais, aussi et surtout, de l'achat de produits du cru, de la vente du riz en paddy, d'animaux de boucherie et de la fabrication de glace. Malgré cette diversification des activités, la situation de crise restait aiguë à Bouaké et ses conséquences sont nombreuses au plan social et démographique.

CHAPITRE HUITIÈME

LES CONSÉQUENCES SOCIODÉMOGRAPHIQUES DE LA CRISE DE 1929 À BOUAKÉ

L'équilibre social est sérieusement ébranlé partout dans les villes de la colonie et particulièrement à Bouaké. La ville traverse, en effet, ses plus mauvais moments à cause du net fléchissement des cours des produits d'exportation, de la nette stagnation des affaires et de la réduction des transactions qui y ont cours. Face à cette situation, les populations sont incapables de subvenir à leurs besoins pour mener une vie décente. La conséquence immédiate, c'est l'insécurité grandissante dans toutes ses formes – le banditisme, la délinquance et la prostitution – et le désespoir chez certains citadins qui, de la ville, migrent vers les zones forestières où l'activité agricole a encore une certaine vitalité.

I - LES EFFETS SOCIAUX DE LA CRISE DES ANNÉES 1930 À BOUAKÉ

Avant d'étudier le cas spécifique des méfaits de la crise à Bouaké, il serait opportun de saisir le contexte général et l'ampleur des effets sociaux de la crise en Côte d'Ivoire. Jean-Noël Loucou, dans son ouvrage intitulé : ***La vie politique en Côte d'Ivoire***, présente la situation en ces termes : *« d'origine financière et spéculative, la crise coloniale s'amorce en 1930 et atteint son palier en 1934 (...) Le chômage se développe. Il touche surtout les métiers du bâtiment – inclus dans le secteur secondaire –, dont il constitue au demeurant, la branche la plus développée, les emplois de domestiques et de chauffeurs, les employés de commerce et dans une moindre mesure, les fonctionnaires. »*[259] Cet extrait nous permet, en effet, d'envisager le contexte particulier de Bouaké où la crise a également marqué, de son empreinte, le tissu social. La situation est, en effet, confuse au plan social à Bouaké. Le pouvoir d'achat des populations

---

[259]Loucou (J-N), ***La vie politique en Côte d'Ivoire de 1932 à 1952,Op. cit.***, p.64.

prend un sérieux coup. La pauvreté se développe et engendre le banditisme et la prostitution dans la société –vols et escroqueries 35 %, bagarres 19 %, vagabondages 8 %, adultères 1 %, avec un nombre total de 226 personnes inculpées en 1939[260]–. À cela, s'ajoute la création des quartiers précaires où se regroupent les populations démunies. C'est aussi l'effondrement des demandes de terrains urbains et le recul des constructions modernes. Les pages suivantes nous permettront d'apporter des détails et des précisions susceptibles d'expliquer le discours, mais, surtout, qui peuvent expliquer la teneur de tous ces problèmes sociaux que vit Bouaké.

1. La baisse du pouvoir d'achat des populations de Bouaké

Déjà, les années 1920 s'annonçaient difficiles. On notait une nette dichotomie entre le revenu des Africains et le coût de la vie. Cette situation n'est pas spécifique à Bouaké. Elle s'observe dans tous les centres urbains de la colonie. Au moment où les matières premières (coton, caoutchouc, palmiste) et les denrées alimentaires (riz et ignames) subissent la baisse des cours, on observe, notamment, pour les produits européens (sucre, farine, vins et conserves alimentaires), une hausse qui atteint parfois 180 % entre 1921 et 1927[261]. En plus, il ne faut pas perdre de vue le caractère contraignant des taxes fiscales qui pèsent lourdement sur les budgets familiaux. L'administration coloniale locale impose, en effet, de lourdes taxes et d'importants impôts aux Africains. Dans une lettre adressée au gouverneur de la colonie en 1932, l'administrateur du cercle de Bouaké, Serge Pieu, semble décrire les rebondissements de la crise sur la fixation de l'impôt : *« Pour 1931, on ne peut que renouveler les constatations faites en 1929. La situation générale économique n'est pas suffisamment brillante pour qu'un nouveau prélèvement de quelque taxe que ce soit puisse être envisagé (...) En admettant que la crise actuelle persiste, j'estime que le taux de l'impôt pour 1933 devait varier de 15 frs à 20 frs au minimum ; par exemple avec trois échelons : 15-18-20 Francs. »*[262].

Bref, tous ces facteurs réunis expliquent, en partie, cette baisse du niveau de vie des populations, notamment, celui des Africains. Par

---

[260]ANCI /1EE, XII-30-35/120 (A) (9181) ; cf. tableau montrant la part de quelques délits à Bouaké en 1939.

[261]KIPRE (P), ***Villes de Côte d'Ivoire 1893 1940,*** t_2, ***Op. cit.***, p.117.

[262] ANCI /1QQ - IV-46/ 13- carton 3304, divers dossiers du cercle de Bouaké 1930-1934.

ailleurs, le tableau suivant, montrant les salaires des fonctionnaires et manœuvres à Bouaké et à Daloa, nous permettra de mieux appréhender le grand fossé qui existe entre le coût de la vie et le niveau des revenus des travailleurs, ces années-là.

Tableau N° 12

Évolution de l'indice du pouvoir d'achat d'un fonctionnaire et d'un manœuvre à Bouaké et à Daloa (1920-1929) : estimation

VILLE	ANNEE	FONCTIONNAIRES		MANCEUVRES	
		Salaire Normal	Salaire Réel	Salaire Normal	Salaire Réel
BOUAKÉ	1920	100	147	100	147
	1925	106	75	140	99
	1927	111	48	140	61
	1929	227	95	178	74
DALOA	1920	100	100	100	100
	1925	100	63	140	89
	1927	97	51	140	74
	1929	119	63	178	94

Sources : - JOCI 1919, 1925, 1926, 1927 (la situation économique et salariale des fonctionnaires et manœuvres de Bouaké)/ -ANCI /Série C, III -21 (3364)

À partir de ce tableau, on constate une différence notoire entre les salaires dits « Normaux » qui sont, en réalité, les salaires de base fixés et les salaires dits « Réels », c'est-à-dire, les salaires réduits. Par exemple, en 1929 à Bouaké, un fonctionnaire perçoit 95 frs alors que le salaire normal s'élève à 227 frs. Quant aux manœuvres, il gagne 74 frs au lieu de 178 frs. Pour la même année à Daloa, un fonctionnaire perçoit 63 frs au lieu de 119 frs et un manœuvre, 94 frs au lieu de 178 frs auxquels, il a normalement droit. Ce déséquilibre salarial est préjudiciable aux Africains. Une frange de la population à Bouaké, notamment, les manœuvres, n'arrive pas à subvenir à leur besoin, à cause de la cherté de la vie. Le tableau ci-dessous présente l'évolution de l'indice du pouvoir d'achat d'un manœuvre à Bouaké.

Tableau N° 13

Évolution de l'indice du pouvoir d'achat d'un manœuvre à Bouaké (Base 100 =1925 : estimation)

ANNÉES	SALAIRE NORMAL	IGNAME	HUILE	VÊTEMENT DE COTON	IMPÔT DE CAPITATION PRESTATION	SALAIRE REEL
1932	57	23	2.4	100	200	66
1935	50	60	24	85	306	42
1937	129	100	87	75	340	85

Sources : -ANCI / JOCI 1927, p. 87/KIPRE (P.), *Villes de Côte d'Ivoire 1893-1940*, Abidjan, NE A., 1985, p.128.

Un regard critique sur le contenu de ce tableau montre que le manœuvre est écrasé par le poids de la vie. En 1937, alors qu'il percevait 85 frs comme salaire réel, l'igname coûtait 100 frs, l'huile, 87 frs, le vêtement de coton, 75 frs et l'impôt de capitation, 340 frs. Cette situation est à déplorer dans la mesure où il y a une dichotomie notoire entre le salaire du manœuvre et le coût élevé de la vie à Bouaké. Ces conditions salariales des Africains affecteront négativement leur vie sociale : c'est la recrudescence de l'insécurité, du banditisme et de la prostitution, véritables phénomènes nouveaux qui viennent désarticuler l'harmonie villageoise, les us et coutumes, ainsi que les rapports sociaux.

2. Le problème de sécurité à Bouaké : le banditisme et la prostitution

La ville de Bouaké est le lieu de convergence d'une population nombreuse, du fait de la position de "ville étape" qu'elle présente pour les peuples venant du Soudan. En plus, intégrée à l'économie de traite et par son statut de gare ferroviaire, Bouaké est le siège de plusieurs maisons de commerce et de petites entreprises textiles attirant une importante main-d'œuvre occasionnelle. Ainsi posé, le problème de sécurité à Bouaké n'est pas surprenant ; il s'agit là d'un phénomène propre aux centres urbains importants de l'époque. Le quartier "Dougouba" se présentait comme un monstre géant avant et après l'arrivée du rail en 1912. Cette bourgade n'était rien d'autre qu'un nid de grands malfrats venus du Soudan. Il était presque impossible d'y circuler la nuit. Partant de ces considérations, il serait erroné d'affirmer que c'est la crise économique des années 1930 qui a engendré l'insécurité à Bouaké. La question de la sécurité étant inhérente à toute société, nous pouvons, en effet, soutenir qu'avec la crise de 1930, l'insécurité déjà existante a gagné en proportion à Bouaké et dans les autres centres urbains de la colonie[263]. Il va donc sans dire que la crise qui sévit à Bouaké a un rapport avec l'accroissement de la pauvreté dont le pendant immédiat est l'insécurité.

Il faut faire remarquer, dans cet ordre d'idées, que l'effectif des condamnés pour vols et escroqueries est déconcertant et illustre fort bien la prévalence de l'insécurité à Bouaké en 1932. En effet, les plus démunis de la couche sociale s'érigent en voleurs ou délinquants pour assurer leur survie. Mais, ce choix leur est souvent fatal. Ils finissent malheureusement en prison[264].

Prison civile de Bouaké de l'époque coloniale, sise au quartier européen (cette prison existe toujours)

<u>Source</u> : Cliché : Alphonse Sekré Gbodjé

[263]ANCI / EE XIl-2822/84 /Dossier l212, Colonie de Côte d'Ivoire, politique générale, punition disciplinaire dans les cercles du Baoulé, de Bassam, d'Assinie et de Lagune. 1924- 1934.

[264]ANCI /EE XII-24-25/93/ Dossier 9182, Colonie de Côte d'Ivoire, politique générale, punition disciplinaire, extrait de registre d'Écrou des victimes de l'application de l'indigénat. 1934-1935.

Le rapport du 2e trimestre 1932 nous donne l'évolution du nombre de condamnés pour vols, escroqueries et trafics illicites pour la ville de Bouaké, soit dix-sept (17) cas de vols et quatre (4) cas de vagabondage. En 1935, quatre-vingt-seize (96) cas de vols, d'escroquerie et de trafics illicites se sont enregistrés ; cent quarante-six (146) cas de vols et vingt-trois (23) cas d'escroquerie le seront en 1937[265].

Par ailleurs, le rapport de 1939 relatif aux peines disciplinaires infligées aux délinquants de toute nature présente un sombre tableau au niveau des cercles de Bouaké, Korhogo, Man, Daloa, et Grand-Lahou. En effet, en 1939, on enregistre, à Bouaké, 112 personnes inculpées pour vols et escroqueries, soit 79,1 % du nombre total (142) des individus condamnés ; 61 cas de bagarres, soit 42,94 %, 26 cas de vagabondages, soit 18,08 % et 5 cas d'adultères, soit 2,26 %. À Daloa, le nombre total des condamnés pour la même année s'élève à 256. À Grand-Lahou, on enregistre 69 individus, à Man, 34 cas et 25 à Korhogo.[266]

Au regard de ces données, on constate que Daloa et Bouaké excellent avec, respectivement, deux cent cinquante-six (256) et cent quarante-deux (142) individus inculpés et condamnés. L'importance du banditisme dans ces localités se justifie par leur position stratégique de villes carrefours. Bouaké et Daloa sont, en effet, de grands endroits où l'on a une forte immigration des populations soudanaises à la recherche de fortune et du bien-être social. Or, la ville est une sorte d'enfer pour ceux qui s'y aventurent sans aucun moyen. On fait semblant, parfois, d'oublier ces difficultés. On y vient en pensant à l'emploi, à l'argent, aux diverses facilités, mais quand le rêve est brisé et qu'on doit s'assumer dans ce monde complexe, on est d'autant plus désemparé que le glissement vers le vol, l'escroquerie et le banditisme est rapidement opéré. C'est pour quoi, la ville peut devenir, à travers ceux qui l'habitent, un lieu de dépravation des mœurs et un puissant dissolvant des valeurs ancestrales. En effet, les jeunes filles issues des familles pauvres et, donc, sans grands moyens pour survivre s'adonnent au plus vieux métier du monde. Tous les soirs, dans certaines rues du quartier de commerce, elles attendent des "bienfaiteurs" en échange de leur corps.

À la fin de la Première Guerre mondiale, le phénomène va prendre des proportions significatives et constituer une véritable source d'inquiétude des services médicaux de Bouaké. Le Docteur Poirier établira le 5 juillet 1925, un rapport sur la prostitution à Bouaké. Il y

---

[265]ANCI /1 FF.- XI - 4-18 carton 5588 registres d'Écrou/1 FF- XVI - 412-6 carton 5581 registres d'Écrou.

[266] ANCI / EE XII-28-22/84 /Dossier 9212. Rapport sur la situation de la politique générale relative aux délits et punitions disciplinaires, dans les cercles de Bouaké, Daloa, Man, Korhogo et Grand-Lahou.

souligne les cas des maladies vénériennes, avec, en point de mire, la syphilis qui est reconnue comme une maladie mortelle. Et, tous les efforts doivent tendre à enrayer ce mal effrayant. Il préconise la mise en place d'un mécanisme qui permettrait à l'autorité coloniale locale à travers ses services civils de faire la police sur les rues pendant les nuits.[267] Mais, ce ne fut pas la solution. Car, la racine du mal est connue et se trouve dans la misère et la pauvreté dans lesquelles baignent les nombreuses populations de Bouaké, surtout, au moment de l'éclatement de la crise. Cette situation de pauvreté accentuera le recul des demandes de titre foncier et des constructions modernes à Bouaké. En effet, les populations, incapables de se construire une maison décente, développeront des quartiers précaires pour s'abriter.

3- L'effondrement des demandes de titres fonciers et le recul des constructions modernes à Bouaké

Le titre foncier pourrait se définir comme un document authentifié et légalisé par une autorité. Sa possession sert de preuve au propriétaire d'un bien constitué sur un fond de terre. Pendant l'époque coloniale à Bouaké, tout individu aisé et disposant suffisamment de moyens financiers pouvait se payer un titre foncier, c'est-à-dire, une parcelle de terre ou un domaine. Mais, l'obtention de ce document se faisait à partir d'une spéculation foncière. Or, cette façon occidentale de faire est étrangère à l'Afrique traditionnelle où la terre appartient à la communauté. Elle est, de ce fait, inaliénable. Les études anthropologiques de Fabio Viti sur le pouvoir local chez les Baoulé sont édifiantes sur la question. En effet, il met en exergue à la fois les problèmes des alliances, de la filiation chez les Baoulé et évoque la question des principes généraux et des problèmes de terrain. Pour lui, la terre appartient toujours à une communauté villageoise de base en pays baoulé.[268] Partant de ces considérations, la notion du titre foncier paraissait comme un phénomène nouveau pour les Africains. Mais, depuis la colonisation jusqu'à aujourd'hui, ils composent avec ce concept occidental et s'achètent des terrains avec un titre foncier. Les administrateurs et les Français résidents de Bouaké s'appropriaient gratuitement des parcelles et n'avaient pas de compte à rendre à nos parents (aux autochtones baoulé).

---

[267]ANCI /IEE 29, colonie de Côte d'Ivoire, cercle du Baoulé-Nord, Rapport du 3e trimestre 1925.

[268]Viti (F.) ., ***Alliance, filiation et résidence chez les Baoulé, principes généraux et problèmes du terrain***, mémoire de DEA, Aix-en-Provence, Université de Provence, 1990,96p., p.39.

Expropriés de leurs terres, ils se résignaient à leur sort pour éviter un conflit foncier armé.

Certains titres fonciers ont fait l'objet de spéculations à Bouaké, surtout, dans le quartier commerce. C'est, par exemple, le cas du titre foncier N° 2 qui concerne le lot N°3 du plan de lotissement (1914) de Bouaké. Ce lot d'une superficie de 10.000 m^2 a d'abord été concédé en 1919 à l'État français au prix de 502.500 frs, ensuite à la C.G.A.F – Compagnie Générale de l'Afrique Française de l'Ouest– au prix de 160.000 frs et, enfin, le 18 février 1935 à la C.F.A.O – *Compagnie Française de l'Afrique de l'Ouest* – à 180.000frs.[269]

En plus de ces titres fonciers, on avait également des demandes de concessions domaniales à titre provisoire ou à titre définitif. En effet, de 1900 à 1939, vingt-trois (23) concessions ont été accordées à titre provisoire à Bouaké. On en comptait quatorze (14) pour la seule année 1912. De façon générale, ces concessions sont fixées à 278 frs. Pour la même période, on a enregistré trente-deux (32) concessions à titre définitif. Les Européens et les Sénégalais en étaient les principaux bénéficiaires. Il y avait aussi quelques Ivoiriens comme M'Bayia Koffi et Georges Kunny, deux traitants aisés. Ces acquéreurs des titres fonciers et des concessions domaniales devaient remplir certaines conditions, à savoir solder le prix d'acquisition du terrain, souvent très élevé, versé à l'administration coloniale, l'utilisation des matériaux de construction moderne (tôles, ciment, peinture) tout aussi coûteux, et la mise en place d'une clôture solide, parfois d'un coût exorbitant. Le journal officiel de Côte d'Ivoire, dans ses éditions de 1921 à 1939, présente cette situation et des mesures pour la mise en valeur desdits terrains demandés et attribués. II s'agit des droits d'immatriculation et de charge. À cet effet, les deux chapitres de mesures prises par l'administration coloniale nous permettront de comprendre le mécanisme d'attribution des lots et, surtout, le phénomène de la construction des maisons modernes de la ville. En effet, le chapitre premier stipule que le terrain devra être clôturé par des murs ou barrières solides, élégants et infranchissables aux animaux. Le chapitre deuxième indique, quant à lui, que l'immeuble devra être construit en matériaux européens, pierres de taille ou briques, mortiers, chaux et ciment avec une couverture en tôle ou en tuile. L'emploi de couvertures en chaume est formellement interdit. L'ensemble des constructions édifiées sur les parcelles 1 et 3, 3 et 4 du lot XXl devra représenter une valeur monétaire minimale de 40.000 frs. Celles qui se trouvent sur une partie de parcelles 1 du lot X, ont une valeur minimale de 20.000 frs et de

---

[269]Mairie de Bouaké, C. 993M. Le Maire-B-b/***Bouaké sa création et son développement***, 35 p., p.24.

10.000 frs pour les maisons construites sur les parcelles 3 et 8 du lot XI, 1 et 4 du lot XXIII et 16 du lot XVII[270].

Dans ces conditions, les demandes de titres fonciers et des concessions domaniales se faisaient rares. En effet, depuis le premier plan de lotissement de la ville en 1914 jusqu'en 1935, Bouaké totalisait 105 titres fonciers. En effet, en 1935, est conçu le deuxième plan de lotissement de la ville. Malgré celui-ci, le nombre des demandes restait toujours insignifiant. Mais, à cause des mesures d'acquisition des terrains et de concessions, certains citadins, moins nantis financièrement, ne pouvaient s'offrir le luxe de posséder un terrain à Bouaké. À part les quelques constructions modernes, des Européens, des Libanais et des Sénégalais, souvent regroupés au quartier commerce, partout ailleurs, la ville restait une véritable bourgade aux habitations précaires, reflétant le niveau de vie économique de leurs habitants (les Africains). Avec la crise, nous assisterons à la prolifération des quartiers précaires dans la ville de Bouaké.

En effet, aux différentes conditions, difficiles, du reste, à remplir pour obtenir un terrain à Bouaké, s'ajoute la pauvreté extrême des populations du fait de la crise économique de 1929.

Carte N° 7

PLAN DE LA VILLE DE BOUAKÉ 1935

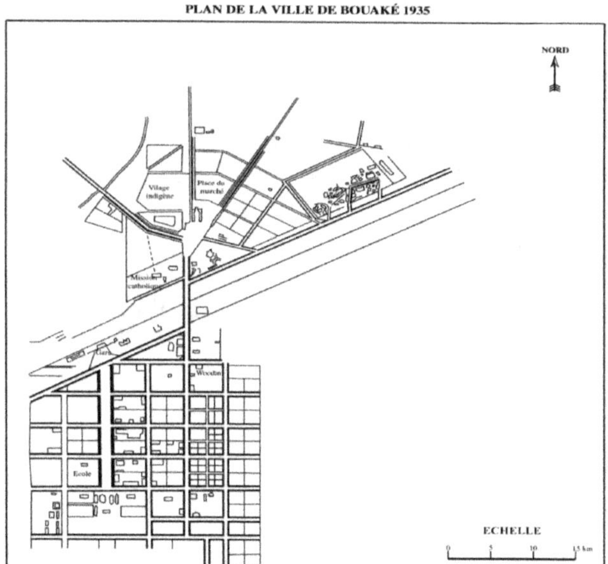

D'après : G. Tengerlin chef du service topographique. Abidjan 20. 3. 1935 Concepteur : Alphonse Sékré Gbodjé Dessin : B. GROUPESSIÉ

---

[270] JOCI, 1921, p.224 (cf. décret du gouvernement fixant les prix des terrains domaniaux)

Les peuples africains dominés et exploités, notamment, par une politique coloniale dressée contre eux, ne sont pas en mesure de se construire des habitations décentes sur les sites viabilisés. Dans les zones périphériques des espaces lotis, ces peuples fondent des quartiers avec des maisons en terre et en paille, en tenant toujours compte du droit coutumier. Dans le quartier européen, les demandes de terrains étaient officialisées et enregistrées par l'administration coloniale locale, alors que dans les quartiers africains de Bouaké, l'attribution des terrains a été l'affaire des chefs coutumiers. Les nouveaux venus s'orientaient d'abord vers le commandant de cercle qui, à son tour, les orientait vers les différents chefs traditionnels de quartiers. Il est, donc, clair que ce sont ces chefs africains qui donnaient les parcelles de terre aux arrivants en échange, bien évidemment, de petits présents. L'important traitant sénégalais, Diaka Fall, chef de Dougouba, « gros village indigène », détenait un grand pouvoir foncier à Bouaké. Il était le serviteur et le proche collaborateur du colonisateur, mais, également, celui par qui on pouvait entrer en possession de quelque portion de terrain dans les quartiers indigènes.

Diaka Fall étant d'origine sénégalaise et de religion musulmane, tous les peuples qui descendaient de la Guinée, du Soudan, de la Haute-Volta et du Niger, avec l'étiquette de l'islam, s'installaient très facilement à Bouaké avec l'autorisation de ce nouveau « propriétaire terrien ». Ceux-ci y construisaient des maisons précaires avec du matériau naturel (pailles, bois, bambous, lianes terre cuite...)[271].

Bref, la situation stratégique de carrefour économique et l'avènement de l'industrie Robert Gonfreville en 1921, aux auraient pu permettre à la ville d'amorcer un véritable développement moderne. Mais, avec l'importance des populations immigrées dans la localité et, surtout, la pauvreté dans laquelle baignent celles-ci, du fait de la crise de 1929, tous ces quartiers ont surgi, çà et là, sur des terrains non viabilisés. Toutes ces populations adopteront, par ailleurs, des comportements souvent différents, mais dont le but commun se résume en cette interrogation : comment sortir de la crise et, par conséquent, comment éliminer ces maux qui minent encore la ville?

---

[271] ANCI /1DD1, Colonie de Côte d'Ivoire, affaires administratives, carton 3.003. Population des principales villes 1914-1920 /1921-1930.

II- LE COMPORTEMENT DE LA POPULATION DE BOUAKÉ FACE À LA CRISE ÉCONOMIQUE

L'influence de la crise économique de 1929 est patente sur la population urbaine[272]. Durant le temps de la crise, l'on a pu enregistrer qu'à Bouaké, le nombre de citadins en quête d'un emploi rémunéré était devenu significatif. De plus, à cause des manifestations aiguës de ladite crise, certains citadins ont dû abandonner la ville, parce que gagnés par le désespoir et la misère, pour s'orienter vers la zone forestière du sud à économie de plantation à partir de 1934. Cette sorte de retour à la terre avait été précédée par des réformes agraires et des mesures d'incitation de la politique du gouverneur François Dieudonné Reste.

1. Une population nombreuse en quête d'un emploi rémunéré

Dans la deuxième partie de la thèse, nous avons déjà présenté la situation démographique de la ville de Bouaké[273]. Mais, il faut reconnaître que cela a toujours été un exercice éprouvant. Pierre Kipré nous éclaire mieux en parlant de la croissance de la population des postes administratifs de l'entre-deux-guerres: *« elle apparaît à travers les estimations proposées par le pouvoir colonial, à la suite des recensements partiels de l'entre-deux-guerres (1921,1926, 1931,1936 et 1938). Confrontées entre elles et avec le produit de l'impôt personnel, ces estimations ne révèlent pas un rythme de croissance uniforme. »*[274] En vérité, il n'est pas aisé de dresser un tableau de l'histoire démographique des pays africains. Des méthodes empiriques, dénuées de tout caractère scientifique et, donc, très peu fiable, ont longtemps servi à apprécier ou à estimer la population à partir des données des services de santé et des rapports sur les individus qui ont payé l'impôt. Ainsi, les hypothèses que suggèrent certaines sources ne peuvent pas être vérifiées, du fait d'importantes lacunes. Le cas de Bouaké, qui constitue notre champ d'étude, est encore très patent quant à l'accroissement de sa population. La situation démographique intrigue et alimente la controverse au sujet de la fixation du taux exact d'immigrants. En effet, la population de Bouaké qui, à la naissance de la ville en 1898, était de 600 est passée à 3514 en 1921, au

---

[272]Kipré (P.), « La crise économique dans les centres urbains en Côte d'Ivoire 1930-1935 », *in* ***Cahiers d'Études Africaines***, Paris, 1976, volume XVI, nn° 61-62, pp.119-146.

[273]ANCI /5DD7, Carton 1653. Dénombrement général de la population : Recensement par cercle, instruction et correspondance (1921).

[274]Kipré (P), ***Villes de Côte d'Ivoire***, t_2, p.143

lendemain de l'implantation des Établissements Gonfreville. Neuf années plus tard, elle est estimée à 5005, soit une augmentation de 1481 personnes à la veille des années 1930. On peut, donc, dire que la croissance de 1921 à 1930 a été relativement lente.[275]

Mais, à partir de 1931 et, surtout, en 1936 et en 1939, le poids démographique est nettement perceptible. Car, de 5129 habitants, Bouaké passera à 6300 entre 1935 et 1939[276]. Il s'agit d'une population qui ressent encore les manifestations négatives de la crise: la mévente des produits africains, la cherté des produits importés et la chute de la valeur marchande des produits artisanaux. La misère et la pauvreté gagnent une bonne partie des citadins qui se ruent aux portes de Gonfreville et des maisons de commerce pour y rechercher un travail rémunéré. Mais, le désespoir va grandissant au milieu de la population qui n'hésitera pas à abandonner la ville pour les zones forestières à économie de plantation.

2. Du désespoir à l'exode des citadins vers les zones forestières à économie agricole

En 1935, le Gouverneur Dieudonné François Reste parle de *« l'exode des indigènes »* pour qualifier le mouvement migratoire de certains citadins vers les zones forestières de production à économie agricole. S'il explique cet exode par des mesures administratives malencontreuses ou par des erreurs administratives commises à certaines époques, nous voyons plutôt dans ce déplacement massif des Africains, les effets de la crise économique dans les centres urbains. En effet, à Bouaké comme dans certaines villes importantes de la colonie, les conditions de vie étaient devenues très difficiles, du fait de la crise. La pauvreté et la misère étaient le lot d'une masse importante de la population africaine. L'espoir d'une vie économique meilleure n'était pas à envisager. Dans le cas de Bouaké, ce malaise généralisé provoquera le départ massif de certains citadins, notamment, des allogènes maliens et voltaïques dans les zones forestières du centre-ouest situées entre Yamoussoukro et Daloa. Il s'agit des localités à économie de plantation. Ces populations y développeront des cultures de café et de cacao. Leur action est soutenue par le Gouverneur Reste qui, nommé à la tête de la colonie, tentera de redresser l'économie affaiblie par la crise de Wall Street.

---

[275] ANCI /5DD7/carton 1653, archive déjà citée.
[276] ANCI /5DD5, VI4127/carton 3003.

III- LA RÉPONSE À LA CRISE DES ANNÉES 1930 À BOUAKÉ

La crise économique qui secoue le monde entier a durement affecté le marché des matières premières de l'ensemble des pays de l'empire colonial français. Les grands centres administratifs et commerciaux d'Afrique comme Dakar, Louga (au Sénégal), Cotonou, Ouidah (au Dahomey), Brazzaville (au Moyen-Congo), Libreville (au Gabon), Bassam, Abidjan, Korhogo et Bouaké (en Côte d'Ivoire)... sous la domination coloniale française sont affectés et, la crise devenant aiguë, l'économie des colonies s'embourbe[277]. La France, voulant éviter à l'avenir une concurrence industrielle avec ses colonies, et pour mieux les exploiter, les avait reléguées exclusivement au rang de grenier de matières premières pour l'alimentation de ses propres industries. Dans cette logique, on comprend fort bien le fonctionnement et la bonne marche de l'industrie française.

Mais, à travers cette attitude de la France, on réalise, surtout, à quel point l'économie métropolitaine dépendait étroitement du comportement de l'économie de son vaste empire colonial. Les propos de Cecil Rhodes, colonisateur anglais, nous font comprendre, davantage, cet état de dépendance de l'économie européenne lorsqu'il déclare : *« les responsables de la politique coloniale doivent ouvrir de nouveaux marchés pour les mines et les usines. J'ai toujours soutenu que l'Empire britannique était pour nous une question d'estomac (...) il faut devenir impérialiste. »*[278]En comparant l'Empire britannique à un estomac, Cecil Rhodes nous conforte dans notre position lorsque nous écrivons que la France, à l'image des autres puissances colonisatrices, avait fait de ses colonies un réservoir de matières premières pour la survie de son industrie. C'est pourquoi l'écroulement du marché au niveau des colonies entraîne inévitablement le désastre du marché français. Dans cette situation difficile, il fallait que la France se rende à l'évidence afin d'éviter une catastrophe économique totale. D'où son empressement à prendre des mesures urgentes pour relever l'économie de son empire colonial et, par extension, de sa propre économie.

Consciente de ce que la Côte d'Ivoire est le poumon ou le levier de l'économie ouest-africaine et, surtout, de ce qu'elle représente, de loin, le moteur de l'économie coloniale française parce que pourvoyeuse de

---

[277] Sophie Le Callennec, ***L'Afrique noire, l'histoire et civilisation***, Paris, Hatier-Aupelf, tome2, 1992, 134p., p.87.

[278] Cecil Rhodes, colonisateur convaincu 1898 cité par Clavel (A.M.), ***Op.cit.***, p:38 (document 1.1).

l'essentiel des matières premières industrielles, la France nomma, à la tête de la colonie, un homme redoutable et avisé en matière de politique économique : Dieudonné François Reste. Le 30 octobre 1930, il est nommé gouverneur de la colonie de Côte d'Ivoire en remplacement de Jules Brevié[279]. La stratégie d'approche du gouverneur Reste se révèlera comme une véritable révolution ; il a conçu un plan de relance et d'incitation à la croissance économique, adapté à la situation de crise. Sa volonté de rendre féconde l'économie de la colonie se résume en ces termes : *« il est apparu que, dans nos colonies, la mise en valeur méthodique et raisonnée du sol, amorcée depuis quelques années, devait être poursuivie et disciplinée avec ténacité et opiniâtreté qui doivent s'attacher à la réalisation des œuvres belles et fécondes (...) la mise en valeur de la colonie, dès aujourd'hui en excellente voie, doit s'accentuer, de plus en plus, car elle offre un champ d'action admirable à toutes les bonnes volontés »*[280].

L'intervention du gouverneur à Bouaké se situe dans cet état d'esprit. Il s'évertuera à remettre en route, de 1930 à 1935, l'économie en agonie du Baoulé-Nord, à l'instar de celle des autres régions de la colonie. À Bouaké, des mesures incitatives sont prises pour accroître la production économique: la mise en place d'une politique d'encadrement des paysans indigènes, la distribution des plants, l'institution de « journées agricoles » et de foires d'exposition. Toutes ces mesures économiques vont avoir des effets positifs sur la ville et sur sa région ; on observe une augmentation de la production agricole qui fait de Bouaké l'un des principaux greniers de la colonie jusqu'en 1939.

1. La politique de redressement économique à Bouaké : 1930-1934

Ayant été nourri dans le sérail des colonies en difficulté, le nouveau gouverneur de Côte d'Ivoire, Dieudonné François Reste entreprend immédiatement une série de visites dans le monde des paysans et des opérateurs économiques de la région de Bouaké.[281] Cette démarche lui permet de déceler, d'emblée, les maux qui affectent la bonne marche de l'économie du pays baoulé et, au-delà, prendre la

---

[279] Kipré (P), ***Mémorial de Côte d'Ivoire***, t_2, Abidjan, Ami, 1987, 303 p., p.216.

[280]JOCI, 1931, p.287 (cf. également discours prononcé par le gouverneur Reste devant la chambre de commerce de Côte d'Ivoire en janvier 1931 et publié dans le bulletin de la chambre de commerce du 12 avril 1931).

[281] JOCI, 1931, p.288.

pleine mesure des difficultés économiques des autres régions de la colonie.

À propos de ces plaies de l'économie, le gouverneur Brévié dira: « *1931 a vu la chute brutale des cours de tous nos produits d'exportation, l'arrêt de nos importations, le retrait du crédit, la débâcle de certaines firmes commerciales et bancaires, le déficit budgétaire.* »[282] Pour Reste, tout ceci est dû à la sous-exploitation du territoire et à l'insuffisance des moyens de communication. Il faut donc repenser la façon de gérer les ressources humaines et naturelles de l'ensemble des régions de la colonie. Jean Ibo Guehi soulignera cette volonté manifeste du gouverneur en ces termes : « *alors que d'autres gouverneurs se contentaient de gérer le quotidien de cette crise, le gouverneur Reste a opté pour une approche novatrice en essayant de se démarquer des anciennes méthodes d'exploitation coloniales.* »[283]

Comme solutions à la crise, Reste a préconisé l'intensification de la production des vivriers et des matières premières d'exportation. Il prendra des mesures incitatives, à savoir l'institution des foires d'expositions et l'octroi des primes aux meilleurs planteurs et éleveurs de Bouaké[284]. Les populations locales vont adhérer à ces mesures qui tendent à rétablir la santé économique de la ville et de sa région.

a) La mise en place d'une politique d'encadrement des paysans indigènes à Bouaké

Le gouverneur Reste était ferme et déterminé sur la nécessité de conduire à bien sa mission. Au-delà de ses intentions qui tendaient à équilibrer le pouvoir économique entre colonisateur et colonisé à travers le libéralisme économique qu'il prône, le gouverneur effectua plusieurs tournées de sensibilisation sur l'applicabilité de son programme. Ces tournées le conduisent dans les centres commerciaux importants de l'intérieur dont Bouaké où des plants sont distribués aux paysans et des primes, accordées aux planteurs dont le rendement était important. Toutes ces mesures furent couronnées par l'institution de « *journées agricoles* » et de foires d'expositions des produits agricoles et artisanaux.

En effet, de 1931 à 1932, Dieudonné-François Reste décide de relancer la production améliorée de la colonie et à en faciliter l'évacuation

[282]JOCI, 1932, cf. déclaration faite par le gouverneur général Biévié lors du conseil de gouvernement de l'A.O.F qui s'est réuni à Dakar le 24 novembre 1932.
[283]Ibo Guéhi (J), *La vie sociale à Abidjan de 1930 à 1934*, ***Op., cit.,*** p.136.
[284]JOCI, 1931, pp. 287-300.

rapide vers les Wharfs d'embarquement[285]. Cette ambition commande une série d'actions décisives et de grande envergure. Le gouverneur, pour être en phase avec les réalités du terrain, c'est-à-dire, de la colonie, choisit de mener une politique de proximité en allant vers les populations des campagnes et des centres urbains. Cette démarche lui permet de recenser les difficultés des peuples et les besoins immédiats avant de lancer sa politique de refondation économique. Il multiplie les tournées à travers la colonie et les rencontres avec les commerçants et les planteurs. En effet, il fait ainsi trois grandes tournées, d'un mois chacun, en 1933 ; elles le mènent à Bouaké, Tabou, Man, Guiglo, Sassandra, Gagnoa, Bouaflé, Oumé et Tiassalé.

Dans ces villes, notamment à Bouaké, le discours du gouverneur est beaucoup plus généreux en faveur des populations dont il plaide le bien-être économique et social. À ce sujet, il dira : *« l'intensification de la production, la mise en valeur de la colonie, le perfectionnement de l'outillage économique, l'amélioration et le développement des voies de communication doivent retenir tout particulièrement notre attention. Mais là ne doit pas se borner notre rôle. Nous avons d'autres charges, d'autres devoirs à accomplir. Au progrès matériel doit correspondre le progrès social. »*[286] C'est pourquoi Dieudonné-François Reste encourage les efforts déjà accomplis par certaines entreprises de Bouaké comme Robert-Gonfreville et adhère totalement au combat de tous les partenaires au développement qui luttent contre la crise et la misère des peuples noirs et blancs.

Toutefois, il faut reconnaître que sa politique restera beaucoup plus orientée vers la redynamisation de l'économie de traite et, donc, de la production des matières premières agricoles. Pour soutenir ce secteur, une politique d'encadrement des paysans indigènes a été conçue à partir des S.I.P. – *Sociétés Ivoiriennes de Prévoyances* – et, des plants sont distribués aux paysans par le gouverneur.

L'économie traditionnelle des Africains reposait, de façon générale, sur une agriculture d'autosubsistance. Les traces de cette agriculture sont encore perceptibles dans les sociétés rurales africaines postcoloniales. Elle se caractérise, en effet, par l'étroitesse des aires cultivables et se pratique avec des outils archaïques ou rudimentaires. Les paysans s'appuyaient également sur des méthodes et des techniques souvent anciennes –la culture itinérante, sur brûlis et la jachère –. Le faible rendement agricole s'expliquait par ces différents facteurs.

Comme de nos jours, pour bon nombre de familles africaines, les besoins alimentaires de la cellule familiale étaient importants. Or, la

[285]Kipré (P.), *Mémorial de Côte d'Ivoire, t2*, ***Op. cit.***, p.116
[286]JOCI, 1931, **op. cit.**, p.228.

production était maigre et il était impossible de nourrir convenablement tous les membres de la communauté villageoise. Ainsi, avant même les prochaines semences, les greniers se vidaient de leurs contenus. Toute la récolte était consommée sans que quelques semences ne soient conservées pour la future campagne agricole. Cette imprudence et imprévoyance des indigènes va pousser l'administration coloniale à créer le 29 juin 1910 par décret les S.I.P. – *Sociétés Indigènes de Prévoyances* – en A.O.F. Il s'agit des structures d'encadrement des paysans africains. En effet, à travers celles-ci, l'indigène devrait recevoir un enseignement sur les méthodes et les techniques agricoles.

En Côte d'Ivoire, les premières structures d'encadrement des paysans remontent au début des années 1920. La structure du Tenkodogo est créée en 1921, celle de Dabou en 1926 et celle du Baoulé en 1927. Cependant, il convient de souligner que l'établissement et le fonctionnement véritable desdites sociétés sur l'étendue du territoire ivoirien se feront au moment du passage du gouverneur Reste à la tête de la colonie. Selon Anouma (R-P), *« une politique d'encadrement systématique du paysan, c'est-à-dire du producteur, il faut y voir la volonté de l'administration coloniale de mettre fin à des mauvaises méthodes d'exploitation, une utilisation très défectueuse des capitaux naturels considérables. »*[287]Ainsi, dans l'entendement du gouverneur Reste, les sociétés de prévoyance devraient servir de cadre d'organisation et d'éducation au monde des paysans. C'est pourquoi il n'hésitera pas à favoriser leur implantation effective dans le pays.

Pour Bouaké et sa région, une école de moniteurs existait déjà. En 1918, monsieur Derré était le principal vétérinaire et formateur de la ferme école de Bouaké. Des champs d'essais de coton y étaient en expérimentation comme dans les régions de Korhogo, de Ferkessédougou, de Dabakala, de Dimbokro, du N'zi-Gamoé, de Daloa et dans les cercles gouro[288]. Toutes ces structures et organes seront réorganisés à partir de 1931. Les moniteurs harmonisent les techniques de culture extensive et la méthode d'association de culture, pour les enseigner aux paysans indigènes. Ils insisteront sur certains détails

---

[287]Anouma (R-P), « Les sociétés indigènes de prévoyance, la caisse centrale de Crédit Agricole mutuel, organisation, fonctionnement et rôle en Côte d'Ivoire jusqu'à la veille de la 2e guerre mondiale »,
Annales de l'Université d'Abidjan, Série 1 (histoire), tome V, 1977, pp 61-86, p.65.

[288] ANCI/1RR 65, XI-28-278, Colonie de Côte d'Ivoire, service de l'agriculture, correspondance relative aux champs d'essais de coton dans les cercles de Korhogo, de Ferkessédougou, de Dabakala, de Bouaké, de Dimbokro, du N'zi-Comoé, de Daloa et dans le Gouro, 1917-1932.

agricoles: le nettoyage régulier des plantations, le remplacement des pieds morts, la sélection des cultures, l'éclairage de la plantation par l'abattage des gros arbres qui empêchent le soleil d'atteindre les cultures... Des enseignements sont dispensés au sujet des semences et de leur période pour améliorer la qualité des produits à Bouaké[289]. Mais, on peut se demander pourquoi le gouverneur Reste s'active à organiser le monde rural. Veut-il réellement corriger les insuffisances agricoles des Africains de Bouaké et, partant, des autres régions de la colonie dans l'intérêt de ces derniers ? Qu'est-ce qui fait courir le gouverneur ? Pour Reste, les sociétés de prévoyance et de secours ont existé dans la colonie avant sa venue. Mais, elles ne semblent pas avoir joué le rôle qui, normalement, doit leur revenir. Elles n'ont contribué en rien au développement économique du pays. À ce sujet, il écrira : *« je n'entends pas faire ici leur critique, mais je désire qu'elles soient rendues à leur véritable destination. »*[290]

L'administration locale doit impérativement réorganiser ces différentes structures et associations, d'abord, pour un but agricole et, ensuite, politique. Par conséquent, la gestion de ces sociétés, leur fonctionnement, les problèmes qui se posent, du fait de leur existence, les discussions et les projets que peut susciter leur développement,[291] apportent un aliment de tout premier ordre à l'activité physique et intellectuelle des indigènes. C'est dans cette optique que le gouverneur affirmera: *« nous proposons à leur esprit de réalisation, des objectifs immédiats, précis, à leur portée, cadrant admirablement bien avec leurs goûts et leurs tendances héréditaires. »*[292]

À la lecture de ce qui précède, on a l'impression que François Reste se montre beaucoup soucieux du sort alimentaire et de l'épanouissement économique des indigènes. Mais, lorsque nous prenons du recul vis-à-vis de son attitude, nous comprenons, à l'instar de Jean Suret-Canale, le motif réel de la création des sociétés indigènes de prévoyance. Car, dira-t-il, *« pour remplir ses fonctions dans le domaine de la production, l'administration coloniale dut forger peu à peu un outil institutionnel : ce fut la société indigène de prévoyance. »*[293] Même si jusqu'ici l'on pouvait

---

[289] ANCI /1RR 65, XI-28-278, archive déjà citée.

[290]JOCI, 1931,***Op. cit.,*** p.295 (au sujet des sociétés de prévoyance, de secours et de prêts mutuels agricoles)

[291] Il s'agit de l'industrialisation de la production, l'emploi de perçoirs à huile, de concasseurs, de charrues, l'introduction de végétaux sélectionnés, la mise en terre des cultures, etc.

[292]JOCI, 1931, ***Op. cit***., p.295.

[293]Suret-Canale (J.), ***L'Afrique noire occidentale et centrale, tome2 : l'ère coloniale (1900-1945),*** Paris, ed. Sociale, 1964, 636 p., p.299.

penser que l'objectif officiel de ces sociétés était de remédier à l'imprudence ou à l'imprévoyance des Africains dans la gestion de leurs économies agricoles, il ne faut pas perdre de vue les raisons fondamentales de la présence française en Côte d'Ivoire : l'exploitation des ressources économiques.

Dans cette perspective, il faut organiser la force humaine indigène du Baoulé-Nord comme celle des autres régions de la colonie pour mieux la faire produire dans l'intérêt de la métropole qui est sérieusement touchée par la crise des années 1930. C'est pourquoi l'on procéda à la nomination de responsables de ces sociétés et des moniteurs capables d'enseigner aux paysans baoulé les méthodes et les techniques culturales. Mais, surtout, Reste ordonna qu'on leur donnât gratuitement des plants de variété afin de soutenir l'action des sociétés de prévoyance.

b) La politique agricole et les produits d'exportation de Bouaké

La chute des produits d'exportation avait fini par décourager les paysans qui n'arrivaient plus à produire en quantité suffisante pour le marché métropolitain. Or, du fait de la crise, la France a des besoins immédiats pour faire fonctionner son industrie. Le gouverneur Reste, dans un tableau synoptique, présente la situation lamentable des industries françaises, causée par le manque de matières premières. En effet, la Côte d'Ivoire, qui s'était résolument lancée dans la culture du coton, avait obtenu des résultats satisfaisants qui permettaient d'augurer un bel avenir. La production du coton, dira Dieudonné-François Reste, revêt un intérêt primordial pour l'économie métropolitaine : *« en marche normale, l'industrie française utilise, chaque année, de 350.000 à 370.000 tonnes de coton pour une valeur dépassant quatre (4) milliards. Sur ce total, nos colonies ne fournissent guère que 8 à 9.000 tonnes. Nous sommes à la merci de l'étranger pour une matière première qui alimente une industrie faisant vivre plus de 600.000 ouvriers. »*[294]Ici, l'inquiétude est manifeste au niveau de l'industrie textile française. Elle risque de ne plus être approvisionnée en coton si les tenants de la politique coloniale n'ouvrent pas de nouveaux marchés dans l'empire colonial français. Conscient de cette situation, le gouverneur Reste se décida d'intensifier la production du coton et d'en améliorer la qualité. Le Baoulé-Nord et la région de la haute Côte d'Ivoire s'adaptent bien à cette culture. Les paysans de ces localités reçoivent des plants de coton de la part de l'administration Reste. Les

[294] Extrait du discours prononcé par le gouverneur Reste devant la chambre de commerce de Côte d'Ivoire en janvier 1931 et publié dans le Bulletin de la chambre de commerce au 12 avril 1931.

agriculteurs baoulé de la région de Bouaké, tout comme ceux du nord, sont encadrés par des moniteurs agricoles qui leur enseignent à améliorer les procédés culturaux : cultures intercalaires, amendements, assolements, rotation des cultures... et les méthodes de récolte des capsules, de séchage et de conservation du coton[295]. Mais, dans le même temps, le colonisateur motive ces paysans en leur expliquant l'intérêt que la culture du coton représente pour eux: *« la culture de coton ne sera réellement pratiquée avec plaisir par l'indigène que si elle est d'un bon apport. II ne faut pas qu'elle soit une charge pour lui, mais qu'elle lui permette, au contraire, d'accroître ses revenus. »*[296]A Bouaké, l'établissement des unités industrielles de l'A.C.C. – l'Association Cotonnière Coloniale– et de Robert Gonfreville qui sont spécialisées dans la filature, le tissage, l'impression et la confection du coton avant son exportation en France, justifie davantage la politique cotonnière de Reste. Bouaké, à cette époque, était perçue comme le véritable centre de transformation industrielle du coton.

Par ailleurs, les cultures du maïs et du manioc sont également encouragées dans la région de Bouaké par Reste. La France importe annuellement entre 700.000 et 800.000 tonnes de maïs des États-Unis, de la Roumanie et de la république d'Argentine. Les envois des colonies françaises atteignent, à peine, 165.000 et 160.000 tonnes, laissant une marge de 662.000 tonnes fournies par les pays sus-cités[297].

Pour Dieudoné-François Reste, le pays baoulé, comme la haute Côte d'Ivoire dont les terres et le climat conviennent admirablement bien à la culture de cette céréale, pourrait contribuer pour une large part à l'approvisionnement du marché métropolitain. C'est pourquoi il y expérimente une variété de maïs durs. Des essais seront faits avec des maïs durs, moins farineux que les maïs tendres, mais se conservant mieux et résistant aux attaques d'insectes. Ce type de maïs dur a été cultivé par nos parents. II est difficile de le piler dans un mortier; c'est ce maïs qui sert à l'alimentation des volailles et autres animaux d'élevage. II est aussi consommé par le Baoulé lorsqu'il est frais.

Désormais, la production du maïs dans la région de Bouaké s'élève à 21.102 tonnes en 1931 contre 11.023 tonnes en 1927[298]. Ainsi, Bouaké, après les régions de la haute Côte d'Ivoire, devient-il le deuxième foyer important de production et de marché de maïs. À cette denrée, s'ajoute le manioc. Chaque année, la France importe de 30 à 10.000 tonnes de

---

[295]JOCI, 1931, ***Op. cit.***, p.293.
[296]JOCI, 1931, ***Op. cit.***, p.293.
[297] JOCI, 1931, ***Op. cit.***, P.293.
[298] Extrait du discours prononcé par le gouverneur Reste devant la Chambre de commerce de Côte d'Ivoire en janvier 1931, déjà cité.

manioc brut desséché et 12.000 tonnes de tapioca. Toutefois, les exportations de l'ensemble des colonies sont en deçà de l'espérance: seulement 16 % du tapioca est vendu en France. II faut, donc, en produire en abondance en Côte d'Ivoire, notamment, dans le pays baoulé où les populations elles-mêmes connaissaient déjà les procédés culturaux et étaient de véritables consommateurs de manioc.

Le Gouverneur Reste galvanise les populations en leur promettant de vendre désormais librement le manioc à un prix meilleur. II demande également aux paysans baoulé comme à ceux des autres régions de la Côte d'Ivoire, de produire davantage le riz, le mil, le sorgho, le fonio, la patate, le taro et les haricots, car selon lui, « *la bonne alimentation des indigènes doit sans cesse nous préoccuper : c'est un des chapitres les plus importants de notre action sociale. L'avenir de la race en dépend. Les races sous-alimentées résistent moins bien aux maladies et sont la proie de toutes les endémies. J'attache donc la plus haute importance à l'extension des cultures vivrières et vous demande d'y veiller constamment.* »[299]

À la lecture de cet extrait du discours du gouverneur, on a l'impression qu'il s'affiche comme l'homme de la situation. II ne néglige rien ; son ‘‘humanisme’’ et sa politique en faveur des Africains transparaissent dans son discours et faisaient de lui un homme méthodique, scientifique et humain. Car, la distribution des plants aux paysans se fait par région ou zone climatique. Le pays baoulé et les autres régions – l'est et l'ouest notamment– ont reçu des plants de café, de cacao, de banane et de kolatier. Toutes ces mesures prises pour intensifier et améliorer la production ont été soutenues, par ailleurs, par la mise en place d'une politique d'hydraulique agricole. En effet, l'administration coloniale décide, sans tarder, d'augmenter, à forte proportion, le rendement des terrains par des travaux d'irrigation ou de drainage, le forage de puits à l'aide d'appareils de pompage puissants, susceptibles de permettre la mise en culture des terrains délaissés.[300] Mais, malgré toute cette politique qui réunit toutes les conditions matérielles, le pouvoir colonial est conscient que sa mission sera vouée à l'échec s'il manque de la volonté aux paysans baoulé. Il faut, davantage, les inciter à la production. L'organisation des journées agricoles et des foires d'exposition des produits agricoles et d'élevage à Bouaké permet de faire la promotion des produits locaux.

---

[299] Extrait du discours prononcé par le gouverneur Reste devant la Chambre de commerce de Côte d'Ivoire en janvier 1931, déjà cité.
[300]JOCI, 1931, ***Op. cit.***, p.294.

c) L'institution de « journées agricoles » et de foires d'expositions à Bouaké de 1933 à 1934

L'originalité des méthodes de Dieudonné-François Reste réside dans l'institution des « journées agricoles », des foires d'exposition et de concours agricoles régionaux. En 1933, il prit plusieurs arrêtés pour donner un cadre juridique à cette politique d'incitation des paysans et éleveurs à la production. Abidjan, Bouaké, Korhogo et bien d'autres villes importantes de la colonie sont des lieux privilégiés où s'active la politique de dynamisation du système agricole et de promotion des producteurs à travers leurs produits. Pour Dieudonné-François Reste, *« la culture du caféier doit être intensifiée. Elle doit constituer dans l'avenir avec le cacaoyer et le palmier à huile une des principales sources de revenus de la colonie. La France importe annuellement de 170.000 à 180.000 tonnes de café. Les colonies françaises ne lui fournissent que 5 ou 6.000. Or, les cafés coloniaux jouissent d'une situation privilégiée sur le marché métropolitain – on peut citer, par exemple, la détaxe des droits de douane–. »*[301]

Il faut, donc, encourager leur production dans la Basse-Côte d'Ivoire où les sols sont propices. Toute la région du sud s'était déjà lancée dans la culture du cacao et du café. C'est à juste titre que le gouverneur Reste choisit Abidjan comme le lieu de la tenue des journées du cacao, du café et de la banane, soutenues par de grandes foires d'exposition tous les ans. À ces différentes rencontres, des primes et des récompenses sont distribuées aux meilleurs paysans et éleveurs africains ou européens[302]. Entre 1933 et 1934, les foires d'exposition de Bouaké ont connu un grand succès. Les primes distribuées aux propriétaires des meilleurs animaux et aux meilleurs planteurs indigènes auront suscité chez eux l'appât du gain et auront éveillé leur amour propre. Djibo Sounkalo, ex-Maire de Bouaké (1956-1980), interrogé sur la question des foires d'exposition de Bouaké, répond : « *l'actuel carnaval de Bouaké tire ses origines des foires d'exposition instituées dans la ville par le Gouverneur Reste à l'époque coloniale.* »[303] Le carnaval de Bouaké est, donc, né sur les cendres desdites foires et en reste formellement une autre version ou reformulation. Il s'agit d'une grande fête populaire au cours de laquelle producteurs et consommateurs se réunissaient.

---

[301]JOCI, 1931, ***Op. cit.***, p.291.

[302] ANCI /QQ-V-36, Colonie de Côte d'Ivoire, rapport de tournées du gouverneur Reste en 1934.

[303]Djibo Sounkalo, premier Maire africain à la tête de la commune de Bouaké (1956-1980), -Entretien du 12 avril 1998 à Abidjan-Cocody (à son domicile), déjà cité.

Par ailleurs, le 15 mai 1935 et le 8 juin de la même année, on organisait, à Korhogo, des concours pour récompenser les meilleurs éleveurs. Selon le rapport économique du deuxième trimestre de 1935 relatif au cercle de Korhogo, douze bergers peuls faisaient un travail rémunéré. Ils étaient, en effet, des employés de la société de prévoyance du cercle et étaient chargés de s'occuper de la garde des troupeaux, de leurs soins, de leur alimentation et de l'entretien de leurs abris[304]. Il ressort de cette étude que les « journées agricoles », les foires d'exposition des produits locaux et les différents concours des meilleurs planteurs ou éleveurs organisés à l'échelle régionale ont énormément contribué à intensifier la production agricole dans le Baoulé-Nord.

À côté de ces mesures agricoles, Reste a mené une politique incitative pour redynamiser le volet commercial. Pour témoigner aux colons européens et aux populations africaines tout l'intérêt que son administration porte au développement du commerce, le gouverneur Reste avait institué, par arrêté du 21 avril 1931, une foire d'exposition à Abidjan. De 1933 â 1934, plusieurs arrêtés ont été pris instituant les foires d'exposition de Bouaké et de Korhogo[305]. Elle obéissait à plusieurs objectifs. D'abord, créer un cadre de communication économique entre producteurs, éleveurs, artisans et consommateurs, agents de l'importation et de l'exportation. Ensuite, permettre une propagande active et utile pour la vulgarisation des méthodes de travail du gouverneur et, enfin, faire connaître les productions de l'art local.

Pour atteindre ses objectifs, Reste s'est résolu à créer dans chaque cercle dont le cercle du Baoulé-Nord, des marchés qui seront ouverts exclusivement aux commerçants. Répondant, ainsi, aux vœux émis par la chambre de commerce, le gouverneur entend, dans le même temps, considérer les intérêts des vendeurs et des acheteurs. Tout ceci pour faciliter les échanges et permettre un contrôle plus serré du bon conditionnement des produits d'exportation. En 1933 et en 1934, des foires d'expositions sont organisées par l'administration coloniale. C'est l'enthousiasme chez les producteurs indigènes. Les produits agricoles et artisanaux sont exposés au marché créé pour la circonstance. Durant ces deux foires, producteurs agricoles, artisans et commerçants de tous bords, tous venus du sud, du nord, de l'est et du sud-ouest, étaient présents à Bouaké. C'étaient les plus grandes messes commerciales que la ville de

[304] ANCI /Série QQ, Colonie de Côte d'Ivoire, Rapport économique du deuxième trimestre de 1935.

[305]ANCI / Série QQXX-9-4/ Dossier 508. Documents relatifs à la vie économique et sociale de la Côte d'Ivoire, 1933-1934.

Bouaké n'ait jamais connues, dira le Gouverneur Reste.[306] Dans toute la colonie, des mesures incitatives ont été prises par Dieudonné-François Reste pour rendre beaucoup plus fluide le mouvement commercial : *« réduction du taux d'intérêt des traites de la douane, maintien de la convention du Niger dont la dénonciation est demandée par le Sénégal, augmentation du matériel roulant du chemin de fer, contingentement du cacao exporté, suspension des droits de sortie sur les oléagineux et réduction des tarifs du Wharf pour ces produits, réduction des tarifs du chemin de fer dans une proportion atteignant parfois 50 % sur certains produits, nouvelles réductions de taxes de circulation sur les produits d'exportation, etc. »*[307].

Le 3 juin 1934, le vice-président de la chambre de commerce de Côte d'Ivoire ne cache pas sa satisfaction au sujet de ces mesures. Le président de cette institution, monsieur Lasserre, manifeste sa reconnaissance au gouverneur Reste le 25 avril 1935.[308] Il lui offre un objet en ivoire, signe de sa sympathie et de son admiration. Le gouverneur Reste, on le voit, est en phase avec les partenaires économiques. Toutes ces mesures prises sont en faveur des commerçants exerçant sur l'étendue du territoire. À Bouaké, les retombées de cette politique de relance sont manifestes.

2. Les résultats de la politique de la relance économique à Bouaké : 1934 -1939

À Bouaké, toutes les mesures prises par l'administration coloniale pour relancer l'économie en agonie, semble porter ses fruits dès 1934. On note l'amélioration des infrastructures routières qui permettent l'évacuation rapide de la production locale vers les pays limitrophes et la France ; Bouaké étant devenue un immense grenier au cœur de la Côte d'Ivoire grâce à l'importance de la production agricole de sa région.

---

[306]ANCI / QQ-V-36-146, Colonie de Côte d'Ivoire, rapport des tournées du Gouverneur Reste en 1934.

[307]Kipré (P), ***Mémorial de Côte d'Ivoire,*** t2, ***Op. cit***., p.220.

[308] ANCI / QQIV-26-6/ Dossier 6887. Lettre et rapports du président de la Chambre de commerce de Côte d'Ivoire au Gouverneur de Côte d'Ivoire, 1935.

a) Bouaké, un immense grenier de produits agricoles au cœur de la colonie

La première partie de cette étude a été consacrée à l'économie d'autosubsistance et au système de marchés traditionnels des peuples du Baoulé. Nous y avons mis en relief, l'importance qualitative des produits agricoles de la région. Mais, la production entrait dans un circuit de consommation interlignage, fondé sur le système de troc. De ce fait, la production était insuffisante puisque ne faisant pas l'objet de transactions à longue distance ou de grande portée. Même si avec l'arrivée du train à Bouaké, en 1912, la production agricole commençait à prendre un pas décisif, elle a été interrompue lors du déclenchement de la Première Guerre mondiale (1914-1918). La population laborieuse vivait dans la peur et la psychose totale d'être recrutée pour gonfler les rangs des soldats français au front. Toutes ces inquiétudes joueront sur le mental et la force physique des agriculteurs dont le rendement restera faible. Par ailleurs, la crise de 1929 a engendré une forte baisse des prix des produits locaux[309]. Cette situation n'était pas de nature à encourager les populations à une production importante. Si les prédécesseurs du gouverneur Reste – *le cas du gouverneur Angoulvant* – ont mené une politique violente envers les Africains dans la mise en place de l'économie coloniale, Reste a opté, quant à lui, pour une approche souple, méthodique et efficace pour l'éducation agricole des agriculteurs du Baoulé-Nord.

De plus, pour inciter les Africains à l'intensification des cultures et à la production qualitative et quantitative, il instaure des mesures stimulantes, à savoir des primes et des crédits[310]. Cette politique rassurante a permis aux planteurs africains de prendre courage et de s'investir davantage dans la production des produits agricoles. Si le cacao, le café et le palmier occupent la région forestière de l'Ouest, de l'Est et de la Basse-Côte d'Ivoire, le Centre et le Nord, à cause de leurs végétations herbeuses et de leurs sols ferralitiques, ont développé la culture du riz, du sorgho, du mil, de l'igname, de la patate, du maïs, du manioc, de l'haricot et du taro· Pour atteindre les objectifs de production massive, Reste accompagne ces différentes mesures stimulantes de certaines théories. En effet, il se montre beaucoup plus soucieux des Africains : *« la bonne alimentation des indigènes doit sans cesse nous*

[309]Kérnounbaye Mayebe, ***Les prix des denrées d'exportation en Côte d'Ivoire de 1920 à 1958***, *Op. cit.*, p.69.

[310]ANCI / QQ XV-11-15/ Dossier 5621, Colonie de Côte d'Ivoire, échange de correspondance avec le directeur central de Crédit Agricole de Côte d'Ivoire et le président du conseil d'administration : 1932.

préoccuper... L'avenir de la race en dépend (...) des mesures immédiates devront être prises pour assurer le ravitaillement en légumes des principaux centres de la colonie, notamment, Abidjan et Bouaké. »[311]

À la lecture de cet extrait et au premier niveau d'interprétation, on réalise que Reste se montre sociable et très soucieux de l'avenir alimentaire des Africains. Il les incite à se prendre en charge pour lutter contre la faim. Mais, avec le recul, on se rend bien compte que, derrière cette attitude bienveillante, se cache l'idée de faire produire des denrées alimentaires pour son pays. En effet, les populations des circonscriptions de Tiébissou, M'Bahiakro, de Béoumi et de Katiola, convergeaient toutes vers la ville de Bouaké où se tenait un négoce lucratif. Au premier trimestre de 1933, la circonscription de Bouaké seule a produit, de janvier en mars, 60.000 kg de palmistes, 13.500 kg de riz, 1.439 kg de caoutchouc, 794 kg de coton non égrené. Dans la même période, la circonscription de Béoumi a fourni au poste de vente et de contrôle de Bouaké, 12.000 kg de palmistes, 39.500 kg de riz, 12.440 kg de coton non égrené, 1.439 kg de caoutchouc, 794 kg de piments, 34 kg de cacao et 4.560 kg de kapok non égrenés pour les mois de janvier, février et mars 1933[312]. L'organisation des foires d'exposition des produits agricoles par le gouverneur Reste à Bouaké en 1933, fera de la ville un immense grenier de produits agricoles. En effet, au mois de juin 1933, les circonscriptions de Bouaké, de Tiébissou, de M'Bahiakro et de Béoumi ont fourni 20 593 kg de coton non égrené, 55.154 kg de palmistes, 10.776 kg de riz, 6 kg de kapok non égrené, 64 kg de caoutchouc, 102 kg de piments et 138 l d'huile[313]. En effet, ces produits furent directement acheminés au poste de Bouaké et vendus par les producteurs eux-mêmes. Par ailleurs, la production des cercles voisins du Baoulé-Nord était également acheminée à Bouaké où elle était vendue par voie d'adjudications. Il s'agit de la production des cercles de Zuénoula, de Bouaflé et de Séguéla qui fournissaient à eux seuls 2.303 kg de coton.

En définitive, la politique incitative menée par Reste auprès des populations rurales de la région du centre de la Côte d'Ivoire a produit ses effets escomptés. Nous avons essayé de la justifier à partir d'exemples précis ; Bouaké et sa région sont restées à cette époque un immense grenier de produits agricoles. La distribution de ces produits a été rendue possible grâce aux infrastructures routières et, surtout, grâce au chemin de fer qui, depuis 1912, avait atteint Bouaké. Le 1er septembre 1932, le

---

[311] JOCI, 1931, ***Op. cit.***, pp.294-295.

[312] ANCI / 1QQ79, Colonie de Côte d'Ivoire, cercle du Baoulé-Nord rapport économique du 1er trimestre 1933, poste de Bouaké (cf. aussi au rapport économique et commercial de 1923).

[313] ANCI l RR VI-20-252/ Dossier 5300. Colonie de Côte d'Ivoire, politique agricole, rapport et répartition des cultures vivrières dans les cercles, 1933.

tronçon Bouaké-Katiola fut ouvert et le train atteignit Bobo-Dioulasso en 1934 et Ouagadougou en 1930[314]. L'on pouvait, donc, dire que Bouaké se présentait comme un « port sec » au cœur de la Côte d'Ivoire ; elle recevait des produits agricoles des régions de la Haute Côte d'Ivoire, du pays Mossi, des villages de colonisation de la zone forestière de Zuénoula, Bouaflé et de Yamoussoukro, grâce au rail et à sa position géographique et à sa position stratégique.

En réalité, Bouaké fonctionne comme un véritable centre de collecte et de production des denrées agricoles. De la ville, toute la production était distribuée dans certaines régions lointaines de la colonie à travers les routes d'alors réorganisées par le gouverneur Reste. Cette situation permettra au négoce de reprendre normalement et, surtout, aux entreprises commerciales d'accroître leurs chiffres d'affaires. Mais, ce fut aussi une belle occasion de renforcer le recrutement de la main-d'œuvre industrielle et agricole pour intensifier, davantage, la production.

b) Bouaké, centre de recrutement de la main-d'œuvre saisonnière du pouvoir colonial

Le mouvement de populations des régions de la Haute Côte d'Ivoire et du Soudan s'intensifie de 1926 à 1936, et Bouaké devient un véritable centre d'accueil. Cette question a été abordée par Pierre Kipré qui avance des données illustratives. En effet, pendant cette période, le recensement des populations ayant quitté les subdivisions de Séguéla, de Mankono, d'Odienné et de Kong, a donné respectivement les chiffres suivants: 4,5 %, 3,9 %, 4,8 % et 1,2 %.[315] Ces chiffres indiquent clairement que les cercles du nord de la Côte d'Ivoire sont des régions d'émigration par excellence, tandis que l'ancien terminus du rail au cœur du pays baoulé (Bouaké) est présenté comme une région d'accueil. Le décompte des populations du Grand-Nord de la Côte d'Ivoire et du Soudan, installées à Bouaké donne 30,7 % des Mandingues recensés pour l'ensemble de la colonie. Par ailleurs, le mouvement des populations vers la région de Bouaké devient très important à partir de 1932. La ville devient un véritable pôle d'attraction et un centre important d'accueil des populations mossi. La date de 1932 marque un tournant dans l'histoire coloniale de la Côte d'Ivoire. C'est l'année où une partie importante de la Haute-Volta a été rattachée à la colonie de la Côte d'Ivoire par le pouvoir colonial. [316]

---

[314]Semi-Bi Zan, t_2, Article déjà cité, p.193.

[315] Kipré (P), ***Villes de Côte d'Ivoire (1893-1940), t2, Op. cit.***, p.155.

[316]ANCI / SS XV-18-24, Colonie de Côte d'Ivoire, politique de la main-d'œuvre. Recrutement de la main-d'œuvre : 1932.

La colonie de la Haute-Volta a vu le jour par décret du 1er mars 1919. Le 5 septembre 1932, c'est-à-dire, treize (13) ans plus tard, un autre décret consacre son démembrement en plusieurs secteurs. Le cercle d'Ouahigouya et une partie de ceux de Dori et Dédougou passent sous le contrôle du gouverneur du Soudan. Le Niger reçoit, lui, les cercles de Fada et Dori soustraits à la région d'Aribinda, quand la Côte d'Ivoire hérite d'une partie de Dédougou et de la totalité des cercles de Tenkodogo, Kaya, Ouagadougou, Gaoua, Batié et de Bobo-Dioulasso. Principale bénéficiaire de ce démembrement, la Côte d'Ivoire devenait une colonie d'une superficie de 469.038 km² avec une population estimée à plus de 4 millions.[317]

Carte N° 8

LA COTE D'IVOIRE DU 5 SEPTEMBRE 1932 AU 4 SEPTEMBRE 1947

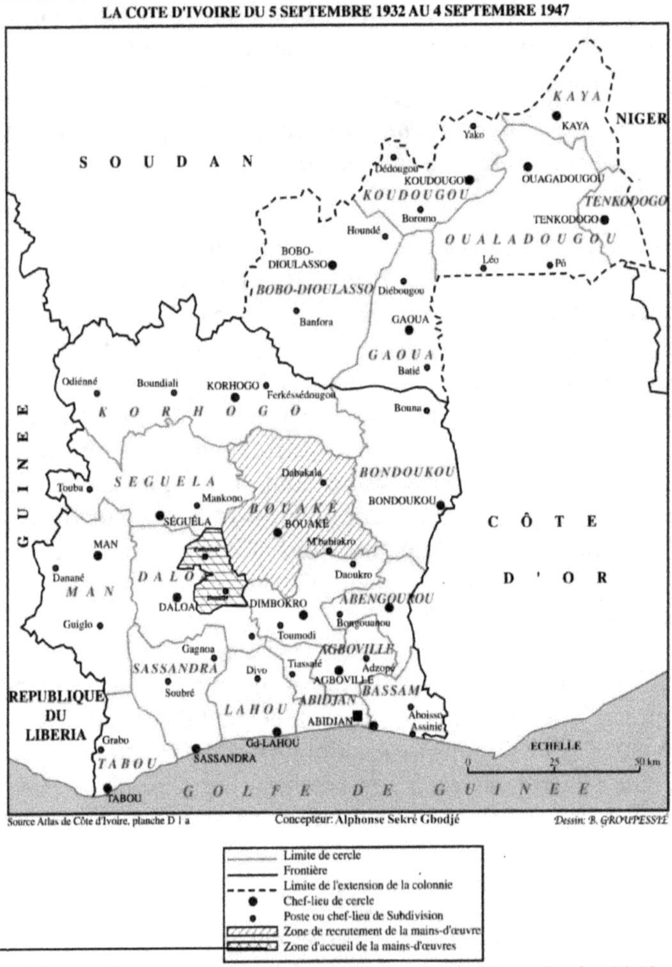

[317]Guernier (E), ***L'AOF, encyclopédie coloniale et maritime***, Paris, 1949, t_1, 393 p., p.67.

Les objectifs visés par le colonisateur en rattachant la Haute-Volta à la Côte d'Ivoire étaient, en effet, de constituer un réservoir de main-d'œuvre voltaïque dans les régions de production à économie agricole de la basse Côte d'Ivoire, de permettre au rail d'accomplir son rôle interrégional dans le cadre d'une même colonie, d'unir administrativement ce que le train devait relier économiquement, de briser, enfin, les liens entre le pays mossi et la Gold Coast.

Cette politique de démembrement de la Haute-Volta et, surtout, son rattachement à la Côte d'Ivoire s'est faite sans le consentement des autorités coutumières du pays Mossi. Balima (SA), dans son ouvrage intitulé ***Genèse de la Haute-Volta***, souligne l'indignation de ces autorités. En effet, le 11 avril 1932, ces chefs traditionnels adressèrent une première lettre à monsieur Blaise Diagne, député du Sénégal à Paris. Deux mois plus tard, c'est-à-dire, le 1erjuin de la même année, une seconde fut adressée au même député. Ils protestèrent vivement contre cette balkanisation et s'indignèrent, surtout, du fait que la Côte d'Ivoire soit la seule bénéficiaire de la main-d'œuvre[318]. Mais, ces plaintes restèrent vaines, car elles n'eurent pas empêché l'administration coloniale de rattacher le pays Mossi à la Côte d'Ivoire[319]. Une population importante de la Haute-Volta devenait ivoirienne contre son gré. Elle était conduite à Bouaké où se faisait le recrutement de la main-d'œuvre agricole. Elle était, par la suite, acheminée de force vers les zones forestières à économie de plantation.

En Côte d'Ivoire, la portée historique de ces mouvements d'immigrations voltaïques n'est plus à démontrer. À partir de Bouaké, les allochtones Mossi sont conduits vers les zones agricoles de Yamoussoukro, Bouaflé et Zuénoula. Dans ces régions, étaient déjà installés des villages de colonisation. Des groupements compacts de voltaïques y étaient sous le commandement des chefs mossi, proches collaborateurs des colonisateurs français[320]. La circulaire du 11 août 1933, qui livre ces informations, évoque la mission effectuée dans le pays mossi par l'administrateur de cercle Adams. Celui-ci serait revenu dans la zone forestière avec 24 colons mossi de Koudougou, 475 de Tenkodogo, 25 de Kaya et 176 d'Ouagadougou. En effet, après avoir obtenu des terres auprès des « chefs de terre » gouro et baoulé, les premiers villages sont construits. Ce sont Koudougou, Garango,

---

[318] Balima (S.A), ***Genèse de la Haute-Volta***, Ouagadougou, imp. Nouvelle, 1969, pp.149-153.

[319]Ibid., pp.150-151.

[320]La circulaire du 11 août 1933 du gouverneur Reste citée par Kipré (P.), ***Mémorial des Côte d'Ivoire***. T2, ***Op. cit.***, p.220.

Tengodogo, Koupela sur la route de Bouaflé-Zuénoula et Bouaflé — Yamoussoukro[321].

Carte N° 9

SITUATION DES VILLAGES DE COLONISATION VOLTAÏQUE DE LA REGION DE BOUAFLE

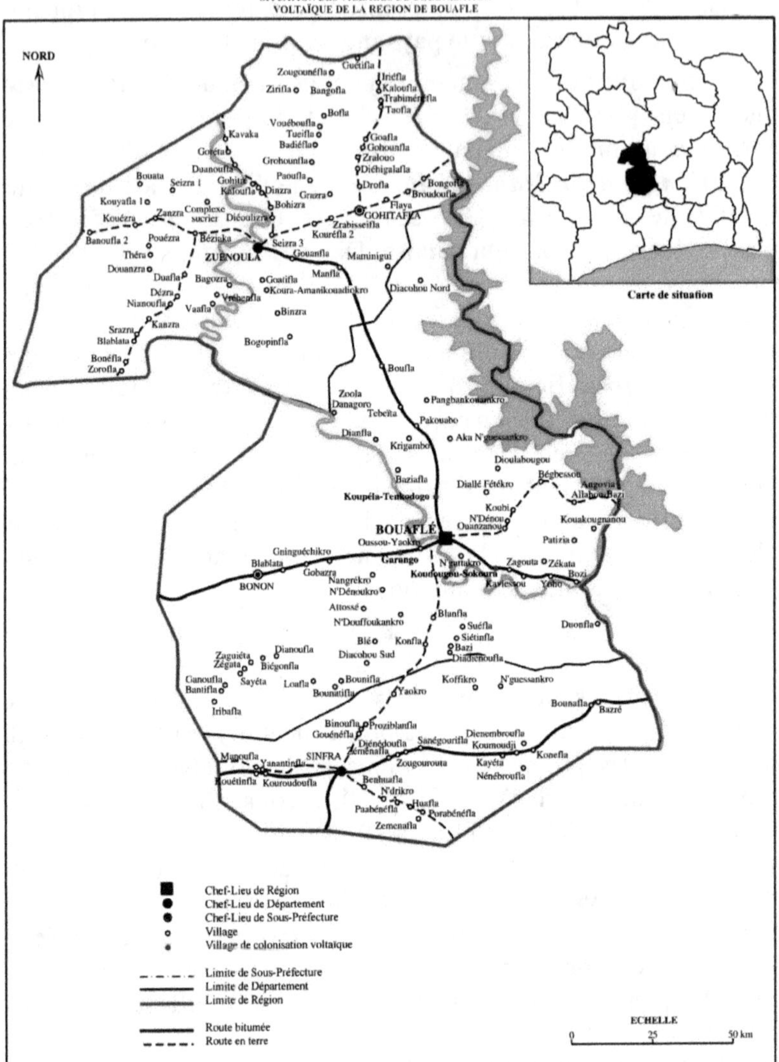

Source: bnetd, les cahiers d'information du CCT Concepteur : Alphonse Sekré Gbodjé Dessin: B.GROUPESSIÉ

---

321 Tiacoh (C.), «Histoire de l'implantation en milieu forestier ivoirien (Bouaflé, Zuénoula) de villages de colonisation voltaïques de 1934 à 1938 (Koudougou, Garango, Tengodogo, Koupela) »,
in ***Godo-Godo***, bulletin de l'IHAA, 1981, n°6, pp.49-62., p53.

Bref, devant la situation confuse engendrée par la crise de 1929, l'administration coloniale à Bouaké s'appuie sur les indigènes pour chercher des voies de sortie de crise. Certaines mesures incitatives sont prises pour accroître la production économique: institution de « journées agricoles » et de foires d'exposition. Ces journées vont promouvoir et galvaniser l'action des paysans et commerçants qui sont désormais résolus à produire davantage. Les résultats sont manifestes. Bouaké devient un important centre de commerce de matières agricoles, mais, surtout, un pôle d'accueil d'immigrants en provenance du Soudan et du pays mossi dont la plupart, en transit pour les régions forestières productrices d'économie de plantation.

Conclusion partielle

Retenons partiellement que cette étude revêt un caractère polysémique. Elle peut intéresser le monde de la recherche. En effet, de 1921 à 1929, la ville connaît une certaine dynamique économique grâce à la mise en place et au renforcement de l'outillage industriel et à l'importance des relations commerciales entre les citadins et les ruraux. Les produits manufacturés des usines françaises et ceux sortis des Établissements Robert Gonfreville sont exposés sur le marché qui connaît une animation particulière du fait de l'engouement suscité chez les consommateurs indigènes. On peut donc dire que cette période est celle de la prospérité de l'économie de marché urbain. Mais, malheureusement, cet élan économique va s'émousser à cause de la crise de 1929. Les Établissements Gonfreville, détonateurs de la dynamique industrielle, connaissent de sérieuses difficultés et l'avenir économique de Bouaké semble être hypothéqué entre 1930 et 1935. Le pouvoir d'achat des populations a pris un sérieux coup ; la pauvreté, le banditisme et la prostitution sévissent. Mais, ce qui est remarquable, c'est la capacité des acteurs politiques coloniaux et des opérateurs économiques de relancer l'économie de la ville. En effet, l'écroulement du marché colonial risque d'entraîner inévitablement le désastre du marché français. C'est pourquoi la France s'empresse de prendre des mesures urgentes pour relever l'économie de son empire colonial. Consciente de ce que la Côte d'Ivoire est le poumon ou le levier de l'économie ouest-africaine et, surtout, de ce qu'elle représente, de loin, le moteur de l'économie française parce que pourvoyeuse de l'essentiel des matières premières agricoles ; la France nomma à la tête de la colonie un homme avisé en matière de politique économique et administrative : Dieudonné François Reste gouverneur le 30 octobre 1930. Il effectue des tournées de sensibilisation à Bouaké et dans les autres centres urbains pour encourager les populations à la production locale. Mais, en même temps, y institue des ‘‘ journées agricoles’’ et des foires d’exposition.

Les résultats de la politique de redressement économique de Reste ont été manifestes à Bouaké comme dans les autres villes de la colonie : l'accroissement des chiffres d'affaires des entreprises commerciales, l'amélioration du réseau de communication économique, et l'accroissement de la production agricole. C'est fort de cette politique efficace et rigoureuse que Bouaké va se présenter désormais comme l'un des greniers importants de la colonie. Le rapport économique de 1935 souligne fort bien cette sortie de crise : *« la Côte d'Ivoire sort maintenant de l'ère des difficultés. Elle a adapté son économie aux conditions nouvelles.»*[322] Bouaké devient un véritable centre d’attraction économique pour les Baoulé et, au-delà, pour les populations de l’ensemble de la colonie et pour certains pays de la sous-région ouest-africaine. Ainsi, l’étude aura permis de mettre en exergue la vitalité et le rayonnement du pôle économique de Bouaké. Mais, la Deuxième Guerre mondiale menaçant, l’espoir économique amorcé de la colonie ralentira; Bouaké se devait de soutenir les efforts de guerre aux côtés de la France, délaissant, du coup, le processus de relance économique entamé sous le gouverneur Reste.

[322]ANCI / QQ XXIII-4-30/Dossier 99, Colonie de Côte d'Ivoire, rapport économique de 1935. Copies des lettres du gouverneur (Reste) de la Côte d'Ivoire au général : 1935.

CONCLUSION GÉNÉRALE

L'étude entreprise reste une modeste contribution à la connaissance de l'histoire sociale et économique de Bouaké et de sa région. Pour y parvenir, nous avons d'abord cherché à reconstituer l'histoire de l'économie agricole, artisanale et des systèmes de marchés traditionnels qui sont pour nous de véritables facteurs qui ont milité en faveur de la création du pôle économique de Bouaké en 1898 par les colonisateurs français. Ensuite, nous avons mis en exergue, de 1898 à 1921, tout le système de production économique colonial. Car, c'est véritablement au cours de cette période que l'administration coloniale instituera une économie de marché. Enfin, cette étude a abordé la période de la dynamique et du rayonnement économiques de Bouaké allant de 1921 à 1939. Durant cette période, Bouaké et sa région connaîtront une certaine vitalité économique qui sera malheureusement mise à mal par la crise des années 1930, qui a affecté sérieusement le tissu socio-économique de la ville jusqu'en 1939.

Après avoir exploré les grands axes de l'étude, que faut-il en retenir ? Les hypothèses émises ont-elles eu des réponses ? Les objectifs de départ ont-ils été atteints ? Si oui, sur quels points significatifs ? Quelles sont les zones d'ombre ? Quelles sont les nouvelles pistes de recherche pour des études postérieures ? Bref, quels sont les résultats qui mettent en relief l'intérêt et la valeur historique de cette étude ?

Le premier axe de la réflexion qui porte sur la vie économique des peuples baoulé (faafouê) de Bouaké avant l'arrivée du colonisateur français a été tant bien que mal exploré. Il ressort que la société faafouê s'est progressivement ouverte et métamorphosée, diluée par cette ouverture fondée sur le commerce, l'industrie et sur les migrations. La concurrence économique entre Gbêkêkro et Kotia Koffikro et, surtout, la forte animation commerciale qui y régnait créeront les conditions d'installation et du développement d'une forte économie de marché urbain à Bouaké. Pour aboutir à cette vérité historique, il nous a fallu mettre en relief les différents mécanismes du passage du système urbain précolonial au système urbain colonial à Bouaké. En effet, avant l'arrivée du colonisateur français en 1898, Bouaké avait déjà la réputation d'un centre d'affaires et d'échanges commerciaux. Cette information est, pour nous, très précieuse, parce qu'elle permet à la postérité de comprendre que les notions de convention dans les systèmes d'échange et des affaires qui puissent amener les gens du Sud ou du Nord à converger vers le centre, sont des notions économiques séculaires, inscrites également dans la vision globale du Faafouê. Le Faafouê qui, traditionnellement, est agriculteur a longtemps pratiqué le troc considéré comme la première forme d'échange. Mais, avec l'ouverture de son pays au commerce soudanais et aux peuples du Sud, le Faafouê deviendra un commerçant occasionnel. Son intelligence et sa capacité d'adaptation sont autant d'éléments qui ont favorisé son intégration au mouvement de commerce à longue distance conduit par les Dioula et certains peuples du Sud comme les Brignan, les Alladian, les Kroumen, les Adioukrou et les Apollonien.

Reconnaître cette dynamique économique à Bouaké, c'est tenter d'apporter intellectuellement la preuve que l'Afrique n'a jamais été ce continent de l'immobilisme que décrit péjorativement une certaine intelligentsia occidentale – y compris les théories hégéliennes – qui fait coïncider l'émergence économique et commerciale de l'Afrique avec l'arrivée du Blanc. On peut donc déduire de tout ce qui précède, l'antériorité d'une vie économique des Baoulé-Faafouê à la présence française. Ainsi, l'hypothèse de l'existence à Bouaké d'un système économique urbain, antérieur à l'intrusion des Français dans le pays faafouê, se trouve vérifier. Ainsi, force est de constater que la ville de Bouaké ne naît pas ex nihilo. Tout naît et tout se met en place au plan économique, culturel et démographique selon un processus qui est lui-même une richesse et qui dessine, d'une manière cohérente, dynamique et intelligente, l'histoire du peuple africain (à l'image de celui de Bouaké) ou de tout peuple tout court. Car, c'est cette situation économique précoloniale qui explique, en réalité, la création du centre commercial de Bouaké par les colonisateurs français.

Ce constat nous permet de revenir brièvement sur le deuxième volet de la réflexion consacré au système urbain colonial et aux marchés coloniaux. La ville de Bouaké voit très vite ses fonctions politiques, administratives, économiques et commerciales s'affirmer au fil des années. Les anciens bâtiments de commerce qui constituent aujourd'hui l'ossature principale du quartier commerce de Bouaké et les Établissements Gonfreville, sont les résultats de la politique économique coloniale. Ces bâtiments et Établissements peuvent permettre de mener des études postérieures sur le commerce et l'industrie coloniale des viles de la savane, sur son mode de production et de fonctionnement, surtout, en matière du réseau de distribution des produits manufacturés.

À ce stade de la réflexion, notre lecture et notre regard critique d'historien s'imposent comme une nécessité pour éclairer davantage le lecteur. Ce regard critique permettra, en effet, de rendre compte des différentes transformations sociales et économiques qui ont eu lieu avec la naissance de la ville. En effet, l'avènement des colonisateurs français dans la région de Bouaké a favorisé le bouleversement total de la société baoulé. Que perd ou que gagne le Baoulé au contact des Blancs ? Comment cerner au mieux, aujourd'hui, le Baoulé et les diverses mutations économiques, sociologiques et politiques à travers son cadre de vie incarné par la ville de Bouaké ?

La ''psychanalyse'' de l'intervention française en Côte d'Ivoire et l'autopsie du système colonial des Français dans le pays baoulé, laissent apparaître que, pour les colonisateurs, la notion de civilisation n'avait pas la même connotation selon qu'on est Blanc ou Noir. Pour le Blanc, il signifierait épanouissement culturel, social et économique alors qu'il désignerait, à l'opposé, une perpétuelle soumission pour le Noir. Le capitalisme qui est un mode de production économique et exploiteur ne pouvait se contenter du simple commerce de traite dans la région de Bouaké qui commençait à s'ouvrir véritablement au commerce intercontinental. Pour atteindre ses objectifs, il lui fallait déployer ses formes les plus élaborées qui nécessitent toujours une appropriation des moyens de production. Cet esprit caractérisera l'attitude des Français, généralement en Côte d'Ivoire, et à Bouaké en particulier. Ils mirent en place la stratégie coloniale dont les voies et moyens résidaient dans l'expropriation des terres des Baoulé et dans leur soumission à l'administration coloniale.

En effet, l'établissement des colonisateurs à Bouaké a été au-delà de tout ce qui peut être considéré aujourd'hui comme acquis préjudiciable au corps social villageois, c'est-à-dire, à la communauté villageoise et donc à l'ordre social institutionnel traditionnellement établi. La perte des forêts sacrées, la disparition de certaines valeurs coutumières, la destruction de la structure sociale avec les conflits de générations, et surtout, la marginalisation de l'autochtone baoulé par rapport au Dioula, sont autant de préjudices que la présence française a causés au peuple baoulé de Bouaké. Les anthropologues, les sociologues et les ethnologues pourront découvrir, davantage, toute une richesse culturelle en étudiant la vie des anciens Baoulé : leur organisation familiale, la question du mariage, de la production, du commerce, le problème du culte aux dieux et aux ancêtres. Tout cela permettrait de mieux connaître le Baoulé aujourd'hui dans ses choix, dans son organisation et dans ses pratiques religieuses.

Par ailleurs, pour cerner totalement l'histoire sociale et économique de Bouaké, il serait bon de mener une étude approfondie sur Bouaké et ses étrangers. Car, les autochtones baoulé sont manifestement en minorité et, donc, visiblement absents dans la ville. Et, Bouaké apparaît, dans sa structure démographique, comme une ville soudanaise ou, du moins, comme une cité n'appartenant pas essentiellement aux Baoulé. Cela pourrait être la caractéristique de toutes les villes cosmopolites du monde qui passent pour être des agglomérations impersonnelles. Le cas d'Abidjan et des autochtones Ebrié, l'évoque éloquemment. Il pourrait à la longue poindre des conflits d'autochtonie à Bouaké. L'expertise des rapports entre les différentes populations de Bouaké, devrait, donc, se mettre à l'effusion pour prévenir ou endiguer d'éventuelles guerres de revendication du patrimoine foncier. L'intérêt scientifique d'une telle étude est de taille.

ANNEXE

Cette rubrique porte sur l'origine du nom *''Bouaké* 'et sur une chronologie sommaire de la ville de Bouaké.

ANNEXE 1 : La signification du nom "BouakÉ"

« Plusieurs témoignages oraux que nous avons recueillis chez nos différents informateurs expliquent l'origine du nom *''Bouaké''*. Nous nous proposons, ici, de reconstituer cette histoire à partir de ces témoignages.

La première version vient de N'da Koffi Kouadio (76ans) de Kotia Koffikro. Selon lui, un colonisateur aurait trouvé un paysan baoulé en train de sécher de la viande de mouton dans les broussailles, non loin de Kotia Koffikro et de Gbêkêkro. Lorsque le colonisateur voulut savoir le nom du village, il interrogea le paysan en ces termes: ***''Comment s'appelle le village d'en face ?''*** Le paysan, croyant qu'on lui demandait ce qu'il était en train de faire, répondit *" **Bua-kéyê** "* dont la traduction en Baoulé est: "***viande de mouton séchée***'', le colonisateur transcrivit "**Bua-ké**". Ce fut le nom que plus tard, il donna à la ville naissante.

La seconde version nous a été donnée par M. Maurice Konan Kouadio Maurice –originaire de Bouaké, directeur des archives municipales de Bouaké en 1997–. Selon cette version, le colonisateur avait rassemblé tous les chefs coutumiers de la localité pour donner un nom à l'agglomération qui venait de naître. Au cours de l'Assemblée, chaque chef ne voulant pas prendre le premier la parole, balança l'expression : "**Gbua-Vier**" à son voisin. Cette expression qui signifierait en Baoulé : "**dis ce que tu en sais là-dessus**" aurait fait le tour des chefs coutumiers. Le colonisateur qui estimait que le nom faisait l'unanimité transcrivit : "**Bua-ké**" au lieu de "**Gbua-Vier**".

Aujourd'hui, l'origine du nom "**Bua-ké**" pose problème. Les deux versions que nous venons de présenter sont pratiquement inconnues. Plusieurs personnes soutiennent mordicus que le chef Kwa Gbêkê du village Gbêkêkro est le fondateur de la ville de Bouaké. De ce fait,

Bouaké serait une mauvaise transcription de "Gbêkêkro". Ce point de vue est aussi celui du Maire Djibo Sounkalo.

Concernant cette troisième version, Maurice Konan Kouadio confia que le nom de Gbêkêkro ne fut jamais sur les lèvres des colonisateurs français pour designer Bouaké. Il soutient mordicus que le capitaine Benoît, une fois arrivé à Kotia Koffikro et à Gbêkêkro, a, non seulement, libéré les esclaves du grand marché de Kotia koffikro, mais il a aussi repoussé les Faafouê-Gossan à l'emplacement actuel de Kouassiblèkro. C'est après qu'il aurait bâti son poste militaire retiré de ces deux villages. Dans ce cas, il lui est difficile de soutenir que Bouaké serait une transcription maladroite de Gbêkêkro

Au vu de ces diverses versions, une analyse s'impose. Lorsque nous portons le regard du chercheur sur la question de l'origine du nom ***Bouaké***, la première version donnée par le paysan baoulé en train de sécher de la viande de mouton, nous semble fondé. Au plan linguistique et phonétique, "**Bua-kéyê**'' se rapproche bien de ***Bouaké***. Alors qu'entre ***Gbêkêkro*** et ***Bouaké,*** on note un grand écart phonétique.

Fort de ces considérations, contrairement à ce qui est admis de tous, nous pensons que le sens étymologique de ***Bouaké*** ne serait pas ***Gbêkêkro*** et, par conséquent, le chef Kwa Gbêkê des Faafouê ne serait peut-être pas le fondateur de la ville de ***Bouaké***. Il a certainement fondé ***Gbêkêkro,*** son village. Dans cette logique, ne serions-nous pas tentés de soutenir l'hypothèse selon laquelle ***Bouaké*** serait née à partir du poste militaire coloniale fondé par le capitaine Benoît ? »

ANNEXE 2 : chronologie sommaire de la ville de bouaké

1858: Création du village Gbêkêkro par le Chef Kwa Gbêkê,

1893: Passage du Capitaine Marchand à Kotia Koffikro et à Gbêkêkro.

1896: Création du cercle du Baoulé par arrêté local. II comprenait à cette époque tout le bassin du Bandama avec les postes de Tiassalé, Ouossou et Kotia Koffikro.

1898: Installation d'un poste militaire par le Capitaine Benoît et la naissance de la ville.

1898 : Trois cents (300) Faafouê dirigés par leur nouveau chef Kouassi Blé attaquèrent le poste. Les bonnes relations, au début, entre les colonisateurs et les Baoulé s'envenimèrent très vite.

1899: Construction de la première Mosquée.

1899: Révolte des N'gbans et des Ouarébos de Toumodi dans le cadre de la pacification du Baoulé.

1900: Le Lieutenant AUBERT est, le 16 octobre, reçu à coups de fusil au village de Konankro à 4 kilomètres de Bouaké.

1901: Création du cercle du Baoulé-Nord (Chef-lieu Bouaké).

1901: Opération militaire armée contre les peuples Ngbans et Agbas.

1901 : Le Capitaine PRIVEY nommé Chef du secteur de Kotia Koffikro se rend officiellement à AMAN SALEKRO chez les Nanafoués.

1902: Arrivée des premiers missionnaires catholiques.

1902: Le Lieutenant LARCON est tué par le peuple Godé à Assengou.

1902: Le Capitaine PRIVEY pacifie les régions faafouê et saafouê,

1903: Création du poste militaire de Languibonou.

1904: Ouverture des bureaux PTT à Bouaké

1905: Les Chefs Ouarébo se rendent à Bouaké salué le Gouverneur qui y est de passage.

1907: Le Lieutenant METZ organise une expédition armée contre le peuple Gouro.

1907: Les Kodé, les Ayaou et les Ouan se révoltent contre le caractère contraignant de l'impôt.

1908: Le Gouverneur ANGOULVANT en visite à Bouaké.

1910 : Création du premier quartier européen à Bouaké.

1912: L'avènement du chemin de fer.

1913 Premières liaisons routières avec le Nord.

1914: Passage de l'administration militaire à l'administration civile.

1915: Première adjudication d'une récolte de coton.

1920: Mise en place d'une usine d'égrenage.

1921 : Création des établissements Robert-Gonfreville,

1923: Ouverture d'un tronçon de chemin de fer de Bouaké à Katiola.

1935: Premier atterrissage sur le terrain d'aviation.

1939: Fondation des ficelleries de Bouaké.

SOURCESET BIBLIOGRAPHIE

I. LES SOURCES ÉCRITES

Les sources écrites sont de diverses formes. On distingue les sources manuscrites (les archives), les sources imprimées (ouvrages et articles) et les publications officielles (J.O.C. I).

1. Les sources manuscrites

a) Archives Nationales de Côte d'Ivoire (A.N.C.I)

SÉRIE : BB (Correspondances générales)

***1BBXX-19-19/ Dossier 245**: Affaires économiques. Correspondance arrivée et départ 1932-1933

***1BB XI-17-3/Dossier1055**: Courrier départ; correspondances du gouverneur de la Côte d'Ivoire à divers administrateurs et chefs de service de la colonie 1932.

***1BB IV-16-2/ Dossier 3318** : Copies de télégrammes adressées aux administrateurs des cercles et aux chefs de subdivisions 1932.

***1BBIX-4-10/Dossier 4528** : Recueil télégrammes et enregistrement correspondances du gouverneur au cercle de Sassandra, du 29 I 08 /32 au 06/09/33.

***1BBII-47-1079/ Dossier 4691**: Recueil télégrammes et enregistrement correspondances adressées par le cercle de Dimbokro au gouverneur Côte d'Ivoire du 19 juillet 1932 au 19 juillet 1933.

***1BBIX-9-6/Dossier 4730**: Enregistrement correspondances et télégrammes adressés par le gouverneur de Côte d'Ivoire aux divers cercles de Côte d'Ivoire du 5 décembre 1932 au 21 février 1933.

***1BBIX-17-7/ Dossier 4870**: Recueil télégrammes et enregistrement correspondances adressées par le gouverneur de Côte d'Ivoire aux cercles, du 18 janvier 1932 au 7 juin 1933.

SÉRIE: DD (Affaires administratives)

***1DD1, Carton 3.003**. Population des principales villes en 1930.

***1DD1, Carton 3.003**. Service de la presse 1933-1934, Côte d'Ivoire.

***5DD1**, Recensement dans le cercle du Baoulé. Circonscription de Bouaké, 1912.

***5DD5**, Statistiques démographiques 1914 -1920.

***5DD7, Carton 1653**. Dénombrement général de la population : principaux cercles (1912). Recensement par cercle (1912). Instruction et correspondance (1921)

SÉRIE : EE (La politique générale)

***1EE 3**, Rapports trimestriels des cercles 3323, cercle du Baoulé, 4e trimestre 1932.

***1EE 28 (1)**, Cercle du Baoulé-Mission du Baoulé, 1896.

***1EE 28 (1)**, Cercle du Baoulé-Renseignements sur le cercle du Baoulé, 1903.

***1EE 29 (2)**, Rapports trimestriels 1913-1914, 1920-1925

***1EE 29 (3)**, Note sur la politique suivie dans le cercle du Baoulé 1903. 1902-1903 -1905

***1EE 29 (1,2)**, Région du Baoulé - Rapport d'ensemble

***1EE 32 (1)** : Correspondance relative à l'envoi des cartes du Baoulé 1893-1897.

***1EE 35**, Cercle de Bouaké opérations militaires dans le Baoulé. Comptes rendus d'opérations et correspondances 1904.

***1EE 36 (1)** : Monographie historique du secteur de Bouaké 1904.

***1EE 36 (2)** Rapport du troisième trimestre, 1916-1922

***1EE 36 (2 /1)**, Poste de Bouaké, rapports trimestriels de 1916-1922.

***1EE 36 (4/3)** : Secteur de Bouaké, rapport de reconnaissance 1902.

***1EE 38 (1/7)**, Colonie de C.I. Région ou Cercle de la Baoulé-Nord circonscription ou poste de Kodio Koffi. Rapport mensuel, du mois de décembre 1908. 13 feuilles.

***1EE 38 (1/8)**, Colonie de Côte d'Ivoire. Cercle du Baoulé-Nord, poste de Kodio Koffi. Rapport annuel (sur la situation politique et tournées effectuées pendant le mois: le désarmement des peuples Gban, tribu N'Zipouri, Gokri.

***2EE 8 (17)** : Fiches signalétiques des chefs indigènes (sans date).

***EE XI129-251931 Dossier 9182**: Punitions disciplinaires, extraits de registre d'Écrou des victimes de l'application de l'indigénat 1934-1935.

SÉRIE: FF (Police générale et prisons)

***1 FF 6**, carton 5579. Registre d'écrou

***1 FF 18**, carton 5588. Registre d'écrou

***1 FF 26**, carton 5881. Registre d'écrou

SÉRIE: KK (La politique des travaux publics et transports)

***2KK1** Côte d'Ivoire Réparation par cercle des crédits destinés à l'assainissement des centres urbains 1908 - 1909.

***2KK2**. Côte d'Ivoire Loi relative au plan d'extension et d'aménagement des villes 1910-1919.

***2KK22**. Côte d'Ivoire Correspondance relative à la dénomination et à l'inauguration des rues; square et plages de Grand-Bassam.

***3KK2**.Côte d'Ivoire Rapport sur l'état des voies de communication 1902-1908,1909-1920.

***3KK9**. Côte d'Ivoire Rapport sur la nouvelle route construite entre Bondoukou et Bouaké 1914.

***3KK11**. Côte d'Ivoire Note et circulaire a/s de la construction du réseau à souder aux voies ferrées de la Côte d'Ivoire 1914.

*5KK1, colonie de la Côte d'Ivoire, convention et cahier de charge du chemin de fer de la Côte d'Ivoire en 1897.

***5KK2**, colonie de la Côte d'Ivoire, arrêté du 25 janvier 1911 modifiant et fixant les conditions et les prix à percevoir pour les transports du chemin de fer de la Côte d'Ivoire.

***5KK3**, colonie de la Côte d'Ivoire, arrêté relatif aux cartes et permis de circulation sur les voies ferrées des diverses colonies du groupe dont l'exploitation est assurée par l'administration 1911.

***5KK4**, colonie de la Côte d'Ivoire, instructions relatives aux pièces périodiques concernant les chemins de fer et tramways de l'AOF en 1913-1914.

***5KK6**, colonie de la Côte d'Ivoire, correspondance, arrêté au tarif du chemin de fer. 1917.

***5KK9**, colonie de la Côte d'Ivoire, situation générale des voies ferrées de la Côte d'Ivoire 1914.

***5KK10**, colonie de la Côte d'Ivoire, rapport, correspondance relative au tarif du chemin de fer de la Côte d'Ivoire, 1913 -1921.

***5KK13**, colonie de la Côte d'Ivoire, correspondance "départ" du service de chemin de fer de la Côte d'Ivoire. 1904

***5KK76** Correspondance relative à la progression et arrivée du chemin de fer à Bouaké 1911-1912 discours a/s inauguration de la gare de Bouaké, 1913.

SÉRIE : PP (Affaires douanières)

PP 331: Mouvements et statistiques commerciaux de la Côte d'Ivoire, 1930-1931, 52.

PP 335: Mouvement commercial de la colonie de Côte d'Ivoire pendant l'année 1930; tableau général des exportations,

PP 336: Statistiques et rapports douaniers sur le mouvement.

PP 351: Tableau récapitulatif des exportations 1932-1935, 6 p.

PP **352**: Tableau général des exportations, 1933, 5 p.

PP 354: Statistiques commerciales; état des exportations du commerce spécial de la colonie, 1933, 17 p.

PP 358: État des exportations du commerce spécial1933-1934, 14 p.

PP 439: Mouvement commercial de la colonie, tableaux généraux et récapitulatifs des importations et exportations, 1931, 18 p.

PP 440: Mouvement commercial de la colonie, tableaux généraux et récapitulatifs des importations et exportations, 1931, 18 p.

PP 456: Tableau récapitulatif des exportations de la colonie de Côtc d'Ivoire 1932-1935, 5 p.

PP 464: Statistiques du commerce général de la Côte d'Ivoire, 1933, 50 p.

PP 478: État comparatif du mouvement commercial 1933-1934, 7 p.

PP 489: Tableau des marchandises importations et exportations pendant l'année 1934, 13 p.

PP 504: Mouvement commercial en Haute Côte d'Ivoire 1934-1935, 43 p.

SÉRIE : QQ (Affaires économiques et commerciales)

Ce répertoire de la série QQ, affaires économiques, fait état d'une partie du fond ancien de la série QQ issue de l'administration coloniale: L'ensemble des documents ainsi répertoriés couvre !à période de 1892 à 1925. Les dossiers consignés dans ce répertoire sont divisés en trois sous-séries selon le classement en usage aux archives nationales de Côte d'Ivoire :

- **1 QQ : commerce**
- **2QQ : industrie**
- **3QQ : mine**

1QQ1, Colonie de Côte d'Ivoire, cabinet du Gouverneur, liste des interprètes du gouverneur, des postes de douanes et des factoreries installées en Côte d'Ivoire en 1893.

1QQ2, Colonie de Côte d'Ivoire, cabinet du Gouverneur, copies de correspondance échangée entre le Gouverneur et les maisons de commerce de Grand-Bassam au sujet des factures et des commandes. 1910.

1QQ9, Colonie de Côte d'Ivoire- Cabinet du Gouverneur, correspondance échangée entre le Gouverneur général et le Gouverneur de fa Côte d'Ivoire au sujet de l'envoi en France des collections des productions des eaux douces ou salées susceptibles d'exploitation commerciale.

1QQ17, Colonie de Côte d'Ivoire-Cabinet du Gouverneur, correspondance au sujet de l'application de la loi du15/4/1919 relative à fa création d'un registre de commerce. Exportation et importation des marchandises 1920.

1QQ21, Colonie de Côte d'Ivoire-Cabinet du Gouverneur, correspondance échangée avec le Gouverneur général de l'A.O.F au sujet des questions posées par l'office national du commerce extérieur. (1922)

1QQ24, Colonie de Côte d'Ivoire-Affaires économiques, 3e bureau, correspondance échangée entre le Gouverneur, le président de la chambre de commerce et les sociétés européennes au sujet des possibilités d'entrer en rapport d'affaires avec les maisons de commerce installées en Cote d'Ivoire 1924-1925.

1QQ28, Colonie de la Côte d'Ivoire-Cabinet du gouverneur. Révision des listes électorales de la chambre de commerce de Bassam dans les cercles des lagunes, Kong, Indénié, Bas-Cavally, Baoulé-Nord, Baoulé-Sud, Bondoukou, Bassam, Assinie et Korhogo, 1911.

1QQ30, Colonie de la Côte d'Ivoire-Cabinet du gouverneur. Correspondance échangée entre le président de la chambre de commerce de Côte d'Ivoire, des établissements commerciaux et le gouverneur au sujet de diverses affaires commerciales. Procès-verbaux de séance de la chambre de commerce de Côte d'Ivoire : 1911-1912.

1QQ32, Colonie de la Côte d'Ivoire-Affaires économiques: 1[er]bureau chambre de commerce de Côte d'Ivoire, correspondance échangée entre le gouverneur général de l'AQF, le gouverneur de la Côte d'Ivoire et le procureur de la République.

1QQ42, Colonie de Côte d'Ivoire-Affaires économiques au sujet de: -Interdiction de la circulation des monnaies indigènes (manille et sombé), -Introduction de billet de banque et propagation en faveur de leur circulation en Côte d'Ivoire: 1910-1919, -Réaction des indigènes face à l'interdiction de leur monnaie.

1QQ50, Colonie de la Côte d'Ivoire-Commerce général: mouvement des importations et des exportations : 1899-1913.

1QQ51, Colonie de la Côte d'Ivoire, service des douanes. Tableaux des importations et des exportations des principaux produits : 1900-1909.

1QQ52, Colonie de la Côte d'Ivoire-Affaires économiques: 3e bureau état mensuel des produits du cru exportés : 1910-1916.

1QQ53, Colonie de la Côte d'Ivoire, service des douanes. Renseignement sur le mouvement économique et commercial état comparatif du commerce extérieur : 1911-1912.

1QQ54, Colonie de la Côte d'Ivoire, service des douanes. Statistique semestrielle du commerce de la Côte d'Ivoire : 1911-1915.

1QQ55, Colonie de la Côte d'Ivoire, cabinet du Gouverneur. Correspondance relative au mouvement commercial de la Côte d'Ivoire : 1911-1916.

1QQ56, Colonie de la Côte d'Ivoire, service des douanes. État des produits du crû de la colonie exportés par les différents ports et les frontières terrestres : 1917-1918 ; 1927.

1QQ57, Colonie de la Côte d'Ivoire, cabinet du Gouverneur. Mouvement commercial de la Côte d'Ivoire, 1918

1QQ58, Colonie de la Côte d'Ivoire, service des douanes. Mouvement commercial de la Côte d'Ivoire : Rapports et tableaux généraux des importations et des exportations, 1921.

1QQ63, colonie de Côte d'Ivoire-Cabinet du Gouverneur. Circulaire local adressé aux administrateurs des cercles au sujet d'exposition de : -Produits textiles organisés par l'office colonial, -Caoutchouc organisé par l'institut colonial marseillais : 1908-1909

1QQ71, colonie de Côte d'Ivoire-Cabinet du Gouverneur. Participation de la Côte d'Ivoire aux concours, foires et expositions de Bordeaux, Bruxelles, Londres, Lyon, Paris, Marseille: 1919-1921, 1925-1926

1QQ75, colonie de CI. Cercle du Baoulé-Nord. Marchés de Bouaké : 1912-1913-1914-1915-1916.

1QQ76, Colonie de CI. Cercle du Baoulé-Nord. Réglementation des droits de place sur les marchés 1913-1921 (correspondances échangées entre !e Gouverneur de la colonie et administrateur du cercle au sujet de !a vente des articles européens sur les marchés de Bouaké en 1913-1921)

1QQ79, Colonie de Côte d'Ivoire. Cercle du Baoulé-Nord. Rapports économiques et commerciaux du cercle du Baoulé-Nord et des postes de Bouaké, M'Bahiakro, Tiébissou, Béoumi, Diézoukro, 1901-1910-1921-1923.

1QQ80, Colonie de Côte d'Ivoire, Cercle de Kong circonscription de Dabakala-District de Gronmania. Correspondance échangée entre le Lieutenant Carpentier agent spécial et le chef de poste de M'bahiakro au sujet de la situation financière du poste. Renseignements statistiques, recensements et ressources des villages, des cantons Alba, Diané, Tiéba, Badon et Aka Kouamé. 1903,1906.

1QQ81, Colonie de Côte d'Ivoire, Cercle de Korhogo. Rapports économiques, agricoles et bulletins commerciaux mensuels du cercle et des postes d'Odienné, Korhogo et de Tombougou. 1905-1916

1QQ82, Colonie de Côte d'Ivoire, Cercle de Kong : poste de Kong. Rapports économiques, commerciaux et agricoles du poste de Kong: 1909-1915, 1920-1923.

1QQ84, Colonie de Côte d'Ivoire, Cercle du Baoulé-Sud. Rapports économiques et agricoles des postes de Tiassalé, Toumodi, Yamoussoukro et Ouossou : 1911-1915, 1919.

1QQ85, Colonie de Côte d'Ivoire, Cercle du Haut Sassandra et du pays gouro. Rapport d'ensemble sur la situation économique, commerciale et agricole des secteurs de Bouaflé, Daloa, Vavoua, Issia, Sinfra, Zuénoula, Shien : 1911-1915, 1919-1924.

1QQ86, Colonie de Côte d'Ivoire, Cercle du Haut-Sassandra et du pays gouro. Rapports économiques et agricoles des secteurs de Bouaflé, Daloa, Oumé, Gagnoa, Vavoua, Issia, Sinfra, Zuénoula, Shien : 1912; 1914-1918.

1QQ87, Colonie de Côte d'Ivoire, Cercle du Bas-Sassandra. Rapport d'ensemble sur la situation économique et commerciale du cercle et des postes de Sassandra, Gagnoa, Soubré et Buyo. 1912-1915; 1919-1923.

1QQ96 (1), Colonie de Côte d'Ivoire, Cercle de Grand-Lahou. Rapports économiques et commerciaux sur le cercle et sur les postes de Lakota, Divo, Fresco et de Zikisso : 1915-1920 ; 1922-1923.

1QQ96 (2), Colonie de Côte d'Ivoire, Cercle des Lagunes. Rapports économiques et commerciaux sur le cercle et sur les postes de Dabou, d'Abidjan, d'Alépé et d'Agboville : 1915, 1921-1923.

1QQ103, Colonie de Côte d'Ivoire, Cercle de Bondoukou. Rapport d'ensemble sur la situation économique et commerciale du cercle et ceux relatifs aux subdivisions de Bondoukou : 1919-1923.

SÉRIE : RR (La politique agricole)

1RR 27, Colonie de la Côte d'Ivoire. Cabinet du gouverneur. Correspondance relative aux stations agricoles d'Assikasso, de Bouaké et de Soubré (1913-1922).

1RR 56, Colonie de Côte d'Ivoire, cercle du Baoulé, correspondance relative à la ferme -école de Bouaké, à l'acquisition du matériel de culture et à l'expérimentation des plantes caféiers et des plantes fruitières - Rapports trimestriels (1903 - 1933).

1RR 57, Colonie de Côte d'Ivoire. Cercle du Baoulé-Nord, cabinet du Gouverneur: Rapports des stations cotonnières de Bouaké (1911 - 1914).

1RR 65, Colonie de Côte d'Ivoire. Service de l'agriculture. Correspondances relatives aux champs d'essais de coton dans les cercles de Korhogo, Ferkéssédougou, Dimbokro, Bouaké, Dabakala, N'zi-Comoé et le cercle des Gouro : 1926-1928

1RR 110, Colonie de la Côte d'Ivoire. Cabinet du Gouverneur. Correspondance échangée entre le service de l'agriculture, les sociétés de colonisation, le Gouverneur et les Administrateurs des cercles de Bouaké, Tabou, Aboisso, Bassam et des lagunes, à propos de la culture du palmier, de la commercialisation de ces produits et leur carbonisation (1910-1913 ; 1923-1933).

1RR 122, Colonie de la Côte d'Ivoire. Service de l'agriculture. Rapports de tournée portant sur les essais et démonstration de décortiqueuses d'arachide dans les cercles de Bouaké, Bobo-Dioulasso, Koudougou, Dédougou (1933).

SÉRIE: SS (La politique de la main-d'œuvre)

SS XII-11-61/310 dossier 723: État de la main-d'œuvre pour les besoins.

SS XV-18-32/Dossier 5442: Régime du travail en Côte d'Ivoire (1909-1937) et divers dossiers sur la question de la main-d'œuvre.

SS XV-18-24/ Dossier 5479: Recrutement de la main-d'œuvre 1932.

b) Les Archives municipales de Bouaké

Mairie de Bouaké, C.993 M. le Maire –B-a/*Les origines de Bouaké*, 26p.

Mairie de Bouaké, C.993.M. Le Maire –B-b/*Bouaké, sa création et son développement*, 35p.

Mairie de Bouaké –B-1/ *Histoire et développement de la ville*, 24p.

Mairie de Bouaké –B-2/*regards sur Bouaké 1974*, 35p.

Mairie de Bouaké –B-3/*Spécial Carnaval 1981*, 68p.

Mairie de Bouaké –B-4/ *Ville de Bouaké 1963*, 78p.

2) Les sources imprimées

Delafosse (M.), ***Essai de manuel de langue Agni***, Paris, André, 1900, XIV, 226 p.

-Idem ''Ethnographie de la région de Bouaké. Note ethnologique et politique sur les tribus du secteur de Bouaké'' in CLOZEL (FJ.), ***Dix ans à la CI***. Appendice I, Paris, Challamel, 1906.

- Idem, ''Notes Anthropologiques et Zoologiques sur le Baoulé'' ***Bulletin du Muséum d'histoire Naturelle***, N°6, Paris, 1897, pp.193 -198.

-Idem, ''The Boule people of the Ivory Coast interior and their religious beliefs'', ***The west African Mail***, Auguste 12, 1904, pp. 462 – 464, September 2, 1904, pp. 535 - 537.

Marchand (CAP), ''Lettres du Capitaine Marchand'' in ***Bulletin du comité de l'Afrique Française***, décembre 1893, pp.13 -14, avril 1894, p. 24

Nebout (A), ''Note sur le Baoulé'', in ***à travers le monde***, 2e semestre, 1900, pp. 393-396,

Monteil (Lieut-cot.P.L.), ***La colonne de Kong une page d'histoire militaire coloniale***, Paris, Charles-Lavazelle, S.D., 1902, 100 p.

Verneau (R), ''Distribution géographique des tribus dans le Baoulé'', in ***l'anthropologie,*** Paris, Mouton, 1895, pp. 564-568.

3. Les publications officielles

Des publications des colonisateurs européens sont parues dans le Journal Officiel de la Côte d'Ivoire (J.O.C.I). Il est question notamment des publications de Maurice Delafosse, dans le cas de notre sujet de recherche.

J.O.C.I, 5e année, N° 15 du 1er août 1889. Renseignements sociaux (extrait d'un rapport de Maurice Delafosse, Administrateur du Baoulé).

J.O.C.I, du 1er juillet 1899 pp. 6-7. Renseignements économiques.

J.O.C.I, 5e année, N° 15 du 1er août 1899, pp. 3-5, indications économiques.

J.O.C.I, 1912, pp. 626-631

J.O.C.I, 1914, p. 97

J.O.C.I, 1915, p. 27

J.O.C.I, 1930-1931-1932-933-1934-1935

J.O. A.O.F (Journal Officiel de l'Afrique Occidentale Française)

II - LES SOURCES ORALES

Aujourd'hui, les traditions orales ont révélé leur qualité fondamentale de source et leur crédibilité, car certains écrits[323] réalisés à partir des traditions orales attestent fort bien de leur audience. De ce fait, la tradition orale s'imposait à nous comme un besoin vital pour rendre compte de l'histoire de Bouaké. Nous proposons ici la liste de quelques personnes approchées dans ce sens:

Adido Adia, Ingénieur des travaux publics, Directeur Régional du Centre Nord (Ministère de l'Équipement des Transports et du Tourisme). Entretien sémi-directif du 15 mai 1998 à la Direction Régionale de Bouaké. Thème abordé: ***Le Réseau routier de la ville de Bouaké*** (durée: 2 heures).

Aka Koffi Félix (70 ans ?), né de Kanhan Afoue (elle-même, fille du petit frère du chef Kwa Gbêkê de la tribu Faafouê -Gossan) :

- 1er entretien directif du 10 mars 1998 à la Kouassiblèkro (village des ex-habitants de Gbêkêkro) situé à 12 Km de Bouaké : **Thème 1 abordé** : ***Les Origines de Bouaké*** (durée: 3 heures)

-2e entretien directif du 12, mars 1998 à Kouassiblèkro (village des ex-habitants de Gbêkêkro) situé à 12 Km de Bouaké. **Thème 2 abordé** : ***L'économie faafouê et le pouvoir foncier*** (durée: 1 heure)/**Thème 3abordé** : ***L'économie faafouê et le système monétaire traditionnel*** (durée: 1 heure)/**Thème 4 abordé** : ***La femme dans la production de l'économie traditionnelle*** (durée: 1 heure)

Coulibaly Nathan (76ans environ), chef Tagouana du quartier Liberté de Bouaké en 1978. Entretien directif 04 mars 1998 à son domicile au quartier Liberté. **Thème** : ***Les allochtones et le pouvoir foncier à Bouaké***. (durée: 1 heure)

Doumbia Soumaila (75 ans environ), commerçant de tissus et fils de commerçant dont le père Doumbia Karamoko établit à Bouaké depuis 1936, s'était spécialisé dans l'achat de la Cola. -Entretien directif du 02 mars 1998 au quartier Sokoura de Bouaké. **Thème**: ***Le Dioula et l'économie de marché: son organisation et son fonctionnement*** (durée: 1 h 30 mn)

Doumbia Yaya Siriki, (70 ans environ), commerçant de pagnes au marché de Bouaké. Il est le fils de Doumbia Yaya, établit à Bouaké depuis 1920.

[323] Diabaté (V.T.), « Tradition orale et Archéologie: ''quelques réflexions'' », in ***GODO GODO***, bulletin de l'I.H.A.A.A(Abidjan) N°S4-5 mai 1979, pp.74-77/Perrot (C.H.) « À la recherche de l'histoire de l'Afrique : Les traditions orales », in ***Recherche Pédagogie et culture***, N°39 janvier-février 1979, pp. 6-11

Commerçant, il s'était spécialisé dans vente de sel. -Entretien directif du 03 mars 1998 au quartier Koko de Bouaké. **Thème** : ***Le commerce de pagnes: son organisation et son fonctionnement*** (durée: 1 h 30 mn).

Djibo Sounkalo, Premier Maire africain de la Commune de Bouaké (1956-1980) :

-Entretiens directifs du 10 février 1997 à Cocody-Abidjan (à son domicile). **Thème1** : *Les* ***origines de la ville*** (durée: 1 heure)

- Entretiens directifs 12 avril 1998 à Cocody-Abidjan (à son domicile). **Thème 2 abordé** : ***Les routes et le commerce dioula à Bouaké*** (durée: 1 heure)/**Thème 3 abordé** : ***Évolution spatiale et économique de la commune*** (durée: 1 heure 30 minutes)

-Entretiens directifs 13 avril 1998 à Cocody Abidjan (à son domicile). **Thème 4 abordé** : ***Évolution politique et administrative de Bouaké*** (durée: 1 heure 30 minutes).

Koffi Aya dite Blé (96 ans ?), paysanne du village de Kotia Koffikro, fille de Monsieur Koffi (petit frère du chef Kotia Koffi, prétend avoir vu Samory Touré et le capitaine Benoît (Colonisateur français et fondateur de la ville).

- 1er entretiens directifs du : -11 mai 97 à Kotia Koffikro. **Thème1 abordé**: ***les origines de Bouaké et ses communautés***. (durée 30 mn)/**Thème 2 abordé** : ***L'économie traditionnelle des Baoulé*** (durée: 35 mn)
- 2es entretiens directifs du 14 mai 1997 à Kotia Koffikro. **Thème 3 abordé**: ***La femme dans la société baoulé*** (durée 30 mn)
- 3es entretiens directifs du 17 février 1998 à Kotia Koffikro. **Thème 4 abordé**: ***l'organisation politico-judiciaire des Faafouê*** (durée: 30 mn).

Konan Kouadio Koffi Maurice, originaire de Bouaké, Directeur de la maison d'archives de la Mairie de Bouaké. -Entretiens directifs du 10 mars 1997 à la Mairie du château de Bouaké. **Thème 1 abordé** : ***La signification du nom Bouaké et peuplement ancien*** (durée 1 h 30 mn). /**Thème 2 abordé** : ***La femme et le mode production de l'économie traditionnelle en pays baoulé*** **(1 h 05 mn).**

Koné Lancina, urbaniste et technicien supérieur des travaux publics à la Direction régionale du Cadre de vie et de l'environnement. -Entretiens directifs, du 28 mai 1998 à la direction régionale du Ministère du Logement, du Cadre de vie et de l'Environnement de Bouaké. **Thème abordé** : **Problèmes d'urbanisation de Bouaké et méthode d'approche étude urbaine** (durée 1 Heure 30 mn).

Konin Assémien, urbaniste et technicien supérieur des travaux publics à la direction du cadre de vie et de l'environnement. -Entretiens directifs du 28 mai 1998 à la Direction Régionale du Ministère de Logement du Cadre de

Vie et de l'Environnement de Bouaké. **Thème abordé** : ***Problème d'urbanisation de Bouaké et méthode d'approche d'une étude urbaine*** (durée 3 Heures.)

Kouassi Michel, Agent de Mairie depuis 1969, il fut et occupa respectivement les postes suivants à la Mairie de Bouaké : Commis de l'administration générale (1969-1986), Sous-chef de l'Etat-Civil central de la commune de Bouaké (1986-1990) : - Chef de l'État civil de Bouaké I (1990 - 1992), chef de l'État civil de Bouaké III (1992 - 1994), chef de l'État civil de Bouaké II (1990 - 1996) et chef de l'État civil central et des secondaires de la commune de Bouaké de 1996 au moment de l'entretien directif du 14 mai 1998. **Thème abordé** : ***La naissance de la commune de Bouaké, son développement spatial et économique et ses différents dirigeants depuis le colonisateur Jean Ramadier à l'Africain Djibo Sounkalo*** (durée: 2 heures)

Koudou Gbadjalé, né en 1946 à Gagnoa, vit à Bouaké depuis l'âge de 16 ans. Chef magasinier à la SITAB du 18 novembre1953 au 28 février 1992. - Entretien semi-directif du 10 novembre 1998 à Ahougnasou /Bouaké (à son domicile). **Thème abordé** : ***L'évolution administrative et commerciale de Bouaké.*** (durée: 1heure)

N'da Koffi Kouadio (76 ans ?), paysan du village de Kotia Koffikro, petit fils de Koffi (petit frère du chef de Kotia Koffi et fils, de Madame Koffi Aya dite Blé (elle-même fille d'une esclave Tagouana capturée dans la région de Katiola). Monsieur N'da Koffi Kouadio est de ce fait du lignage du chef Kotia Koffi, fondateur de Kotia Koffikro. II s'exprime en français. Entretien semi-directif du 4 mai 1997 à Kotia Koffikro, son village. **Thème abordé**: ***Les origines de Bouaké et du marché d'esclave de Kotia Koffikro*** (durée: 35 mn)

Tikouaki Monpoeheho Gaston, Sous-préfet de Bouaké ; Entretien directif du 10 juillet 1997 à la Sous-préfecture de Bouaké. **Thème abordé** : ***L'avènement de ladite Sous-préfecture, son organisation politique et son rôle dans le développement de Bouaké.*** (durée: 1 h 30 mn)

Sékou Bamba (69 ans environ), Forgeron et fils de forgeron vivant au quartier Koko de Bouaké ; Entretien directif du 9 mai 1998 dans son "industrie" de fer. **Thème abordé** : ***Le travail du fer (mode et techniques de production) et la commercialisation de ses produits à Bouaké*** (durée: 1 h 30 mn)

Soro Ladji Fape (né en 1936 à Korhogo), Commerçant établi à Bouaké depuis l'époque coloniale ; Entretiens directifs du11 mai 1998 dans son garage situé au pont Djibo. **Thème abordé :** ***Le commerce dioula à Bouaké*** (durée: 2 h)

Zamati Félix (né vers 1927), planteur à Sékourililié s/p Lakota, patriarche et chef coutumier à Sékourililié ; Entretien directif du 26 janvier 2003 à Sékourililié s/p Lakota. **Thème abordé** : ***Économie d'autosubsistance et le pouvoir foncier en pays Dida*** (durée : 1heure)

Zébou Gotta-bi André, paysan de Diégonéfla, né vers 1927 ; Entretiens directifs du 7 janvier 1999 à Diégonéfla. **Thème abordé** : ***La présence des Gouro à Bouaké à l'époque précoloniale*** (durée : 2 h)

III – BIBLIOGRAPHIE

Des ouvrages généraux, spécialisés et certaines études parues dans des ouvrages ou revues constituent notre bibliographie. Nous y avons réuni plusieurs auteurs et chercheurs aussi bien européens qu'africains. Le dépouillement de ces divers ouvrages nous a permis de recueillir des informations précises dans le cadre de notre thème d'étude. C'est pourquoi, le tableau bibliographique que nous dressons, devra permettre à nos lecteurs ou aux chercheurs qui s'intéressent à la ville cosmopolite de Bouaké et à sa région, de poursuivre leurs investigations.

A-les ouvrages général

Les ouvrages généraux sont multiformes et posent souvent un problème de classification. C'est pourquoi nous avons jugé opportun d'essayer de les classer en cinq (5) rubriques de disciplines. Cette démarche méthodologique a pour but de faciliter la tâche à certains historiens ou chercheurs qui auront à mener une étude sur Bouaké.

1) Les documents historiques

Ageron (C.R.), ***France Coloniale ou parti colonial***, Paris, PUF, 1978, 302 p.

Ageron (C.R.), ***La décolonisation française***, Paris, Armand Colin Editeur, 1991, 1994, 187p.

Avice (E), ***La Côte d'Ivoire***, Paris, Société d'éditions géographiques, maritimes et coloniales, 1951, 208 p.

Binger (Capitaine), ***Du Niger au golfe de Guinée par le pays de Kong et le Mossi (1887-1889), Paris, Hachette, tome$_2$, 1892, 416 p.***

Bocoum (A.M.T.), ***Les autorités traditionnelles et la colonisation en Côte d'Ivoire 1909-1939***, Aix-en-Provence, Université de Provence, UER d'histoire, Doctorat de 3e cycle, 1977, 2 vol, 760 p.

Bony (Joachim), ***La Côte d'Ivoire sous la colonisation française et le prélude à l'émancipation, 1920-1947***, d'une nation, Paris, Université Paris I, Sorbonne, faculté de lettres Doctorat d'État, 1980, 1513 p.

Cangah (G.) et Ekanza (S-P), ***La Côte d'Ivoire par les textes de l'aube de la colonisation à nos Jours***, Abidjan, NEA, 1978, 237 p.

Diabaté (H), ***Mémorial de la Côte d'Ivoire***, Abidjan, AMI, $tome_1$, 1988, 290 p.

-Diabaté (H), ***Le Sanwi, un royaume Akan de la Côte d'Ivoire, 1701-1901***, Paris, Université de Paris I, Sorbonne, Thèse, 1984, 6 Vol, 2100 p.

Duprey (P), ***Histoire des Ivoiriens. Naissance d'une Nation,*** Abidjan, Imprimerie nationale, 1962, 237 p.

Domergue (D.), ***La Côte d'Ivoire 1912-1920: Influence de la première guerre mondiale sur l'évolution politique, économique, sociale***, Université de Toulouse -Le Mirail, 1974

Duprey (P.), ***La Côte d'Ivoire de A à Z,*** Paris, France-Impression; Dakar-Abidjan, NEA, (1re édition 1970), 128 p.

Ekanza (S.P.), ***Mutation d'une société rurale. Les Agni du Moronou du XVIIIème siècle à 1939***, Aix-en-Provence, thèse d'État d'histoire, 1983, 2 Vol.

Kipré(P.), ***Villes de Côte d'Ivoire: 1893 -1940 t_1 fondation des villes coloniales en Côte d'Ivoire***, Abidjan, REA, 1985, 237 p.

Ki-Zerbo (J.), ***Histoire de l'Afrique Noire: d'Hier à Demain.*** Paris, éd. Hatier, 1978, 731p.

Loucou (J-N), ***Histoire de la Côte d'Ivoire. T_1 la formation des peuples***, Abidjan, CEDA, 208 p.

Loucou (J-N), ***Histoire de la Côte d'Ivoire: peuples et ethnies,*** Abidjan, NETER, 2002, 200 p.

Madina Ly Tall, ***L'empire du Mali***, Dakar-Abidjan, NEA, 1977, 205p.

Meyer (G), ***Un demi-siècle en terre ivoirienne***, Paris, La pensée Universelle, 1975, 313 p.

Person (Y.), ***Samori, une Révolution Dyula***, Dakar, IFAN, 3 Tomes (mémoire N° 80): T_1 = 1968, 606 p/T_2 = 1969, 665 p/T_3= 1975, 1104 p

Suret-Canale (J), ***Afrique noire occidentale et centrale, tome II, L'ère coloniale (1900-1945),*** Paris, éditions sociales, 1964, 636 p.

Tiacoh (C.), ***La crise de 1930 et ses conséquences sur la Côte d'Ivoire 1928-1938***, Paris, Université de Paris VII; Thèse de 3e Cycle, 1977.

Zinsou (J.V.), ***L'administration française en Côte d'Ivoire de 1890 à 1922***, Aix-en-Provence, Université de Provence, thèse pour le doctorat de 3e cycle, 1973, 448 p.

2) Ouvrages généraux à caractère économique

Ambrosi (C) et Tacel (M), ***Histoire économique des grandes puissances à l'époque contemporaine 1850-1964***, Paris, Delagrave, 1963, 782 p.

Anonyme, ***Congrès de l'outillage économique colonial et des communications (20-25 juillet 1931), organisé par l'Union coloniale française***, $t_{1=}$ Rapports, 666 p., $t_{2=}$Compte rendu et vœux, 157 p.

Anouma(R.), ***L'impôt de capitation, le système des prestations et des corvées en Côte d'Ivoire de 1901 à 1930. Rôle la mise en valeur et l'évolution économique***, Aix-en Provence, Université de Provence, UFR d'Histoire, doctorat de 3e cycle, 1973, 2 Vol.

Benoît-Cattin (M.), ***Le cacao et le café dans l'économie de la Côte d'Ivoire -Le surplus, sa répartition, ses effets économiques***, Université de Montpellier, Institut Française, 1973, 90p.

Bênoit (G.), ***qu'est-ce que le développement***, Paris, petite collection Maspero, 1977, 268 p.

Braibant (P.), ***La crise économique de 1929 en Côte d'Ivoire. De la crise économique de 1930 à la veille de l'indépendance***. Thèse pour le doctorat de 3e cycle, Paris, EHESS, 1983, 310 p.

Briet (R.), ***La pêche en mer à Grand-Lahou***, Abidjan, 1973, 34 p.

Chalileur (P.), ***Les Compagnies coloniales***, Remes Imp. du « Nouvelliste », 1925, 193 p.

Chantard (J.), ***Les chemins de fer de l'AOF : Leur importance politique, économique et militaire***, Paris, chapelet et Cie, 1909, in-8°, 36 p.

Ekra Vanga (R.), ***Le capitalisme de l'état colonial en Côte d'Ivoire éléments économiques, sociaux, politiques et culturels: de sa mise en place (1880 -1930),*** Thèse de 3^è^ cycle, Paris, 1979.

Elloe (Brou), ***Commerce et société en Basse-Côte d'Ivoire: de l'économie précoloniale à l'économie du marché***, thèse pour le doctorat de 3eme cycle, 2 tomes Paris, Université de Paris VII, 1982, 574 p.

Étienne Nugue (J.), ***Artisanat traditionnel en Côte d'Ivoire,*** ministère d'État chargé du tourisme, Secrétariat d'État à l'enseignement primaire et à la télévision éducative, Abidjan, 1974, 160 p.

Faure (J.C.I), ***La mise en valeur ferroviaire de l'AOF*** (Thèse), Paris, 1969, n° 4, 354 p. dactylographie, illustration.

Gbagbo (L.), ***Les fondements socio-économiques de la politique ivoirienne 1940-1960***, Thèse de 3e cycle, Paris, 1979.

Kipré (P.), ***Villes de Côte d'Ivoire: 1893-1940, t_2: Économie et Société urbaine,*** Abidjan, NEA, 1985, 290 p.

Maestri (E), ***Le chemin de fer en Côte d'Ivoire: historique, problèmes techniques, influences sociales, économiques et culturelles***, thèse de 3e cycle, Aix-en-Provence, Université de Provence, 1976, 2 volumes, 864 p.

Meillassoux (CI), ***Anthropologie économique des Gouro de Côte d'Ivoire. De l'économie de subsistance à l'agriculture commerciale***, Paris, La Haye, Mouton, 1964, 383 p.

Poquin (J.J), ***Les relations économiques extérieures des pays d'Afrique Noire de l'union française 1933-1955***, Paris, Colin, 297 p., tableaux, graphiques.

Roux (A), ***Processus de développement socio-économique de la Côte d'Ivoire, quelle est la contribution des populations noires de 1901 à 1944***, Thèse de 3e cycle, Abidjan, Université Nationale de Côte d'Ivoire, 1988-1989, 471 p.

Samir (Amin), ***Le développement du capitalisme en Côte d'Ivoire***, Paris, les éditions de minuit, 1967, 330 p.

Semi-Bi (Z), ***Équipement public et changements socio-économiques en Côte d'Ivoire: 1930-1957***, Thèse d'État, Lille, Université de Lille III, 1986, 3 volumes, 1003 p.

Tokpa (L.J), ***La main-d'œuvre indigène des exploitations agricoles et forestières de la Côte d'Ivoire de 1900 à 1940***, Thèse de3ème cycle, Université de Cocody (Abidjan), 1991-1992, 868 p.

Yayat d'Alepe (H.), ***Une économie coloniale de transition: La Côte d'Ivoire de 1893 à 1919,*** Paris, Univ. de Paris VII, 1979, 544 p.

Zunon Gnobo (J.), ***Les échanges dans la région de Daloa du milieu du XIXe siècle à 1936***, Université de Paris VII, thèse pour le Doctorat de 3e cycle, 1980, 554 p.

B - Les études sur le baoule

1) Les ouvrages spécialisés

Tous les documents qui se consacrent spécifiquement à l'étude de Bouaké et de sa région sont classés dans cette rubrique. En effet, nous y avons recensé tous les ouvrages qui fournissent des renseignements géographiques, sociaux, politiques et économiques sur le Baoulé. Il convient de souligner également que certains articles spécialisés parus dans des revues sont classés sous cette rubrique.

a) Les ouvrages géographiques sur Bouaké et sa région

Adjanohoun (Ed), ***Végétation des savanes et rochers découverts de Côte d'Ivoire centrale***, Paris, ORSTOM, 1964, 178 p

Ancey (G.), ***Relation de voisinage ville-campagne, une analyse appliquée à Bouaké : Sa couronne et sa région, CI***, Paris, ORSTOM, 1974, 258 p, 42 fig. ; 93 tabl.

Ancey (G.), ***Bouaké : sa couronne et région ; une analyse de relation de voisinage ville-campagne***. Essai d'interprétation. Abidjan, ORSTOM, ministère du plan, ministère de l'agriculture, 1971, 378 p. 31 cm (Thèse de doctorat)

Atta (K.), ***Dynamisme de l'occupation de l'espace urbain et périurbain de Bouaké***, thèse de doctorat de 3e cycle, Université de Paris I, Sorbonne, 1978, 296 p.

Atta (K.), ***Diagnostic d'aménagement de la sous-préfecture de Béoumi***, Abidjan, Institut de géographie tropicale octobre1979, 58 p.

Blanc-Pamard (C.), ***Un jeu écologique différentiel : les communautés rurales du contact forêt-savane au fond du "V Baoulé"***, thèse de 3e cycle, Paris I, ORSTOM, 1975, 298 p.

Ministère des Travaux publics (RCI), ***Bouaké, plan directeur d'urbanisme, analyse de la situation***, Abidjan, BNET, août 1977, 71 p.

Ministère des Travaux publics (RCI), ***Schéma directeur d'urbanisme de Bouaké, Rapport d'analyse et de synthèse***, BCEOH, Ivoire Urbaconsult, août 1983, 92 p.

Sirvem (P.), ***L'évolution des villages suburbains de Bouaké, Contribution à l'étude géographique du phénomène de croissance d'une ville africaine***, CEGT, CNRS, domaines universitaires de Bordeaux, 1972; 141 p.

b) Les ouvrages socio-historiques

Allou Kouamé (R.), ***Histoire des peuples de civilisation akan des origines à 1874***, thèse pour le doctorat d'État, Université d'Abidjan, Histoire, 3 volumes, 2002, 1515 p.

Bamba Sékou, ***Bas-Bandama précolonial. Une contribution à l'étude historique des populations d'après les sources orales***, thèse de 3e cycle d'Histoire, Paris, Université de Paris 1, 2 tomes, 1978, 567 p.

Carteron (M.), ***Petit lexique baoulé-français***, Bocanda, Mission catholique, ronéo, 1972, 195 p.

Effimbra (G.), ***Manuel de Baoulé,*** Paris, Nathan, 1959, 314 p.

Étienne (P.), ***Essai de sociologie Baoulé***, Thèse de 3e Cycle, Paris, Sorbonne, 1975, 310 p.

Étienne (P.), ***Les éléments de statut et les critères de différenciation sociale chez les Baoulés (RCI)***, Abidjan, ORSTOM, S. D.15 + VI p. dactyl.

Guerry (M.), ***La vie quotidienne dans un village baoulé***, Abidjan, INADES, 1970, 137 p.

Loucou, (J-N), ***En pays baoulé***, Abidjan, NEA, 1988,107 p.

Loucou (J.N) et Ligier (F.), ***La Reine Pokou, fondatrice du Royaume Baoulé***, Paris, ABC, Dakar - Abidjan, N.E.A., 1978, 130 p.

Michotte (J.), ***Mouvement migratoire et développement dans la zone dense à l'ouest de Bouaké***, Abidjan, ORSTOM, Sc. Hum, Vol I, N°9, 1968, 76 p.

Salverté-Marnier (A.), ***Le peuplement, étude régionale de Bouaké,*** Abidjan, Ministère du plan (RCI), 1966, 198 p.

Salverté Marrnier (Ph. de), et alii, ***Étude régionale de Bouaké 19621964, t_1 : Le peuplement***, ministère du plan (RCI), 1965, 239 p.

Thonneyen Djama (A.), ***De la tradition au Modernisme d'une population ouvrière issue du milieu rural : Les ouvriers Baoulé d'une usine de Bouaké (RCI),*** diplôme EHESS, Paris, diplôme EHESS, 1979, 224 p. Mult.

Yao Anan (E.), ***Les mouvements migratoires des populations akan du Ghana en Côte d'Ivoire, des origines à nos jours***, thèse pour le Doctorat de 3e cycle, Abidjan, Université d'Abidjan, 1984, 326 p.

c) Les ouvrages économiques

Ancey (G.), Chevassu (J.), Michotte (J.), ***L'économie de l'espace rural de la région de Bouaké***. Paris, ORSTOM, N°38, 1974, 251 p.

Bamba Sékou, ***Tiassalé et le commerce précolonial sur le Bas-Bandama***, Mémoire de maîtrise), Paris, Université de Paris I, 1975, 153 p. (Ce document fournit également des renseignements sociaux et politiques)

Castella (P.), ***Étude d'économie urbaine de Bouaké (Rapport préliminaire)***, Abidjan, ORSTOM (Petit-Bassam), 1969, 25 p.

Castella (P.), ***Ville de Bouaké 1969*** *(*Résultat d'enquête, Comptes économiques de la ville. Rentabilité de l'étude), Centre de Petit-Bassam, ORSTOM, 1971, 35 p.

Castella (P.) et Baillon (D.), ***Note de synthèse sur l'économie de la ville de Bouaké***, ORSTOM, Sci. Hum, vol III, N°7, 1970, 91 p.

Chauveau (J.P.), ***Note sur l'histoire économique et sociale de la région de Kokumbo (Baoulé-Sud)***, Paris, ORSTOM, N°104, 1979, 227 p. (fournit aussi des renseignements sur la société baoulé)

Chevassu (J.), ***Étude économique du centre semi-urbain: Béoumi***, Abidjan, ORSTOM, 1968,125 p.

Étienne (P.), ***La diffusion de l'économie monétaire et la transformation des rapports sociaux chez les Baoulé (RCI),*** Abidjan, ORSTOM, S.d., 28 + 8 p., dactyl.

Michotte (J.), ***Mouvements migratoires et développement dans la zone dense à l'ouest de Bouaké,*** Abidjan, ORSTOM, Sciences humaines, Vol. I, N°9, 1968, 76 p. (fait aussi largement cas des sociétés de Bouaké)

Michotte (J.), ***Les marchés du pays baoulé de la zone dense,*** Abidjan, ORSTOM, Sciences humaines, vol. Ill, N° 5, 1970.

t_1= Typologie, organisation et fonctionnement, 30 p.

t_2= Annexes cartographiques, 27 p.

Niamkey (K.), ***Le commerce d'Arrah à l'époque pré coloniale,*** Abidjan, Univ. de Cocody, Institut d'histoire, d'art et d'archéologie africaine, 1974, 7 p. multigr.

Salverté-Marmier (Ph. de) et alll, ***Étude régionale de Bouaké : économie***, Abidjan, ministère du Plan, 1965, tome 2, 326 p.

Yao Koffi Michel, ***L'économie faafouê à l'époque précoloniale***, Mémoire de maîtrise d'Histoire, Abidjan, Université de Cocody, 1982, 186 p.

2. Les articles sur le Baoulé

a) articles de données économiques

Ancey (G), Chevassu (J) ; Michotte (J), « L'Économie de l'espace rural de la région de Bouaké » in ***Travaux et documents de l'ORSTOM***, N° 38, Paris, 1974, 251 p.

Atta (K), « La situation de l'emploi dans une ville moyenne: le cas de Bouaké (RCI) », ***Annales de l'Université d'Abidjan***, série G (géographie) t_X, 1981, pp. 132-143

Blanc-Pamard (C.), « De l'utilisation des trois espèces de palmiers dans le sud du "V" baoulé », in ***Cahiers ORSTOM***, série Sciences humaines, volume17, n° 3 et 4, 1980, pp.247-255.

Chauveau (J-P), «Le fer, l'outil et la monnaie: hypothèse à partir du jede, ancien couteau à débrousser baule (Côte d'Ivoire) », in ***Cahiers ORSTOM***, série sciences humaines, volume20, n° 2-3, 1984, pp. 471- 484. N°s 3 et 4, 1980, pp. 247-255.

Chauveau (J-P), « Spécialisation écologique. État et réalisation de la valeur par les échanges à longue distance », in ***Cahiers d'Études Africaines***, Paris, 77-78, XX (1-2), pp. 161-167

Chauveau (J-P), « Économie de plantation et nouveaux milieux sociaux : essai d'analyse comparative en pays Gban et Baoulé (Côte d'Ivoire forestière)», in ***Cahiers ORSTOM,*** série sc. Hum. Vol. XVI, pp. 59-82.

Chauveau (J-P), « Note sur la place du Baoulé dans l'ensemble économique ouest-africain précolonial », in ***Cahiers ORSTOM,*** Abidjan, centre ORSTOM de Petit-Bassam, 1972, 30 p.

Chauveau (J-P), «Note sur les échanges dans le Baoulé précolonial», in ***Cahiers d'études africaines***, 63-64, XVI (3-4), 1976, pp. 567-602

Chauveau (J-P), « L'image de l'agriculture baoulé (Côte d'Ivoire) et le développement référents précoloniaux et réalités historiques », in ***Société Française des Economistes ruraux***, Abidjan, ORSTOM, N°s 147 et 148, janvier-mars, 1982, pp. 95-101.

Djibo (Sounkalo), « La vitalité de Bouaké, 2e ville de la Côte d'Ivoire », in ***Revue perspective Outre-mer***, Paris, décembre 1968, pp.35-37.

Étienne (P.), « Les Baoulé face au salariat », in ***Congrès international des Africanistes,*** Dakar, Abidjan, ORSTOM, 1967, 16 p.

Étienne (P.), « Les aspects ostentatoires du système économique baoulé », in **Économies et Sociétés**, II (4), 1968, pp. 793-817.

Miege (J.L), « L'agriculture baoulé », in ***Première Conférence des Africanistes de l'Ouest***, Dakar IFAN, 1951, pp. 47-49

Weiskel (T.C), « L'histoire socio-économique des peuples baoulé précoloniaux: problèmes et perspectives de recherche», ***Cahiers d'Études Africaines***, XVI (1-2), n° 61-62, 1976, pp. 357-395

b) Les articles socio-historiques

Attoungbre (G.), «Béoumi : aperçu sur les structures rurales en Côte d'Ivoire », in ***Annales Africaines***, Paris, Imprimerie Guillemoth, 1959, pp. 289-293.

Blanc-Pamard (C.), « Contraintes écologiques et réalités socioéconomiques », in ***Cahiers ORSTOM***, Série Sciences humaines, volume 15, n° 1,1978, pp. 51-79

Chauveau (J-P), « Baoulé et Européens au moment du passage de l'administrateur Pobeguin en Côte d'Ivoire », in ***Acte Géoqraphica***, N°42, 2e trimestre, 1980, pp. 19-32

Étienne (P.), « Étude de villages dans la région de Bouaké, in ***Bulletin de liaison des Sciences humaines***, ORSTOM, n° 2, 1965, pp. 46-66.

Étienne (P.), « Structure de parenté en pays baoulé. Un point de problématique sur l'organisation et la structure des sociétés segmentaires », in ***Bulletin de liaison des Sciences humaines, OR***STOM, juillet 1965, pp. 1-6.

Étienne (P.), «Phénomènes religieux et facteurs socio-économiques dans un village de la région de Bouaké », in ***Cahiers d'Études Africaines***, Paris, tome 6, (3), n° 23, 1966, pp.367-401

Étienne(P.), « Les Baoulé et le temps », ***Cahiers ORSTOM***, Paris, séries Sciences Humaines, tome 5, n° 3, 1968, pp. 17-37.

Étienne(P.), « Le fait villageois baoulé », in ***Communautés rurales et paysanneries tropicales,*** Travaux et documents de l'ORSTOM, 1976, pp. 27-92.

Étienne(P.), « Calendrier historique à l'usage des régions de Béoumi (sous-préfecture de Béoumi, Botro et Sakassou) », in ***Cahiers ORSTOM***, Abidjan, ORSTOM, s.d, 5 p.

Étienne Mona et Pierre, «A qui mieux ou le mariage chez les Baoulé», in ***Cahiers ORSTOM***, série Sciences humaines (2) pp.165-186

Guerry (M.), « La mort chez les Baoulé » in ***Anthropos***, LXI, N°1-2, 1966, pp. 129-155

Lafargue (F.), « Amwi Goli » in ***Cahiers de religions Africaines***, n° 9, vol. 5, janvier 1971, pp. 8-142

Lassailly (J.), Véronique: « Structures villageoises et caractères migratoires des sociétés baoulé-kodè dans la région de Béoumi », in ***Cahiers d'Etudes Africaines***, XXIII (1-2), 89-90, 1983, pp. 73-95

Loucou (J-N), «Les Baoulé», t_1: La formation des peuples, in ***Histoire de la Côte d'Ivoire***, Abidjan, CEDA, 1984, pp. 166-173.

Loucou (J-N), « L'exode des Baoulé», in ***Annales de l'Université d'Abidjan***, Série I, tome 4, 1976, pp. 123-137.

Loucou (J-N), « Note sur l'État baoulé précolonial », in ***Annales de l'Université d'Abidjan,*** Série I, tome 13, 1985, pp. 27-59

Nebout (A.), «Note sur le Baoulé », in ***A travers le monde***, 2e semestre 1900, pp. 393-396, 401-404, 409-412, 1er semestre 1901, pp.17-30, 35-36.

Weiskel (T.C.), « The precolonial Baoule: a reconstitution » in ***Cahiers d'Études Africaines***, XVIII-4, 72, 1978, pp. 503-560

LEXIQUE ET INDEX

La réalisation de cette étude sur Bouaké et sa région a nécessité le recours à un certain nombre de mots et termes propres à la langue akan, en général, et au baoulé, en particulier. Pour résoudre la question de terminologie et permettre à nos lecteurs non Baoulé de mieux cerner le sens littéral et profond de notre étude, nous proposons, ici, un ensemble de vocabulaire utilisé. Mais, nous tenons, d'emblée, à signaler que, n'étant pas d'ethnie baoulé, ce lexique pourrait comporter quelques imperfections –puisque nous avons rapporté les sons tels que perçus à l'oreille lors de l'enquête orale dans les villages baoulé–. C'est pourquoi, nous conseillons à nos lecteurs de consulter également le **Dictionnaire Baoulé-Français**[324], élaboré par Judith Timyan, Jérémy Kouadio N'guessan et Jean-Noël Loucou. Aussi, avons-nous rapporté l'index de certains noms de personnages historiques qui ont marqué l'histoire de Bouaké.

I - LEXIQUE DES NOMS ET TERMES DE LA LANGUE AKAN, EN GÉNÉRAL, ET DU BAOULÉ, EN PARTICULIER, DE L'ESPACE FAAFOUÈ

A

Ablé-blé:le maïs à grains violets

Ablé-oufouê: le maïs à grains blancs

Aboidji: appellation d'un cours d'eau insignifiant de

la localité de Bouaké.

Aboliba: appellation d'une rivière insignifiante de la localité de Bouaké.

Abusuan: le clan matrilinéaire

Adjué-ngo: le jus noir issu de l'amande du noyau de la graine mûre du palmier à huile.

[324]Timyan (J.), N'guessan Kouadio (J.), Loucou (J-N), *Op. cit.*,

AE N'Golibo: premier village créé par les Akpaloufouê

Afilié: le clan matrilinéaire

Agba-aliè: foutou manioc

Agba-blé: le manioc dont la tige est de couleur violette

Agba-gbo: le manioc bouilli

Agba-kpando: le manioc braisé

Agbakpli: grand champ de manioc

Agba-oufouê: le manioc dont la tige est de couleur vert-clair

Ahui: bois rouge

Aja: héritage

Aklan N'doufou: igname tardive

Ako-ablé: le maïs de petits grains

Akpaloufouê: propriétaires terriens (les premiers Baoulé à s'établir sur le site de Bouaké avant les Allanguira).

Akpassa: appellation d'un cours d'eau insignifiant de la localité de Bouaké.

Akpasua: quartier du village

Akpo: les tilapias (poissons)

Ala:arbres utilisés pour la fabrication des portes, des fenêtres, des charpentes de maisons…

Alié: la nourriture

Alié-fiè:le champ de vivriers

Allanguira:les Dankyra

Ami:bois servant à la confection des assiettes, des cuillères, des pilons et des mortiers.

Aoulo-ofouin: arbre dont les écorces servent à la confection des pagnes traditionnels.

Assandrè:igname tardive

Assawa:igname tardive

Assié-houssou:le bienfaiteur Dieu de la terre

Awlo:la famille élémentaire, la cour

Awlobo:la famille étendue, la grande famille

Awlobo Kpènngbèn:le chef de famille, de cour ou de communauté

Awlo Kpènngbèn:le chef de famille, de cour ou de communauté

B

Bêtè-Bêtè:igname tardive

Blâ-bâ:le neveu

Busuan:le clan matrilinéaire

C

Comienfoué:féticheur, prêtre traditionnel

D

Daoulé: bois servant à la confection des manches de machettes, de couteaux et de houes.

Douo: igname

Douo-blé:igname tardive

Douo-fiè:le champ de vivriers

F

Faafouê:appellation des Baoulé de Bouaké

Fla:arbres utilisés pour la fabrication des portes, des fenêtres, des charpentes de maisons

G

Gbogo:igname tardive

Gbodro:les tilapias (poissons)

Glolou: gombo

Gnan:igname semi-précoce

Gnien:sorte de fromager qui produit de la « soie blanche » qui sert de matière première à l'industrie textile traditionnelle.

Godê:communauté baoulé

Goh: appellation d'une rivière insignifiante de la localité de Bouaké.

Gouabo:le marché

K

Kan: appellation d'une rivière insignifiante de la localité de Bouaké.

Kanga:les crabes

Kangban:igname tardive

Klinglè:igname semi-précoce

Klokpènngbèn:le chef de famille, de cour ou de communauté

Klouala:feuille qui rentre dans la préparation de la sauce

Kogodé:pâte noire de la farine de manioc obtenue après cuisson. Elle se consomme avec une sauce gluante, généralement, à base de gombo ou de klouala.

Koloua: appellation d'un cours d'eau insignifiant de a localité de Bouaké.

Koto:les crabes

Kpakibo:le surnom donné au capitaine Marchand par les Baoulé. (kpakibo=celui qui traverse la forêt)

Kpêplessou:désignation d'une communauté de Baoulé

Kpêssê-Kpêssê:piment rouge et court qui ''pique'' très fort.

Kponan:igname précoce

Kpouka:sorte de fromager qui produit la « soie jaune » qui sert de matière première à l'industrie textile traditionnelle

Kpouk-poussou:farine de maïs

Kptra oufouê: les silures (poissons)

Lokpa: igname précoce

M

Mankou: les piments

Mankou oufouê: piment blanc et long

Mankou blè:piment noir

Mankou kpa:bon piment

Mankou Nzué: sauce pimentée

Monnin tchin Mankou: piment du dimanche

N

N'dêtré: igname précoce

N'droa: aubergine moyenne

N'gokouman: grosse aubergine

N'za: igname tardive (la plus ancienne de toutes les ignames tardives)

N'za-pa:ignames très anciennes, très peu connues par les jeunes générations

N'za-têdêkè:ignames très anciennes, très peu connues des jeunes générations

N'za-tre:ignames très anciennes, très peu connues des jeunes générations

N'Zué-blé:la saison pluvieuse qui commence en avril et qui prend fin en octobre

O

Ofouin tinguin: arbre dont les écorces servent à confectionner des pagnes traditionnels.

S

Saviè: igname semi-précoce

Sêpèli: igname précoce

Sêpiè: igname tardive

Sioua: igname tardive

Soungourou: appellation de certaines rivières et cours d'eau insignifiants de la localité de Bouaké.

Suidjé: igname tardive

T

Tro: condiments

W

Walêbo: royaume baoulé

Wawa: la longue saison sèche

Z

Zrêzrê: igname précoce

II – INDEX

1. Index des noms de quelques centres commerciaux précoloniaux en contact avec l'espace faafouê

Assirikro

Bamoro

2. Index des noms des personnages africains qui ont marqué l'histoire de Bouaké

3. Index des noms des personnages européens qui ont marqué l'histoire de Bouaké

TABLEAUX DES ILLUSTRATIONS

I- TABLE DES CARTES

II- TABLE DES PHOTOGRAPHIES

III - TABLE DES TABLEAUX, DES GRAPHIQUES ET DES SCHÉMAS

1. Les Tableaux

2. Les graphiques

3. Les schémas

TABLE DE MATIÈRES

L'HARMATTAN, ITALIA
Via Degli Artisti 15; 10124 Torino

L'HARMATTAN HONGRIE
Könyvesbolt ; Kossuth L. u. 14-16
1053 Budapest

ESPACE L'HARMATTAN KINSHASA
Faculté des Sciences sociales,
politiques et administratives
BP243, KIN XI
Université de Kinshasa

L'HARMATTAN CONGO
67, av. E. P. Lumumba
Bât. – Congo Pharmacie (Bib. Nat.)
BP2874 Brazzaville
harmattan.congo@yahoo.fr

L'HARMATTAN GUINEE
Almamya Rue KA 028, en face du restaurant Le Cèdre
OKB agency BP 3470 Conakry
(00224) 60 20 85 08
harmattanguinee@yahoo.fr

L'HARMATTAN CAMEROUN
BP 11486
Face à la SNI, immeuble Don Bosco
Yaoundé
(00237) 99 76 61 66
harmattancam@yahoo.fr

L'HARMATTAN CÔTE D'IVOIRE
Résidence Karl / cité des arts
Abidjan-Cocody 03 BP 1588 Abidjan 03
(00225) 05 77 87 31
etien_nda@yahoo.fr

L'HARMATTAN MAURITANIE
Espace El Kettab du livre francophone
N° 472 avenue du Palais des Congrès
BP 316 Nouakchott
(00222) 63 25 980

L'HARMATTAN SENEGAL
« Villa Rose », rue de Diourbel X G, Point E
BP 45034 Dakar FANN
(00221) 33 825 98 58 / 77 242 25 08
senharmattan@gmail.com

L'HARMATTAN TOGO
1771, Bd du 13 janvier
BP 414 Lomé
Tél : 00 228 2201792
gerry@taama.net

650590 - Avril 2016
Achevé d'imprimer par

1livre.com
du rêve à la réalité !

www.ingramcontent.com/pod-product-compliance
Lightning Source LLC
LaVergne TN
LVHW011254061026
849535LV00005B/1253